フクロウ（栃木県那須の森にて／和気辰夫氏撮影）

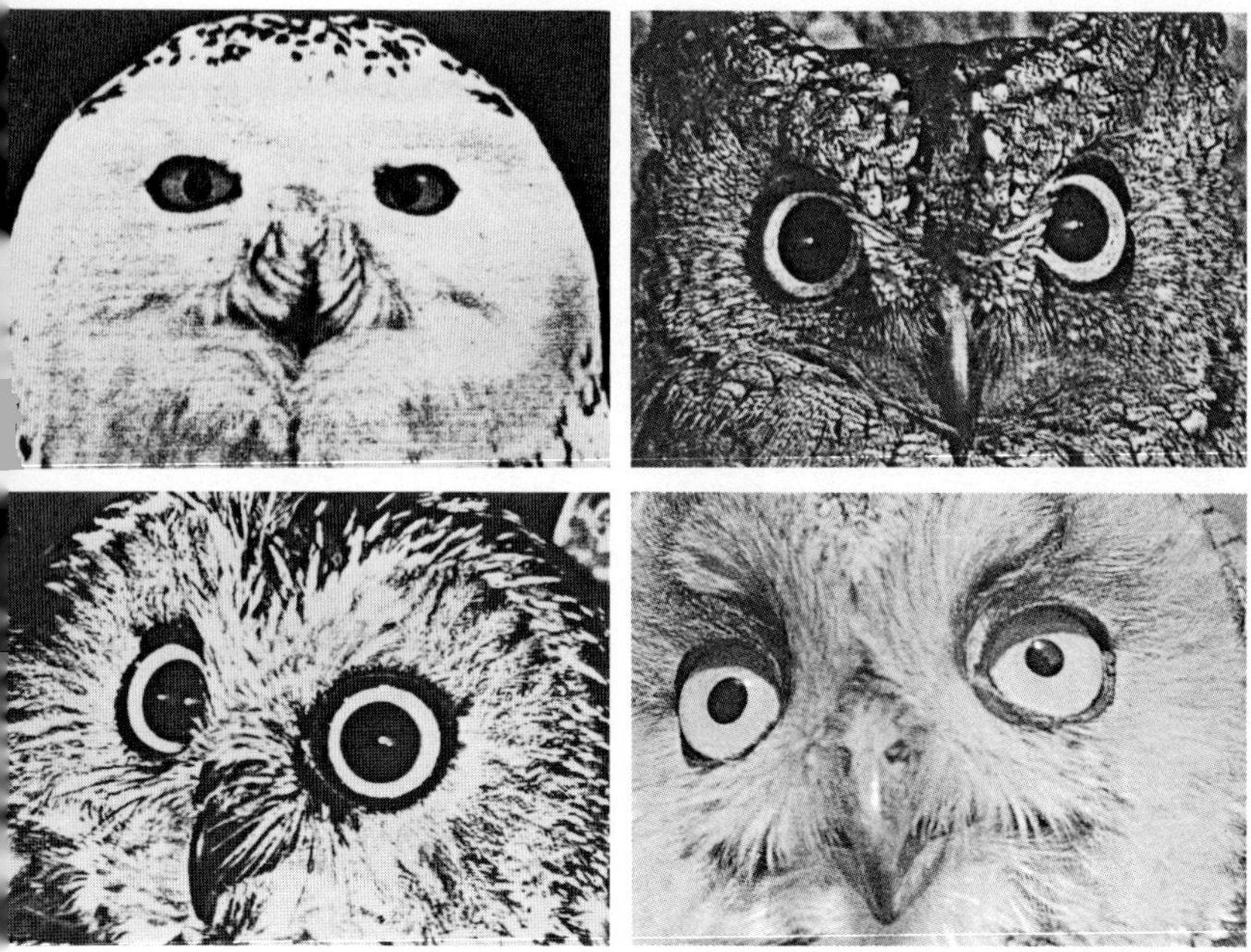

フクロウの眼
上右　コノハヅク
上左　シロフクロウ
下右　トラフヅク
下左　ヒメキンメフクロウ

着ぶくれて……（エゾフクロウの幼鳥／周はじめ氏撮影）

メンフクロウ（別名納屋フクロウ．ヨーロッパをはじめ世界中に広く分布し，亡霊物語やメルヘンによく登場．右上／ルイス・キャロル『不思議の国のアリス』挿絵より．右下／メンフクロウ．左／ヴァン・ゴッホの描いたメンフクロウ）

ミミヅクと人間
上　疱瘡除けのミミヅク（尾崎清次氏模写）
左　ヅク引き（西川政次郎氏）

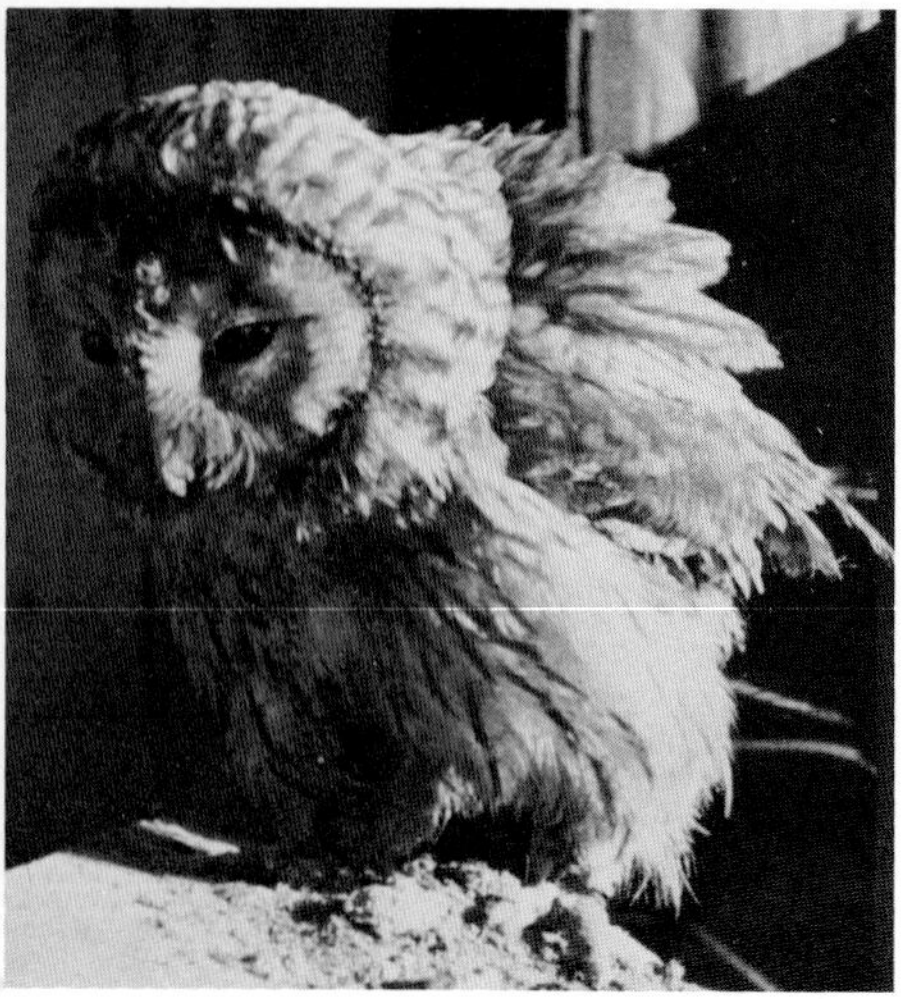

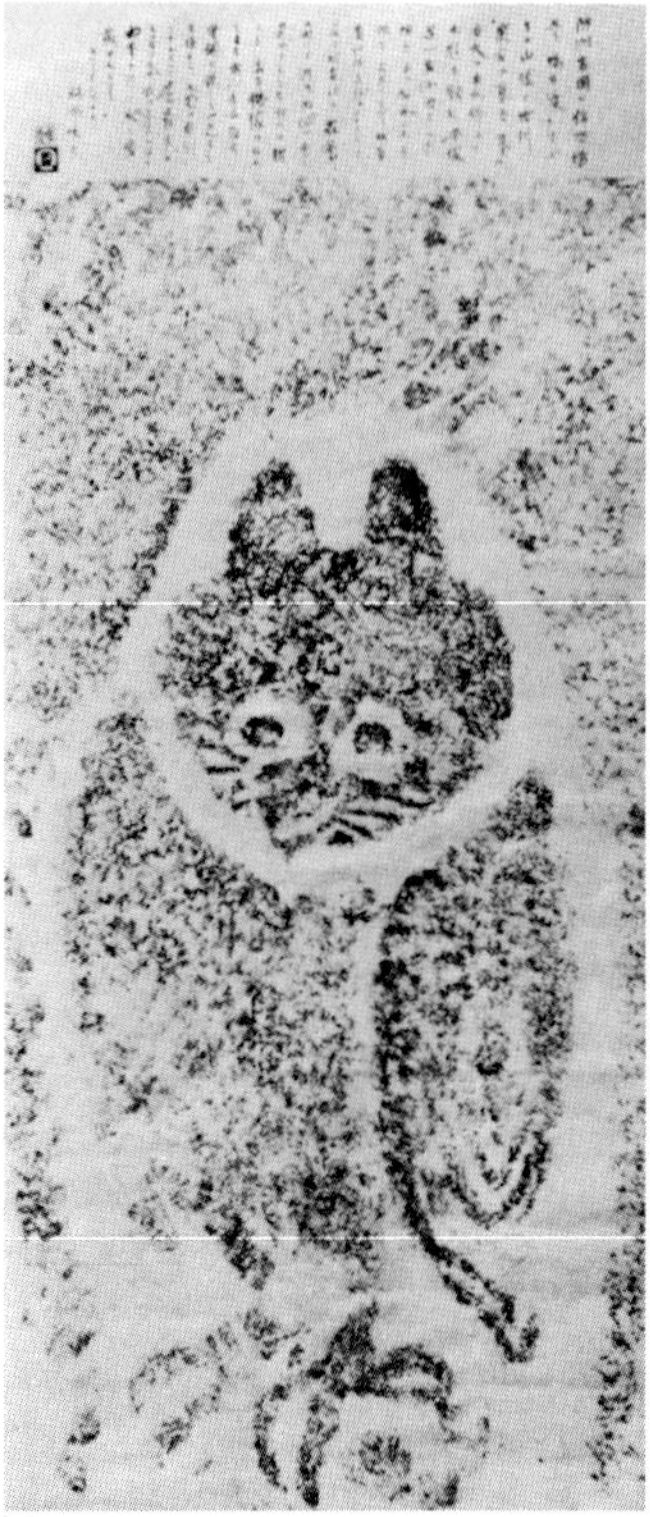

右　吉川広家の墓の手水鉢のミミヅク（著者作成の拓本）
上　著者が1954年に飼っていたフクロウ
下　著者とフクロウ・コレクションの一部

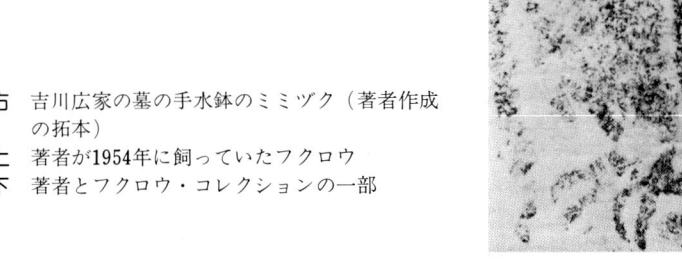

フクロウ

私の探梟記

福本和夫

Fukumoto Kazuo

法政大学出版局

私のフクロウ研究が新たに一巻にまとめて刊行されるにあたって

私がフクロウ研究の第一冊目を、『唯物論者の見た梟』と題して出版したのは一九五二年十二月で、二冊目『梟と人生』の刊行が一九六九年九月であった。三冊目「梟と鳳凰」を脱稿したのは一九七八年の三月であったが、これは未刊である。

私が初期三部作を刊行したのは一九二六年であったから、今日まで著作五十六年。著書の数五十冊に近い。うち獄中に在ったこと十四年、獄中の著作・日記等はいわゆるいきどおりを発しての胸中鬱積の吐露であり、自主性・人間性の回復を目指しての闘争記録でもある。

元来私の本領とするところは、改めていうまでもなく、社会科学であり、史学ないし史論である。私が一九三六年、釧路の獄中で日本ルネッサンス史論の着想を得て、これをライフワークとして、爾来四十年の心血をそそぎ、一九七六年これを大成しえたのは、その証明といえよう。

ついでに、ここで一言をつけ加える。私が日本にも歴史的範疇としての、あるいは本格的な意味での、ルネッサンス時代があったというのは、寛文元（一六六一）年から嘉永三（一八五〇）年ごろに至る百九十年間を指してのことであり、日本にはルネッサンス時代が右の如くたしかに存在したが、これに反して、帝政ロシアにも、中国の明代・清代にも、本格的ルネッサンス時代は見られなかったことを、私の『日本ルネッサンス史論』は併せて指摘し、論証したのである。この点の重大な意義にも活眼をひらいて注目してほしい、と思うのである。

それゆえ、フクロウの研究などは、私自身からみても異例の作業であり、毛色のかわった独特の労作に属すること、疑問の余地ないところである。しかも、それに二十数年を費やした勘定である。いかに片手間仕事としてもだ。じつに馬鹿な限りではないか、と一般には笑われるかもしれぬ。それは覚悟の上である。

しかるに、意外にもこれが好評をもって迎えられたのであった。その一端をここに再録して新たな読者のご参考に供したい。

鳥類学の権威内田清之助博士が、当時、『日本読書新聞』に寄稿された書評には、拙著について、大要こうのべられていた。

著者は、序文のうちで、この本ほど、気楽に、愉快な気持で、微笑をたたえながら、書きあげたものはない、といっているが、その気持が全巻にみなぎっていて、三二〇頁にわたる長篇が、苦もなく至極おもしろく読了できる。鳥類学者が書いたら、こうおもしろくは書けまい。しかも、鳥の生態、習性、啼き方など、鳥学的な記述も正確で、この種の本によく見られるような独断的なあやまりも、ほとんど見出せないことも感心できるが、やはり、その以下の文学的な諸篇の方が、一層おもしろく、また力がはいって書かれている。

さすがにこの老大家の豊かな理解と、ゆかしい雅量とがしのばれて、私は大いに心うたれるものがあった。

つぎに意外であったのは、応用化学者の崎川範行博士（当時、東京工業大学教授）が、雑誌『小説公園』に寄稿された「鳥と人間」と題する随筆の一節であった。これには、次の如き意味のことが書かれてあった。

書名が「史的唯物論者のみた梟」とあるので、それにまた、著者が著者だけに、むつかしい哲学の本かと思っていたところ、正真正銘の鳥の梟のことを書いた本であるのがまずうれしかった。読んでみると、なかなかおもしろい本であった。梟が、ホッホ、ゴロクト、ホッホと三音節に啼くということ、足指が原則として、前に二本であること、などを、私ははじめて、この本で学んだ。今まで、自分では、全然気づいていなかった。私も元来、梟はすきな鳥であるにもかかわらず、考えてみれば、まことにうかつな話であった。

と告白された上、「ヌエ鳥は、トラフツグミだという通説を否定して、大コノハヅクの雌だと主張している私の説を支持されているのであった。」とものべられている。「私も元来、梟はすきな鳥で」といっておられるのも、なるほどと思われた。そして、かような理解者が自然科学者、それも応用化学者のうちにあるのを、私は大いに力強く感じたのであった。

しかし、私のおどろきとよろこびとは、これにとどまらなかった。

このたび、すでに古本屋でも入手しがたくなっている『唯物論者の見た梟』と、タイプ印刷の非売品であったため、一般には広まっていない『梟と人生』の二著を、このさいまとめて刊行しようという話が、法政大学出版局との間に成ったことである。

まとめるにあたっては、出版局の注文により、私のフクロウ研究の決定版といった本とするため、重複を除き、図版を補い、若干の追補・訂正をし、全体として内容上の再編成を行なった。叙述の方法も、『唯物論者の見た梟』の冒頭において、私は森鷗外の『渋江抽斎』にならう旨記し、あまり系統的な叙述に傾くことなく、断章の積み重ねをもって気楽に読んでもらうことを意図したのであるが、今回は量的にもふえたこと、蓄積されたものが多少系統的な叙述を要するようになったことなどから、旧版の断章ごとの番号をはずし、文章も若干手を加えることにした。なお、末尾に執筆年月日を記した文章は、『梟と人生』より収録したものである。

かえりみると、『唯物論者の見た梟』が世に飛びたったのは、今から三十年も前になる。一九五二年という年は、サンフランシスコ条約調印の翌年で、日米安保条約が発効し、血のメーデー事件、東大ポポロ事件、早大事件などの起った年である。反動化の動きが急となり破防法反対闘争が展開された。

それから十七年、第二作『梟と人生』の飛びたった一九六九年という年も、前の年から激化した大学紛争が頂点に達した年であり、一月には東大安田講堂の攻防戦がくりひろげられたことは記憶に新しい。私は同書の末尾に次のように記した。

昨今、学園の森は、どこもかしこも、韓愈の詩にいわゆる天昏く地黒く、そして、雷驚き電激し、といった光景を呈している。しかしそれを私は、私の梟のために悲しまない。むしろ喜ぶべきだと思っている。私はかねてより、世界の大学こそは根本的・徹底的に変革されねばならぬ、大学問題は、あくまで自主的に解決されねばならぬ、と考えて、そのためのたたかいに、心からの支持・声援を惜しまないものだからである。

一九七七年十月二十一日〜二十六日には、私の住む藤沢市の江ノ電デパートで、「福本和夫ふくろう展」なるものを開催していただいた。これには私のフクロウのコレクション三百余点を出品した。すなわちフクロウの民芸品、工芸品、絵画、彫刻、玩具をはじめ、剥製、頭蓋骨、アルコールづけの眼、また手水鉢のミミヅクの拓本、私が筆をとりフクロウを描いた掛軸、フクロウに関する資料、写真、そして私の書物等々。これもフクロウ研究三十年の一エピソードである。

そして今、この第三作『フクロウ』が、第二作から十三年を経て飛びたつ。本書は、どのような時勢を読者とともに共有することになるであろうか。前二著のばあいを見るに、理性の女神ミネルバの使いたるフクロウも、安穏たる学問の府の飼鳥ではありえないかの如くである。折しも世界中に、核兵器廃絶の声が澎湃として起りはじめている。

一九八二年五月

著者しるす

目次

プロローグ

一　フクロウへの愛情と正しい理解のために

この本は、フクロウへの愛情と正しい理解のために、わかりやすく、少年少女諸君にも読んでもらえるように、書いたものである。

フクロウのある種類のものは、日本でも、ひじょうに古くから知られ、『古事記』や『万葉集』にもしるされているにもかかわらず、その正体は、ようやくごく最近になって、わかったものもあるぐらいである。

仏法僧《ぶつぽうそう》もフクロウの一種であり、ヌエもまたそうである。ヌエはこんにちでもなお、ツグミの一種だというのが鳥類学者の通説だが、そうではなくて、やはりフクロウの一種のようである。

フクロウは種類が多いので、そのせいもあろうが、鳴声の聞き方も、したがってまた、呼び方も、そしてまた、フクロウにたいする人間の見方も、地方により、国により、人により、また時代によって、すこぶるまちまちである。鳴声についての専門学者の研究ひとつをとってみても、はなはだ不十分で、あいまいな点が多い。夜の鳥であるためでもあろうが、形態や習性についても、一般の理解は十分とはいえない。フクロウの足指は、キツツキのように前に二本、うしろに二本なのに、有名な画家の描いたフクロウの絵を見ても、このごろでは、前に三本描いたのが、むしろ普通になっている。一本は明らかにいわゆる蛇足である。しかも、それに気づいていない画家が多い。

フクロウが有用な鳥であることは、保護鳥になっているのでわかっているが、フクロウがいかに愛すべき鳥であり、研究の興味つきない鳥であるかは、まだよく考えられていない。

その証拠に、フクロウについては、いままでこれといって、まとまった本が一冊も世に出ていないようにおもう。歌にも俳句にも、見るべきものがほとんどない。絵の方は、それよりはたしかにましで、いい絵もないではないが、その数がきわめて少ない。熱心にたくさんフクロウを描いたのは、最近のピカソぐらいのものであろう。

私のフクロウ研究の直接の主な動機は、フクロウへの愛情から出発している。すなわち、少年時代からの思い出と、中学二年のときに英語のリーダーで教わったフクロウの詩と、私の郷里鳥取県でのゴロクトという鳴声の写音、それからきたゴロクトという名称にたいする興味と、それからまた私のうつり住んだ鋸山のふもとでも、いま住んでいる藤沢の丘の上の森でも、フクロウの声がよく聞かれるのが、もとになっている。この本の終りの方で、ピカソのフクロウの絵のことに、大そう力を入れているが、ピカソの絵を見て思い立った研究ではない。いいかえれば、ピカソのフクロウの絵にたいする興味からはいったわけではなくて、それとは逆に、ただいまのべたような動機から出発した私のフクロウ研究からして、その進んでゆく中途に、ピカソのフクロウを見いだし、それからじつは、はじめてピカソにも、急に親しみをおぼえるようになったというのが、ことの実際の順序であった。それゆえ、私のフクロウ研究の動機には、直接の関係はないが、私のフクロウとピカソのフクロウとは、フクロウへの愛情の熱度と理解の程度において、少なくともそれに向っての懸命な努力において、共通点が見いだされるであろう。

さらに、東洋と西洋とでは、フクロウにたいする見方というか、理解というか、それが昔から大いにちがっている。日本と中国とでもちがっているし、日本でもまた地方によっていろいろ相違がある。それらを明らかにして、誤った幼稚な偏見を一掃し、あらゆる方面から総合的、批判的に、正しい理解と愛情とを深め広めることに役立ちたい、というのも、私がこの研究をはじめた動機の一つであった。

それゆえに、この本は、もっとも簡単にいうならば、「フクロウの生態と人生」の本であるが、くわしくいうならば、「フクロウの生態と世界の民俗・文学・芸術」で、副題を、〝フクロウへの愛情と正しい理解のために〟、あるいは〝その生態と世界の民俗・絵画・彫刻・文学からみたフクロウ〟と名づけることができよう。少し諧謔をまじえて、戯作者風におどけた表現を用いるならば、「フクロウ五郎助先生の評伝・画伝」ということもできようか。もしまた、文学的に象徴的な表題を選ぶならば、「フクロウの微笑」と題してもよかろう。

*

私はいままでどんな研究のばあいでも、いつもまず先人の業績と私がそれに負うところを、必ず明らかにしつつ、私自身の意見を展開するのを、方針としている。この私の態度は、こんどのフクロウの研究においても、一筋の赤い糸のごとく、始めから終りまでつらぬき通しているつもりである。

その上に、私はとくにこの本では、研究の結果だけをきちんと学者風に並べたてる方法をさけて、結果とともにそれにいたるまでのジグザグなあらゆる交渉といっさいのみちすじを、一口にいうならば、研究の苦心と楽屋裏とを、あわせて披露するつもりであった。その方が、読者の感興をそそるだけでなく、のちの研究者にも示唆するところが多かろうと考えたからである。

これは、私がいままで他の方面の著作でも、多かれ少なかれつねにとってきた方法だが、昨年(一九五一年)九月の九・四事件で、万世橋署留置場に拘留中、森鷗外の史伝『渋江抽斎』を読んで、とくにその研究と叙述の方法に、大いに感ずるところがあったのにもよるであろう。

ところが、出版のことが決まってみると、紙数の制約があって、それではあまりに頁がふえるというので、こまかに紙数のことを考慮に入れながら、やむをえず方々それをけずったり、書きあらためたりしなければならなかった。

私の獄中労作の一部に、『鳥類雑記』がある。それはかつて三・一五事件によって十四年間の在獄中に、獄窓から観察しえた鳥類の雑記だが、その鳥類への関心を、獄外で、こんどはフクロウ一つにしぼって、自由に調べてみたり、観察してみたりしたのが、この研究である。その意味において、私はこれを、さきの『鳥類雑記』の発展と考えてもいるのである。

＊

私は、一九五一年夏の暑さに、すこし動きすぎたせいか、胃腸を悪くした。その回復のためのしばらくの休養中を利用して、ぽつりぽつり書きまとめたのだが、私の著作中、およそこの本ほど、気楽に愉快な気持で、たえず微笑をたたえながら、書きあげたものはない。それゆえに、私の愛情と熱情とは、全巻にみなぎっているはずである。

自分としては、そうとうに手数もかけ、足も運びはしたが、骨を折るというより、むしろ骨休めになったことをありがたくおもっているほどである。そして、多くの知友の熱心なご協力をえたこともまた、私にとっては、まことにうれしいことであった。

（一九五二・十・七、八）

二　私はフクロウを愛する

ホッホ・ゴロクト・ホッホと、人の孤独にたずねきて、さびしさをともにするもの、フクロウよ。
人の思索をさそい、思索をはげますもの、フクロウよ。

＊

知恵の女神、ミネルバは、「考える人」という意味だそうである。ミネルバのフクロウが考える鳥であるかどうかは知らぬが、頭でっかちで、偉大な脳髄の持主のように察せられる。少なくとも、人の思索をさそい、人の思索をはげますたぐいまれなる鳥であることは、たしかである。

知恵はあるが、高ぶらず、とぼけ顔しているフクロウよ。

＊

「糊つけ、ほせ」とあすの晴れを告げ、あるいは、「ボロ着てきょうこい」「ボロ着て、奉公せ」とうながし、あるいは、「五郎七奉公、ただ奉公」とうったえて、ホッホと微笑する知恵の鳥、フクロウよ。

＊

あるいは、ホウホウ、ホウホウと、聞くものをして、たちまち俗念をはなれて、空想の世界へ引き入れ、瞑想の森に逍遙せしめるもの、フクロウよ。

＊

いつもボロ着て、着ぶくれているフクロウよ。私が少年時代によく着せられた母の手織りのソロバン絣を着たみたいに、いつも着ぶくれているコノハヅクよ。

＊

節季には、金《かね》を詰める袋の、フクロウよ。春には、金を張る袋の、フクロウよ。

＊

人間のように、顔の正面に眼が二つ並んでいて、鳥類には珍しく、絵を描くなら、円のなかにくるくると眼を二つ大きく描けばよいもの、フクロウよ。

おどろくと、でっかい頭を、さらにふくらませて、リンゴを縦に真二つに切ったような恰好の頭と顔のフクロウよ。

＊

ヒバリの鳴声は、人の心を、のどかに春の大空高く舞いあがらせる。

フクロウの鳴声は、真理と自由を求めてやまぬ人のおもいを、おぼろな春の宵月の森の奥深くさそいこむ。

＊

ヒバリの声は、人をして詩人たらしめる。フクロウの声は、思想家たらしめる。

＊

ヒバリについての歌や俳句は、数えきれないほどだが、フクロウについては、それが、ほんの数えるぐらいしか見いだせない。

＊

私がむかし、中学時代に、英語のチョイスリーダーで学んだ英詩のうち、印象のもっとも深いのは、四年生の終りのヒバリの詩と、村の鍛冶屋の詩と、二年生の初めのフクロウの詩で、ヒバリの詩は、有名なシェリーの作であったことを記憶するが、フクロウの詩は、だれの作であったかどうしても思い出せない。名の知られた詩人の作ではなかったようにおもう。

＊

オランダのハルスはフクロウを、スペインのゴヤはミミヅクを、ピカソは小フクロウとか黒フクロウとか呼ばれる青葉ヅクを描いている。日本では、古くは宗達や光琳をはじめとして、大正の大観、昭和の古径いずれもみな、ソロバン絣のコノハヅクを描いている。私は、ホッホ・ゴロクト・ホッホのフクロウが一番好きであり、思い出も深い。古代のギリシャ人が貨幣に彫刻し、古代中国人が辟邪の鳥として、泥像にしたのはフクロウであった。

*

日本ルネッサンス期においてなお、滝沢馬琴のように、フクロウは親を食らう悪鳥だなどと、まじめに説いていたのは、馬鹿な学者のことであった。

*

むかし私の家は、下条といって村の一番しもはずれにあって、屋敷にいろんな樹木がしげっており、かつ鎮守の森にも近かったせいか、よくゴロクトの鳴くのを聞いたものである。私の郷里では、フクロウともミミヅクともいわず、ゴロクトと呼んでいた。

少年のころ、鎮守の森で、昼間のゴロクトをとらえて、家に二、三日飼っていたこともあった。小学生の終りに近いころ、私は腸チフスのため、村の避病院で一夏をすごしたことがある。そのとき看護婦では心もとないといって母がきて、つきっきりで看病してくれたが、夜になるとよくゴロクトが鳴くので、それが淋しくてたまらなかった、とあとで母はよく述懐していた。ゴロクトを聞くと、私は今でも避病院での母のことをすぐに思い出す。

鋸山の麓でも、よくゴロクトが鳴いた。今住んでいる藤沢の丘陵でも、よく鳴いている。

＊

ゴロクト鳴けばおもほゆる、避病院に、

われをみとりし日の母のおもかげ

避病院に、われをみとりし母を、

さびしがらせて、鳴きしゴロクト

ふるさとに、鋸山に、藤沢に、

わがすむところ、ゴロクトの鳴く

しかし、私は母とちがって、ゴロクトの声をべつにそれほどさびしくはおもわない。

＊

M・H君の三男、N・H君が小さな木彫りのフクロウを、だれかにもらって持っていると聞いた。報告者はむすめの逸子である。彼女は、私がフクロウを好きなことをよく知っているので、私の意向をさぐるつもりでの報告であったらしい。私がほしいなあというと、それではもらってあげましょうといって、早速交渉してくれたところ、N君も、そんならおじさんにあげるよといって、おしみなくくれたらしい。一九五一年四月三十日のことであった。

こうして、もらってきたのを見ると、赤松の木の皮のついたままの、きわめて荒削りのフクロウで——頭の両端にすこし耳が突っ立っているから、くわしくいうならば、ミミヅクであろうが——その形といい、色といい、なかなかおもしろくできているのがうれしかった。

眼の周囲が大きくまるく削ってあって、顔盤がたくみに表現されているのはおもしろい。だが、両眼がただ黒くスミをつけたばかりであるせいか、まぬけていて、どうみても昼間のミミヅクの感じである。それが物足りない。それで、どうしたらば、といろいろ思案工夫した結果、眼に黄色のポスターカラーを塗った上、ひとみだけを黒く濃いスミにしたところ、俄然、眼が生きいきしてきた。これではじめて夜のミミヅクになったとおもった。五月三日のことである。

それから、このミミヅクを、いつも本箱の上、または机の上において、私は仕事をしているのである。

真夜中におきいでて、物書くわれを
　じっとみている、このミミヅクよ
耳さとく眼あきらかなれど、ミミヅクは、
　どこかとぼけているが、おもしろき

その後、フクロウの形態について、いろいろ調べたところによると、ほとんど直立の姿勢をとっているせいであろうか、フクロウの足指は、キツツキのように、前に二本、うしろに二本で、前後二本ずつにわかれているのが、普通の多くの鳥とちがう特色の一つをなしている。それだのに、この木彫りの足指は、前に三本ついているのは、この民芸彫刻家もまだ、勉強が少し足りなかった。一本はいわゆる蛇足であることに気づいていないのがおしい。

*

自由律俳人種田山頭火の句集『草木塔』に、自画像と題して、

　ぼろ着て、着ぶくれて、おめでたい顔で

という句がある。

そして、そのころ、山口県「小郡字矢足の山裾の静かなところに、古くて小さいけれど、草屋根の家があいていた」のを手に入れて、其中庵《ごちゅうあん》と名づけて、住まっていた山頭火を、訪ねた荻原井泉水《せいせんすい》氏は、「山頭火素描」と題する連作のうちに、

　みのむしもよ、貰うて着て、着ぶくれている

と山頭火の風貌をスケッチしておられる。

この「貰うて着て、着ぶくれている」といい、「ぼろ着て、着ぶくれている」というのが、私はフクロウの風貌によく似ているようにおもわれてならない。いい忘れたが、山頭火は、大きな黒ぶちの眼鏡をかけている。それもフクロウをおもわせる。もっとも山頭火の眼は、むしろ切れ長の眼に近く、フクロウのようにまるい大きなくるくるの眼玉でない点がちがってはいる。

それはとにかく、この句の第三句を、次のようにかえると、すぐに五郎助先生の風貌の素描とみなしうるのが、おもしろいではないか。

　ぼろ着て、着ぶくれて、とぼけ顔で

のちにのべるように、山口県の方言では、鳥取県のゴロクトのことを、すなわち一般にいうところ

のフクロウのことを、「ボロキテ」と呼んでいるのだから、「ぼろ着て、着ぶくれて」が、一層よく、フクロウの風貌の描写としてきいている。

＊

知恵あれども、高ぶらず、とぼけ顔して、微笑をわすれぬユーモラスな哲人のわがフクロウ五郎助先生こそは、老子のいわゆる和光同塵の術を体得した達人といってよかろうか。とにかく、私にとっては、少年時代からのもっともなつかしく、親しみぶかい師友の一人である。

そこで、私ははからずも、一九五一年の秋、しばらく休養の機会をえたのを利用し、私のなつかしい思い出をもととして、ここにフクロウ五郎助先生の評伝を、書くことを思いたった次第である。

＊

私はかつて数年前、河上肇博士の『自叙伝』巻頭に晩年のロイド眼鏡をかけた写真を見たとき、ふと、これはフクロウに似ているな、と感じた。しかし、フクロウはフクロウだが、どこかちょっとまのぬけたところがあって、昼間のフクロウだな、とおもった。そして、河上さんの人気は、むしろこの昼間のフクロウたるところにあるのではないか、と考えた。

それから数年たって、一九五一年の九月、九・四事件によって、私は逮捕され、万世橋留置場にいたが、そのとき布施辰治弁護士がむすめさんをつれて来訪され、久しぶりに面会した。かつて千葉刑務所で入浴のさい、ちょっと顔をあわせて以来、十年ぶりにあったわけである。そのとたんに、私の感じたのは、布施老人の顔がやはりフクロウによく似ている、しかし、このフクロウは、眼がくるくる動いていて、夜のフクロウだ、ということであった。

フクロウのような顔にも二種がある、
　昼間のフクロウと夜のフクロウだ。
自叙伝の河上さんの顔みれば、
　どこかまぬけて、昼間のフクロウだ。
赤ら顔、大きいまるい（フクロウのような）眼が語る、
　この七十翁の闘志満々
くるくるとまるき眼の赤らまる顔、
　短きカミにヒゲ、フクロウにこそ似たれ。

＊

北原白秋には、『トンボの眼玉』と題する童謡詩集があったように記憶する。そして、白秋の詩や歌のうちで、私は童謡詩が一番好きだが、晩年は、盲目の詩人であった。そして、軍部のためにヅク引きのヅクのように、一種の囮《おとり》として利用されたのは、遺憾であった。

「トンボの眼玉」の詩人。
おわりは、ヅク引きのヅク
　の眼玉の詩人か、あわれ。

I　フクロウの種類と生態

デンマーク産木製のフクロウ

一　フクロウとミミヅク

一口にフクロウといっても、じつに数十種の種類があり、大別しては、フクロウ（梟）とミミヅク（木兎）にわけられるが、俗にいわゆる、耳または角《つの》と呼ばれる羽毛のかざりのあるなしで、一概に、ミミヅクと、フクロウとを決めてしまうのは、正しくないようである。この区別の基準は、学問上には、成立しないようである。俗に耳と呼ばれているのは、羽毛のかざりであって、聴覚器官としての耳ではない。ほんとうの耳は、別に眼の少しうしろのところにあって、羽毛におおわれているが、ほかの鳥よりも耳の穴が大きくて、聴覚も特別に発達していることがよくわかる。

青葉ヅクは、ヅクというから、ミミヅクのように、いわゆる耳また角があるかとおもえば、それがなくて、普通のフクロウと同様にまるい頭をしている。もっともからだの大きさは、普通のフクロウの三分の一にもたらぬぐらい小さい。青葉ヅクはミミヅクというが、耳がない。青葉ヅクと反対に、縞フクロウはフクロウというが、耳がある。

フクロウとミミヅクを、厳密に区別してみても、その実際上の利益は、さほどなさそうである。カレイとヒラメとの無用な区別ほどでは、もちろんあるまいが、多少それに近いかもしれぬ。

一口にいうと、フクロウとミミヅクとをあわせてフクロウで、フクロウの方が、こんにちでは、総称に用いられているとみてよかろう。

とはいえ、試みに形態・鳴声・色彩・習性等から分類すれば、次のようになろう。

形態による分類——耳の有無によるミミヅクとフクロウ。顔が猫に似ているので猫鳥、兎に似ているので木兎。鷲ミミヅクは大きくてワシに似ているからであろう。ドイツには、鳥身女面の怪物、女の悪魔ハルピイに似ているというので、ハルピイとよばれる梟がいる。

鳴声による分類——ヅクもフクロウも鳴声からきた名称だが、コノハヅクはその鳴声から仏法僧と称せられる。オホ・ノリツケ・オホの首尾をとって、青森県ではオホといい、ホッホ・ゴロクト・ホッホの第二音節をとって、鳥取県、福岡県では、ゴロクトとよぶ（方言についてくわしくは後述）。フクロウ科のある種のものは、時にヌエヌエまたはニャーニャーと鳴くのでヌエと称せられる。ゴロスケ、ゴロシチ等は、ゴロクト、ゴロクソ等の擬人化。

形態と鳴声との混合型名称——ボロキテトウコイ、ボーズ（坊主）コイ。これらは鳴声を地方によりこのようにきくのだが、同時に、フクロウの形がボロを着ぶくれている感じでもあり、また坊主あたまにも似ているようにみえるからであろう。

色彩による分類——木の葉ヅク（一名柿葉ヅク）、虎斑《とらふ》ヅク、縞フクロウ、白フクロウ、金目フクロウ、黒フクロウ

型の大小による分類——雀フクロウ、小フクロウ（青葉ヅクの別名）、姫フクロウ、大コノハヅク

よく鳴く季節または出現の季節による分類——青葉ヅク、麦ヅク、鰹鳥

棲息地域による分類——エゾフクロウ、九州フクロウ、琉球大コノハヅク

習性による分類――木にとまるので木の上の鳥――すなわち〝梟〟。木の中の兎というのでミミヅクを木兎、南アメリカの大草原では土中の穴にすむのでバローイング・アウル（穴フクロウ）とよばれる。

形や色彩の上では、私はいわゆるフクロウ（せまい意味でのフクロウ）と大コノハヅクが一番好きである。大コノハヅクの斑紋は、ソロバン絣でうつくしい。

二　分布と移動

フクロウの分布地域は広汎で、北にも南にもわたっているが、どちらかといえば、北方地域の鳥であるらしい。北方ほど大型の種類が見られること、キツツキ類に似ている。すなわち、白フクロウ、縞フクロウなど大型のものは、日本の内地では見られない。北海道・樺太ないし、それから北に住んでいる。私は剝製の白フクロウを、日大農学部の標本室で見ただけである。

青葉ヅクは、小さい方だが、北海道以南にのみ見られる。

九州には九州フクロウという種類があり、琉球には、琉球大コノハヅクという種類があり、台湾には、姫フクロウといって、日本でもっとも小型のコノハヅクよりもさらに小さいのがいるという。

*

イギリスの詩人、ブレイクの詩句や、テニソンの詩に、白フクロウがうたわれていることからおして、イギリスには白フクロウが多いのではないか、と考えていたところ、イギリスでフクロウの研究家として知られるボスフォース・スミスの研究を、藤沢衛彦《もりひこ》氏が紹介されているところによると、はたしてイギリスには、白フクロウがきわめて多いようだ。そして、白フクロウについでは、虎斑ヅク（これはとくに耳が長いので、イギリス人はロング・イヤー・アウル——長耳ヅクと呼んでいる）それから、小耳ヅク（これは耳がとくに短いので、イギリス人はショート・イヤー・アウル——小耳のフクロウと称している）などであるらしい。イギリスの方が、日本より緯度が北によっているからであろう。

イギリスでは、白フクロウは、納屋フクロウとも呼ばれているとおり、農家の納屋によく住んでいて、農夫との関係がもっとも密接なフクロウだといわれる。

白フクロウの鳴声は、青葉ヅクのように、底力のある冴えきった音楽的なホウホウ、ホウホウというのとはまったく違って、ギャーギャーと軋るような、つんざくような、金切声をだすところから、イギリス人は、これをギャーギャーフクロウとも呼んでいるそうである。

＊

ダーウィンの旅行記によると、南アメリカにもフクロウはいるらしい。パラナ河をさかのぼること三百マイルのサンタ・フェ地方を、彼が探検したおりの旅行記に、次のような記事がある。——この辺には、兎に似たピスカチャという小獣がたくさんいるが、その習性はことに興味ぶかい。野原に穴を掘って、樹の根をかじって食べるのであるが、その穴の入口の周囲に、やたらに石や骨や土塊や木ぎれなどを集めてきて、積みかさねるくせがある。或る人が、夜中に誤って、懐中時計を落として、翌朝さがしたら、この獣の穴の入口に、石ころなどと一緒においてあったという。また、この獣の巣の中に、宿を借りて住むフクロウがいた。これは一層めずらしい習性の動物である。——

＊

フクロウ科のうちには、小耳ヅクや青葉ヅクのような渡り鳥もあって、青葉ヅクなどは、日本では夏によく鳴くが、冬には、遠く南洋諸島に渡ってゆくといわれる。

青葉ヅクは、ホウホウ・ホウホウと二声ずつ高く鳴く鳴声で、ホッホ・ゴロクト・ホッホのフクロウとともに、フクロウ科のうちでは、一番よく知られている。名前はヅクというが、いわゆる耳のない点で、ミミヅクよりは外形上もっともフクロウに似ているが、大きさからみれば、フクロウの三分の一ぐらいで、フクロウよりは、むしろミミヅクに近い。羽毛の斑紋が、フクロウ科のどれよりも黒味をおびている。嘴が突き出ている点では、フクロウ科中、もっともフクロウ科らしくない鳥である。フクロウ科の顔面の特徴であるいわゆる顔盤も、あざやかでない。しかし、或る意味では、狭い意味でのフクロウとミミヅクとの中間のような鳥である。

耳のない青葉ヅクにして、なおヅクと呼ばれているのをみても、このヅクというのは、ミミヅクのミミを略したヅクではなくて、フクロウ一般の古語としてのヅクでなければならぬ。すなわち、青葉ごろのミミヅクという意味ではなくて、青葉ごろのフクロウの意味でなければならぬ。

この意味において、神奈川県の大磯付近の方言で、青葉ヅクのことを小フクロウと呼び、また、奈良県の方言で、黒フクロウと称しているのは、いずれもそれぞれに青葉ヅクの特色をよく表現しているものとして、注目にあたいする。しかり、青葉ヅクは、まことに小さいフクロウであり、そして、羽毛の斑紋がもっとも黒味がちなフクロウである。

三　「耳」・頭・首・嘴

フクロウの俗にいわゆる耳といわれるのは、羽毛のかざりであって、ほんとうの聴覚器官としての耳ではない。

さて、俗にいわゆる耳のあるのは、縞フクロウ、鷲ミミヅク、大コノハヅク、コノハヅク、虎斑ヅク、小耳ヅクで、耳のないのは、白フクロウ、フクロウ、金目フクロウ、エゾフクロウ、九州フクロウ、青葉ヅクで、縞フクロウを除いたフクロウの全部と、青葉ヅクだけが耳がない。なお金目フクロウは小形で、青葉ヅクぐらいの大きさだという。

小耳ヅクは体形が小さいからの名称ではなく、耳が特別に小さいから小耳のヅクの意味である。小耳ヅクの名称は、小さいミミヅクという意味に誤解されやすい。耳ほそヅクといったらよくわかろう。からだの大きさは、フクロウと大コノハヅクとの中間ぐらいで、虎斑ヅク大である。虎斑ヅクは、とくに耳が長いので、英語では長耳ヅクと呼ばれる。

耳があるので、ミミヅクの顔は、とくに猫によく似ているように思われる。耳は自由に立てたり伏せたりするので、写真や画の耳が突っ立っているのと、横に水平に出ばっているのとで、耳の形が本来、そのようにわかれているものと速断してはならない。

フクロウの形態上の第一の特徴は、頭が巨大なことである。からだと不釣合に頭がでっかい。その点一寸法師に似ている。第二の特徴は、眼の周囲に、顔盤といって、放射状に生えた羽毛のあることであろう。そして、ほとんど直立的な姿勢をとっているのも普通一般の鳥とはちがっている。

フクロウの頭でっかちは、人が見たりしたばあいなど、急にそのでっかい頭の毛を突っ立てて、ぷうっとふくれ、それがとくに、頭の左右両端においてはなはだしいので、頭のまんなかが少しくぼんで、ちょうどリンゴを縦に真二つに切ったような形になるので、頭がいよいよ胴腹部に対して、不釣合に大きくなるそうである。これは、こうして一つには、おどす目的でもあろうか。

それゆえに、不釣合に頭を大きく描いたフクロウは、かようなばあいのフクロウの形を、かえって如実にとらえたもので、これを誇張にすぎるものとか、漫画的に書かれたものとか見てしまうのは、フクロウの上述のごとき習性を、むしろ知らないからであろう。フクロウを描くものは、このことをよく知っていなければならぬ。

*

藤沢衛彦氏の『鳥の生活と談叢』には、アメリカの一学者の説として、フクロウは、ゆったりしてまだら色の羽毛をふくらませることができるばかりでなく、またそれをぎゅっと縮めて、またたくまにその形や大きさを変えることができる。こうすると、まるで別の鳥のような恰好、というよりもむしろ鳥ではなくて、樹の切株のように見える。意のままにその輪郭をかえ、形や大きさを変ずるのは、この奇妙な鳥の特色の一つである――という話が紹介されている。

この正月の四日から私の飼っているフクロウは、寒い時には、頭もからだも一つに、まるくぶっとふくれて、かすかに羽毛のさきをふるわせている。

（一九五四・一・二十六）

＊

フクロウの首はよくまわる。ほとんどまうしろにまで、くるりとふりむくことができる。どうしてこうなったのであろうか。いいかえれば、何がフクロウをして、こうならしめたのか。

その理由は、こうではないかと私は考える。その第一は、フクロウの眼は、人間や猿や猫などと同様に、顔の正面に、二つ並んでいる。いいかえれば、二つの眼が前面に並んで、他の鳥のように側面についていない。それで、他の鳥とちがって、前面を見るのには都合がいいが、側面を見るのには不便で、横に首をまわす必要がある。

第二の理由は、木にとまるのを原則としていることである。同じく木にとまるのを原則としているといっても、普通の小鳥のばあいは、枝から枝へひょいひょいと軽く飛びうつって、たやすく位置をかえるので、首をまわす必要が少ない。これに反して、フクロウはどっしりと木にとまっていて、そうかるく飛びまわるわけにいかないから、いきおい、首をまわすよりほかない。

このような二つの理由からして、フクロウは首がよくまわるようになった、ならざるをえなかったのではあるまいか。私はこのように考える。それでは、フクロウの眼はいったい、どうして、他の鳥のように側面ではなく、すなわち左右両面にわかれてでなく、前面に二つ並んでつくようになったのであろうか。それが次の問題である。

（一九五八・八・十二）

*

たいていのフクロウの嘴は、普通の鳥とちがって、嘴が突き出ていないで、考えぶかそうに、うつむいており、しかもそのうえ、羽毛で半ばおおわれて、根もとの方はかくれているのが多く、したがって、嘴のまん中へんにある二つの穴が、あたかも人間の鼻の穴ででもあるかのようによく見えるのが、また一つの特徴であろう。

例外は、青葉ヅクで、この種類の嘴は、かなり突き出ており、普通の鳥類の嘴の形に近いことについてはすでにのべた。

四　眼と視力

神田亀沢町の鳥類剝製標本店の上野氏をたずねて、くわしくうかがったところによると、フクロウとミミズクのからだの大きさと眼の色とは、次のごとくである。

種類	大きさ	眼の色
フクロウ	トビぐらい	ローアンバーにブラックを入れた色。うすい黒茶（茶に青みがかった色）。
青葉ヅク	鳩よりやや小	黄色

大コノハヅク　鳩ぐらい　濃い橙色、橙色の赤に近い色。この眼玉をつくるには赤をさきにぬって、それに黄色をさしこむ。

コノハヅク　ウズラぐらい　黄色と橙色との中間

虎斑ヅク　鳩よりやや大　黄色と橙色との中間

小耳ヅク　鳩よりやや大　黄色（この種類は耳と眼が小さいので、小耳ヅクという。からだは小さくない。虎斑ヅクぐらいの大きさ）

剝製標本をつくるため、眼玉をこしらえて、色をつけている人の言葉で、いちいちそれを見せての話だから、まずまちがいないと信じてよかろう。

フクロウの眼は黒茶色だが、ミミヅクには、黄眼あり、金眼あり、橙色の眼があって美しい。そのほかに、金目のフクロウというのがあり、日本では、北海道のみに見られるそうである。白フクロウの眼は黒茶色だが、鷲ミミヅクの眼は橙黄色、縞フクロウの眼は黄色である。

＊

フクロウの眼の特徴で、もう一つ注目すべきことは、まぶたの開閉が普通の鳥類とちがって、むしろ、獣類や人間のそれに近いことである。すなわち、普通の鳥類は、ニワトリについて、だれでもがよく気づいているように、上まぶたは動かさないで、下まぶただけを上に動かして、眼をとじる。しかるに、フクロウのまぶたは下からと同時に、上からも動いてしぼむ。

剝製のフクロウでは気づかなかったが、彫刻家の山本常一氏がアトリエに飼っておられるフクロウを、三月二十五日に見たとき、私ははじめて、フクロウの眼のふちに、美しい紫紅色の肉の縁取りのあるのに気づいておどろいた。眼瞼《まぶた》の一部だそうである。

それからまた、フクロウの眼玉のうえを、シュッシュッと人間がまばたきでもするように、開閉する膜のあるらしいことを知った。剝製屋の上野氏を訪ねたおり、そこにきておられた某大学の動物学の教授に聞いたら、これは透明な角質の膜で、瞬膜《しゅんまく》というものだとのことであった。

藤沢衛彦氏の『鳥の生活と談叢』に、「眼の上を次から次へと敏く瞬きして過ぎる眼瞼は、ぎらぎら光る光線を遮ぎり、表面目くばせに似てゐるが、怪訝さうな瞬きによつて、思想の外見的重々しさを緩らげてゐる」とあるのはこれで、藤沢氏は眼瞼と訳されているが、瞬膜のまちがいであろう。

＊

ミミヅクの頭蓋骨は調べてみたが、私のもっとも調べてみたいとおもったのは、もし私が医学者なら、ぜひともここで解剖調査してみたいとおもったのは、フクロウの眼球と普通の鳥の眼球とを、解剖して比較してみることであった。それが自分でできないのが残念である。

ところで飯島魁博士の『動物学提要』に、フクロウの眼球の模型図がのっているというので、それと英文の鳥類の書物から、普通の鳥の眼球の図とを、某大学の助手S・T君にたのんで、写真にとっておくってもらった。それを比較してみると、鳥類の眼球には、他の動物にはない、櫛状膜なるものが視神経のつけ根についているのが特徴らしく、その櫛状膜が普通の鳥では、文字どおり櫛状であるのに、フクロウのばあいは、少し複雑な構造で網の目のように見える。一応なるほどとうなずかれるが、はたしてこれがじっさいにそうかどうか、自分で解剖してみてたしかめることができない。

日本の鳥類学者の専門的な研究はまだないのか、飯島博士の書物にのっているフクロウの眼球模型図は、ウィーデルハイム氏により採ったとことわってあり、普通の鳥の眼球図の方は、シンシナチ大学の動物学教授ワイヘルト氏の書物にのっているものだそうである。

フクロウの眼球。それと、でっかい円い頭蓋骨のなかの脳髄。この二つが解剖して研究できたら、私のこのフクロウ研究も、有終の美を成しうるであろうが、その一歩手前で壁にぶつかって、それをつきやぶることができないのをつくづく遺憾におもう。

*

フクロウの眼は正面に二つ並んでいて、他の鳥の眼のように左右両側にわかれてついているのではない。これがフクロウの一大特徴であり、猫の顔に似ているゆえんだが、解剖してよく調べてみると、人間の眼のように、本来から正面に二つ並んでいるのとは、少しちがって、左右両側から次第にせり出してきて正面に並んだという形がうかがわれる。その意味では、普通一般の鳥類の眼と人間や猿や猫などの眼との中間的な形態のようにおもわれる。一応外見上は、人間や猿や猫などの眼とまったく同様正面に二つ並んで、その点はなんらの相違もないかに見えるのであるが、解剖してみれば、右の相違の存在しているのが明らかにみられる。

この相違の由来はどこにあるか。いいかえれば、一般の鳥とちがって、ひとりフクロウの眼が次第に正面にせり出してきたのは、どういう理由によるか。どういう必要があって、そうなったのであろうか。

フクロウは典型的な夜の鳥である。そしてトビなどとちがって、高いところからでなく、比較的近距離から主として動く生きた餌をねらう鳥である。それには、つよく鋭くて、かつねらいの正確な視力が必要とされる。その必要から、眼が次第に大きくなり、それと同時にまた、次第にせり出して、正面にくるくると大きな眼が二つ並ぶようになったのではないか。左右両側にわかれてついているより、正面にせり出して二つ並んだ方が、にらみをきかせたり、ねらいを正確につけるのに好都合であることたしかであろう、とおもわれるからである。医学上の豊富な知識があったら、こんな問題を考えるのに、どんなによかろうかとおもうのだが、残念ながらそれを持ちあわせないまったくの素人考えだから、あるいは当らぬかもしれぬが、私はこう考えざるをえないのである。一つの問題提起として、お読みとりねがえれば幸甚である。

（一九五八・八・十二）

*

普通のフクロウの眼は、黒茶色である。神田亀沢町の鳥類剝製標本店の上野末治氏は、ローアンバーにブラックを入れて、剝製の眼玉を着色するのですといっておられたが、大雑把にいうと黒茶色である。それで写真にとると、フクロウの眼玉は、全体がまっ黒くうつるのが特色である。

だが、縞フクロウの眼は黄色だそうである。金目フクロウの眼はその名のとおり黄金色にちがいあるまい。イギリスに多い白フクロウは、日本には北海道だけに見られるというが、これも眼は黄色らしい。この前の本（『唯物論者の見た梟』）に、聞書きで、黒茶色のように書いたが、『産経カメラ』の一九五五年七月号に掲載のアラン・D・クリックシャンク撮影の写真を見ると、普通のフクロウの眼のように全体がまっ黒ではなく、黒く見えるのは、瞳と眼のふちとだけで、普通のミミヅクの眼と同じくうつっているからである。（一九五五・八・二十四）

その後一九五五年十一月初旬に、私はシートンの『自叙伝』上下二巻を訳者から恵与されてむさぼり読んだが、第二十八章「自由と歓び」のさいごに白フクロウについての長い詩がある。それに、「高い枝の上から黄色い大きな眼が、下の景色を眺めている、そうして待っている、云々」とあるから、シートンによると、白フクロウの眼が黄色であることはたしかだ。（一九五五・十一・七）

だがはたして、そうであろうか。黒茶色の眼のように描いた絵や写真もあるので、疑問なきをえない。剝製の標本では駄目である。実物について、よく調べてみる必要を感ずるが、今のところ私にはまだその手段がない。

＊

法政大学のフランス法科を出た私の友人T・M氏から、フランス文学の辰野隆博士の随筆集に、『信天翁《あほうどり》の眼』というのと『梟の眼』というのと、あったように記憶しますが、と聞かされたので、私は、『信天翁の眼』はとにかく、『梟の眼』だけは、ぜひ読んでみたいとおもった。その後、前者は或る文庫本で、復刊されたようであったが、後者は、なかなかみつからなかった。

ところが、この話を聞いてから、半年ばかりたった一九五三年十一月の或る日のこと、神田の古本屋から、定期的に寄贈してくる古本の目録をめくっていたら、蔵払特売七十円均一のところに、はからずも『梟の眼』が見つかった。しかし、著者は、私が聞かされていた辰野隆博士ではなく、私などがむかしまだ学生であったころ、慶応義塾出身の実業家として、その名を知っていた波多野承五郎という人であったが、この本にちがいないとおもって、さっそく注文した。

このようにして、半カ年待望の『梟の眼』が、とうとう手にはいったのは、まことにうれしかった。実業之日本社から昭和二年一月に発行された四六判四二六頁の厚い本で、装幀もみごとである。それがたった七十円で、まるでただみたいであった。しかも、内容はきわめて豊富で、百項目にものぼっている上に、いたるところ独創の識見がうかがわれるし、文章もやさしくて、きびきびしていて、まことにおもしろく、随筆集として、これはめずらしい傑作だ。

フクロウ研究の因縁から、さてもふしぎな掘出物をしたものである！

内容目次百項目、政治経済、宗教道徳、文芸芸能から酒・三味線・柔道、はては鮨の食い方に及ぶ人事百般・森羅万象、まさに百花妍《けん》を競って咲き乱れて、見るものの眼を眩惑せしめずにはおかないおもむきがある。そのうち第八〇が、「眼の大小」という題名で、フクロウの眼は大きいが、なぜか。これに反して、ゾウの眼は小さいが、なぜか。日本人より欧米人、とくに、イギリス人の眼が大きいのは、どういうわけか、という問題を提起して、それは、その生活する環境に太陽の光線が、強いか弱いかによるのだ、といって、興味ぶかく問題を解明している。

それを簡単にいうならば、フクロウの眼が大きいのは、夜の鳥だからであり、象の眼が小さいのは、インドのような日光の強いところに住んでいるからである。日本人よりイギリス人の眼が大きいのは、イギリスは、日本よりどんよりとくもった日が多く、太陽を見つめても、またたきしないで見うる日が多いからである。

こうあらすじだけを、かいつまんで紹介したのでは、あまり味もそっけもないかもしれぬ。それで、次に、単に所説の要領だけでなく、あわせて原文の滋味妙味も、読者諸氏に十分玩味してもらうことにしたいとおもう。

梟の眼は大きい。象の眼は小さい。梟は夜の鳥で、象はインド、アフリカのような日光の烈しいところにいる。欧米人の眼は大きい、それは、活動写真の映画をみてもすぐにわかる。西欧諸国のうち、イギリスのごときは、北緯五十度内外のところにあって、その緯度は、カラフトにおける日露国境線にあたっている。しかし、メキシコ湾の海流がイギリスの海岸を洗ってバルチック海に流入するから、気温は概して高いが、太陽の光線はうすい。その上、イギリスには曇天が多い。太陽を直視しても、またたきなしにみうる日が多い。

梟の眼が大きいのは、夜の鳥であるからだ。

イギリス人の眼の大きいのは、日光がうすいからである。しかし、フランスの南部やイタリーは光線が烈しいから、眼が小さい筈であると言ってもよい。

それが日本人より眼が大きいのは、昔から、庇のある帽子をかぶっていたからだ。

これによると、眼を大きくしようと欲する人たちは、真夏の炎天下に、層雲派の、自由律俳人、尾崎放哉のごとく、大空の真下帽子かぶらず、の無帽主義で眼を烈しい日光にあてるのは、よくないということになりそうである。呵々！

それはとにかく、ついでになお一言しておきたいとおもうのは、『梟の眼』の著者の随筆というものに対する見識の高いことである。

すなわち、この著者によると、随筆とは、広い意味でいえば、備忘録または覚え書といったようなもので、随時随所に何物かを書きとめた記録である。それゆえ一定の主題はない。雑駁な問題について、おもうままのことを書きとめたものであるから、一種の雑学問であるはずだ。

いうまでもなく、専門の学問でもなく、一貫した主義主張を披瀝したものでもない。そうかといって、晴雨寒暖起居飲食を記した日記でもなければ、金銭の出入を記入した出納簿でもない。雑学によって、知りえたる知識の記録であるとみねばならぬ。しかし、知識そのものを、記録するのみでは、いまだ随筆本来の面目は、発揮されずにあるのであって、すなわち、随筆の記述は、消化されたる知識であらねばならぬ。それが片鱗であっても、随筆となってあらわれるまでには、総合要約されたものであらねばならぬ。

人の実生活には、もちろん知識が必要であるが、それが単純知識であっては、役に立たぬ。知識を実生活に応用したものでなければ、随筆の材料としておもしろくない。文芸・美術も、人間に交渉がなければ、純文芸、純美術にすぎない。それは、それぞれの専門家が取扱うべきことだ。しかして、随筆は素人によって書かれるのであるから、専門の知識には、毫末もとらわれない。たとえば、子どもの自由画のようなものだ。

すなわち、随筆とは、綜合知識で、哲学的雑知識で、したがって、実生活の応用知識であると同時に、比較感想であって、人生に交渉ある知識感想であるのだ。そして、いずれも、その描写は、自由画であるのだ、というのが、波多野承五郎氏のいわば随筆論の要旨だが、さきに紹介した「眼の大小」と題する短い文章一つ見ても、氏の主張のとおり、十分に綜合され比較された知識であり、したがって、立派な随筆の短篇であることが、容易に首肯されよう。その意味において、私は、この一篇にとどまらず、読者諸氏がさらにすすんで『梟の眼』全篇を、通読されるようすすめるものである。

（一九五四・二・八）

あまり余談にわたって恐縮だが、さいごにもう一言、私の前後二巻にもわたる熱心なフクロウ研究に対する抱負の一端を、ここにつけ加えて披瀝することをゆるされるならば、私のフクロウの本は、専門家による単なる分析的な専門知識を記録したものではもちろんなく、ズブの素人である私が、一種の雑学によって得た知識と、人生の経験によって体得しえた感動と感想とをあわせて、何らの型にもとらわれず、自由に綴ったものである。それゆえ、単なる事実のバラバラな記述ではなく、事実と事実との連関を、綜合比較研究によって探求しえた結論をまとめたものである。いわゆる鵜呑みにした知識を、そのまま口から吐き出したものでも、あるいは耳学問を、鸚鵡返しにしたまでのものでもなく、私なりに十分咀嚼し消化して、少なくともこの私自身にとっては、一旦血となり肉となった知識と感想とを、私なりに自由に書きつづったつもりである。

専門の鳥類学者には、専門の型にはまっていないで、素人くさいと笑われるかもしれぬが、少なくとも、『梟の眼』のような随筆作家には、私のフクロウの研究が、立派に、フクロウの随筆にはなっていることを、みとめてもらえるであろうと自負している。それで私の望みは足りるのである。
『梟の眼』の著者の随筆論に共鳴のあまり、おもわず余談に馳せて、これはまことに恐縮であった。

（一九五四・二・九）

*

フクロウの瞳は、ちょうど猫の瞳のように、昼間は閉じて細長くなる。その極限は、あたかも障子を少しあけたように縦の一線に近くなる、という説があり、絵では、文豪森鷗外の陶器に図案したミミヅクの絵がそうで、瞳がすっと縦の一線で描かれている。ミミヅク屋の広瀬理一氏が蒐集されたミミヅクの玩具類のうちにも一つドイツ製のもので、そういうのを見せられたが、そのほかには、あまり見ない。

しかし、はたしてほんとにそうであろうか。私が大コノハヅクの雛をしばらく、ついでまたフクロウの大きくなったのを四十日間、自分で飼ってみてよく観察したところによると、なるほどミミヅクやフクロウの瞳も大きくなったり、小さくなったりまことに自在無碍だが、猫のばあいとちがい、けっして縦にとじて、細長くなるのではなく、まんまるいままで、大小自由に変化するのであった。

それで私はおもった。フクロウの瞳も縦にとじて細長くなるように考えるのは、じっさいの実験にもとづくものではなく、猫の瞳からの類推論にすぎない。フクロウの顔は猫鳥とも呼ばれるほど、猫の顔によく似ている上に、どちらもまた夜間よく眼が見える点もまったく同じだから、それからしてつい、瞳の大きくなったり小さくなったりする仕方までもが同じにちがいないとおしはかっての説にちがいなかろう、とこう私は考える。

ところが、それから一両年たって、私はこれに関連して、おもしろいことを知った。それは、虎の瞳がやはり、猫の瞳のように、縦に細長くなるという説があるが、なるほど虎は猫科の動物だから、よく似ている点はいろいろあるけれど、虎の瞳は猫のばあいとちがって、円形に縮小するのだ、ということが、最近沖野岩三郎氏の『宛名印記』という一九四一年に出された美術に関する随筆集にしるされているのを読んで、はからずも私の反駁した類推論と同趣の類推論がやはり否定されているのを、興味ぶかく感じた。

『宛名印記』の「誤植」と題する文章の一節である。『南画鑑賞』一月号に、宋の趙邈齪が描いた英雄聴瀑図と題する虎の絵が載っている。虎がしずかに滝の音を聞いている図で、実に立派なものである。ところがその瞳に誤植がある。平岩氏の説によると、虎は猫科の動物であるが、その瞳の縮小のしかたが、猫とちがう。猫の瞳は針状に縮小するが、虎の瞳は円形に縮小するのだそうである。しかるに、この趙邈齪の絵をはじめとし、多くの虎の名画に、瞳の針状に縮小した絵がある。これはみな誤植になる、とこういうのである。私の指摘した森鷗外の描いたミミヅクの図案の瞳を見せたら、沖野氏は、きっと私に賛成して、これも誤植ですナといわれるにちがいあるまい。

私自身はまだじっさいに虎の瞳をよく観察したことはないので、断定はしかねるが、平岩氏や沖野氏の説は、まず大体まちがいなかろうとおもうが、どうであろう。たといそれがまちがいであって、虎の瞳の縮小のしかたは、猫の瞳のそれと同じであるとしても、フクロウの瞳の縮小のしかたは、断じて猫の瞳のそれと同じでないことを請合うに私は躊躇しないものである。（一九五五・二・一）

このことを、動物学者の堀関夫さんに話したところ、それはおもしろい、虎の瞳をじっさいに調べてあげましょうとのことであったが、しばらくして、調べてみた結果は猫のばあいとはちがいますとの報告であったから、平岩氏や沖野氏の説が正しいようである。（一九五五・十・九追記）

ところが、瞳の縮小が猫に似て針状である動物もあるらしいからおもしろい。東アフリカに住むハイエナがそれである。その後たまたま平岩米吉氏編の『動物とともに』という本を読んだら、東アフリカ産の縞ハイエナは、何かほしいときはニャアニャアと啼き、うれしいときはのどの奥でゴロゴロという声を出し、日本語で「たて髪狗」など訳されているが、ほんとうは猫にもっとも近いものだそうで、明るいと瞳が細長くなる、とある。すなわち、ハイエナは虎とちがって、鳴声も猫に似ているが、瞳の縮小も猫に似て、針状であるらしい。その点でも、ハイエナはもっとも猫に近いようだ。しかし形はあまり猫に似てはいないからふしぎである。（一九五六・七・二十七）

＊

解剖学的に見たフクロウの眼と耳とについては、のちに解剖の結果報告をくわしく記述するつもりだが、フクロウは眼が大きくクルクルしているから、どんな微細なものでもよく見えるし、ミミヅクは耳がついているため、どんなかすかな音でも聞きもらさない、というので、岡山地方には、次のようなフクロウとミミヅクとの対話がつたえられている。

夜、森のなかに、フクロウとミミヅクとが並んでとまっていた。

フクロウ曰く、「ごらん。いま蚊の足がおちてゆくよ。」すると、ミミヅクが曰く、「ああ、そこへおちたよ。音が聞こえた。」――昭森社の森谷均氏から聞いた話である。

足利時代末期の作といわれるお伽草子の『鴉鷺合戦物語』によると、仏教徒のあいだでは、フクロウが年の功をへてくると、阿那律のごとき天眼力、天魔のごとき神通力、賓頭盧のごとき物の怪を現ずる奇特な怪力をそなえるにいたるものとみなされていたことが察せられる。仏教関係の彫刻に古来フクロウの姿が多くきざまれたのは、かようなフクロウ観にもとづくものであったとおもわれる。

そしてこれは、古代中国で、フクロウが辟邪の鳥、――邪をしりぞけ払いのける怪力を有する鳥とみなされて、俑《はにわ》に用いられたり、鴟鴞尊《しごうそん》と称する酒を盛る祭器につくられたりしたのと、一脈相通ずるところがたしかにあるようだ。（一九五八・八・九）

五　足指

また一般の鳥は、例えばニワトリのごとき足指（趾）四本のうち三本が前に、一本がうしろについているのに、フクロウは前に二本、うしろに二本で、前後二本ずつにわかれている点、キッツキの足指に似ていることについては、すでにのべた。しかるに、この足指の特徴が、多くの画家には把握されていないようにおもわれる。

武井武雄氏の『イソップ物語』のフクロウの挿絵は、おどろいて頭をふくらませたところが、じつによく描かれていて、まことにおもしろいものだが、足指は三本前に出ている。ピカソの陶器に描いたフクロウは、まことに傑作だとおもうが、足指はやはり三本前についている。もちろんピカソのは、写生的な作品ではないのだから、二本にしようと三本にしようと、デフォルマシオンの自由だといえないこともあるまいが、いくらデフォルメするにしても、これは正確に二本にして、いわゆる蛇足はそえない方がよくはあるまいか。

それはとにかく、昔の画家は、鍬形蕙斎にしても、北斎にしても、前の足指は、ちゃんと二本にしている。正確によく実際を見て、描いていたもののようにおもわれる。

＊

フクロウの脚、くわしくいうならば附蹠は、短くて太く、そして多くは、羽毛でおおわれている。それにまた嘴も短くて、多くはその基部が羽毛にうずまっている。そのうえ、からだの羽毛もふんわりとやわらかであるため、いわゆる「着ぶくれている」感じになり、そこがまたまた愛すべきところである。

北地の白フクロウ、金目フクロウはもちろんのこと、普通のフクロウも、脚には足指（趾）のさきまで羽が生えている。ミミヅクのうちでも、大コノハヅク、虎斑ヅクは、足趾のさきまで羽毛でおおわれていて、大コノハヅクは英語では、Feathered-toed owl（趾に羽の生えたヅク）と呼ばれているほどである。

さきに一言したように、フクロウは地上を歩く鳥ではなく、主として樹上にとまっている鳥である。しかも頭でっかちで、かつ眼が二つ並んで顔の正面についているせいか、直立の姿勢でとまっている鳥である。そのためであろう。第三番の足指がうしろについて、前に二本、うしろに二本になっている。前に三本、うしろに一本でとまったのでは、頭でっかちで、直立の姿勢はたもてないであろう。

爪が長く鋭く、そして曲っているのも、木にとまるのに、また餌物をぐっとつかむのに便利であるが、それだけに地上を歩くのには、逆にきわめて不利である。実際、歩くのは無器用のようだ。だから、あまり地上におりて歩くことはないが、たまに地上を歩くときには、直立でなく、普通の鳥の姿勢になり、第三番の足指を少し前方にむけて、その柔らかい尻羽を地につけて汚さないようにからだのバランスをたもつ。

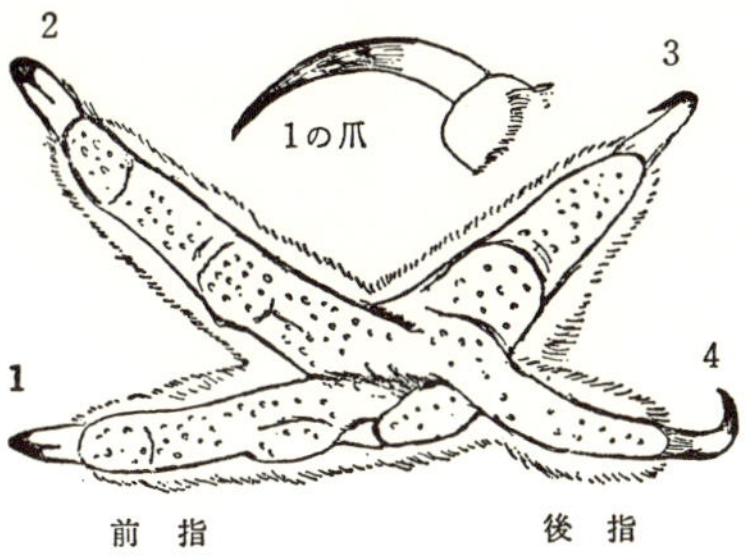

*

フクロウ科の足指は、原則として、前に二本、うしろに二本である。もっとも、第三番目の指は、前と後の中ほどまでは、前方に向けることができるようにできているので、その点、キツツキの足指が、完全に、前に二本、うしろに二本と、二本ずつにわかれているのとは、少しちがう。それゆえ、普通一般の鳥の足指とキツツキのそれとの、いわば中間的な形態というのが、もっとも正確かもしれない。

それで、ばあいによっては、前に三本、うしろに一本のように見える、そういう恰好になることもあるにはあるが、それは例外で、普通のばあいは、前に二本、うしろに二本、いうならば、それが原則である。

そうしなければ、あの頭でっかちのからだを、まっすぐに立てて、すなわち直立の姿で、しっかりと木にとまるのに、不安定だからであろう。

徳川時代の画家は、このことがよくわかっていたらしく、鍬形蕙斎にしても、葛飾北斎にしても、きちんと、前に二本、後に二本である。

徳川時代の随筆家では、京都の茅原長南が、文政十三（一八三〇）年にあらわしたとされている『茅窓漫録』のうちに、いわゆる仏法僧鳥、すなわちコノハヅクについて、深山にいる鳥にて、比叡山、日向の霧島岳にも、ままいるという。大きさヒヨドリに似て、指の前後二つにわかるという、としている。

しかるに、現代の、とくに油絵画家には、普通一般の鳥と同様にみて、前に三本、後に一本としているのが多い。いや、ほとんど例外なしにそうだといっても過言でないほどであるのは、少々勉強が足りなくはないか。しかし、日本画家の方は、きちんと前二本、うしろ二本に書いているのが多い。

各地方の民芸品には、前二本、うしろ二本のものと、前三本うしろ一本のものと、ほとんど半々ぐらいというのが、現状のようだが、最近は前二本、うしろ二本の作品が、だんだん多くなりつつあるようにおもわれる。

＊

毎日新聞社図書編集部の記者S氏のすすめと紹介で、私は『シートン動物記』の訳者内山賢次氏を戸塚の宅におたずねした。一九五五年十月下旬のことであった。

『動物記』はむかし在獄中におもしろく読んだが、シートンの『自叙伝』はまだ読んでいなかったので、主としてシートンの経歴と人物について、そしてまた内山氏の翻訳のなみなみならぬ苦労について、いろいろおたずねしてお話を聞いた。シートンの人物に非常に興味をおぼえ、『自叙伝』を是非読んでみたいとおもったところ、数日後書店から取寄せて上下二冊を恵与されたので、熱心に読んでみた。

『動物記』を読んだおり、シートンは狐や狼などの足跡を文字どおり追跡し、絵にしているのが特徴の一つのように記憶していたが、『自叙伝』のうちにも、上巻の最後の第二十四章に、「足跡を読む」というのがあるのがうれしかった。

「十一月半ば（一八八二年）には六インチばかりの、よく足跡を残す雪がつもったので、わたしはこれが提供してくれる物語を読もうと思ってでかけた。まもなくわたしは新しい狐の足跡にぶつかった。」という書き出しではじめられている。

ついで、第二に、一八八五年の二月に、トロント市の市内で観察されたべつの足跡の物語をのべている。

さきの狐の足跡物語は、はるか遠い荒野のなかで読んだのであるが、第二の物語は、彼の家のすぐそばにあるキャッスル・フランクの谷と森に、彼がただの散歩にいったさいの物語で、大地につもった新雪が足跡の記録をきわめておもしろいものにしたてていった。彼はA点にある数本の灌木の下に、雪にしるされた綿尾兎の痕を見いだした。それをだんだんにたどっていって、ついに綿尾兎がフクロウに殺された次第を、兎の足跡とフクロウの足跡とからつきつめていった物語である。いまA点からB・C・D点までの追跡は省略して、そのあとだけを紹介すると、F点で、彼はさっと血の流れているのを発見した。やがて突然H点で、彼は明らかに翼によってつくられた痕にぶつかった。そこで、鷲か鷹か、あるいはフクロウからのがれようともがいていたのだということがわかった。

K点でとうとう兎の屍骸が見つかった。半分食われていた。それで鷲は問題外におかれた。なぜというに、鷲ならすぐに食いつくしてしまうか、まるのまま運びさってしまうかするからだ。してみると、鷹かフクロウかにちがいない。そのどっちかでなければならぬ。

「わたしは証拠をさがして、屍骸のすぐそばに二本趾の梟の足跡をみつけた。もしこれが鷹だったら、スケッチの下の左のようだったはずだ。」といって、シートンは、右にX形のフクロウの足跡と左に鷹（Y字のVのところをWにしたものとおもえばよい）の図解をそえている。

ここまで追跡し推理して、シートンは足跡と屍骸の兎を画いていると、谷から飛びあがってきて、食事をやりに（兎の屍骸の半分を食いに）、おもどりになったのは、はたしてほかならぬ当のフクロウ先生ご自身であった。奴さんはシートンの頭のすぐ上の枝におりた。

そこでシートンはさいごにこうむすんでいる。「わたしはカメラはもちあわせていなかったが、スケッチ・ブックはもっていたので、すぐその場の奴さんのすわっていらっしゃるところをスケッチした。こうして奴さんは、足跡の署名をわたしが解釈したところが絶対に正確であったという立派な証拠と、それにまたフクロウの外観に関する不朽の、貴重な記録を私に提供してくれたのであった。」

まるで名探偵の追跡物語を読むようではないか。フクロウの足指が、原則として、前に二本、後に二本であることが、これで裏書きされている。それと同時に、そのように原則的な認識をハッキリもっていることが、じっさいにどのようなおもいがけない実益をもたらすかの一例もこれで、読者諸氏に十分ご首肯願えたこととおもう。

フクロウの足指は、第三のものを前後にまわすことができるのだからといって、――しかり、それはそれにちがいないが、――普通のばあいは、前に三本でなく、二本であることに注意をそらすものはもちろんのこと、注意を怠るものには、シートンのような足跡物語の名探偵ぶりなどは、とうてい想いもよらぬ芸当であろう。

（一九五五・十一・七）

六　卵

藤沢衛彦氏の『鳥の生活と談叢』によると、フクロウの卵は、鳩の卵と同じく、一口にいうと白色だが、くわしくいうとくすんだ白亜色で、卵殻の肌があらい。しかるに鳩の卵は、つやがあって、なめらかである。ベテランならさわっただけでフクロウの卵がわかるそうだ。鳩は二個以上の卵を生まないが、フクロウは四個から六個の卵を生むそうである。

＊

ニワトリの卵を孵化して、ヒヨコのまさに生まれいでんとするや、卵の中のヒヨコが嘴で、中からまず、殻をこつこつとつつき始めると、ぬくめ鳥すなわち母鳥が、それを感知して、外から殻をこつこつとつつき、そこで内外から、こつこつ、こつこつと、双方の機が合して、殻が破れ、すなわちヒナが生まれでる。そのなかから、ヒヨコのつつくのを、漢語ではさい（啐）といい、外から母鳥のつつくのをたく（啄）といった。それで啐啄同時という熟語ができているほどである。『昆虫記』で有名な例のファーブルも、ヒヨコがそのかたい嘴をもって、中からまず、こつこつとつつくのだとはっきりいっている。

私も少年のころ、いくどかヒヨコをかえして育てたことがある。しかしはたして、サイタク同時かどうか、私には、じつのところよくわからなかったが、ヒヨコが頭の方から生まれ出ることだけはたしかのようにおもえた。

ところが、フクロウのばあいは、例外で背の部分からさきに出るのだという説がある。フクロウは他の大部分の鳥類とちがい、頭の部分が特別大きく重くて、卵の一方が傾いているので、その背の部分になっている他の端が軽くて、母鳥の温味にあっているため、卵から出るばあい、背の方からさきに出るのだ、というわけ。

はたしてそうかどうか、じっさいに孵化させて研究してみたら、おもしろかろうとおもう。私には

まだその余裕がない。篤志家の実験的研究に期待する次第である。（一九五八・八・十七）

七　兎・猫・トビとの比較

ミミヅクを、中国では、木兎と書くのは、木に住む兎のいいで、兎のような顔をしていて、森に住む鳥だからであろう。

*

フクロウ、とくにミミヅクの顔は、猫の顔によく似ている。『武江産物誌』に、ミミヅクを猫頭鳥と書き、大コノハヅクやフクロウをネコドリと呼ぶ地方は栃木、千葉、長野、島根、広島等数多い。

奄美大島出身の知人で、藤沢中学の先生であるTさんの話に、同島では、フクロウの方言をツクホーというが、顔が猫に似ているところから、それに猫の方言ミャオをつけて、ミャオ・ツクホーともいう、とのことである。

猿や猫の眼と同様、顔の前面に二つ並んでいる。これは鳥類ではめずらしい。そしてまたフクロウの眼も、夜になるとかがやいてくるのも、猫の眼によく似ている。

猫の足うらには、ゴム状になっていて音をたてずにあゆむように、フクロウの羽も、ふんわりと綿のようにやわらかで、音をたてずに飛ぶことができる。

猫のいいえさが家のネズミであるように、フクロウにとっても、野ネズミがもっとも好むえさの一つであるらしい。そのほか、モグラ、小鳥、蛙、昆虫類を捕食する、いわゆる肉食鳥である。フクロウが保護鳥とされるゆえんである。

この習性を利用して、中国の南部地方では、アミでフクロウをいけどりにし、家に飼って、ネズミをとらせ、猫の代用にしているところがあるという。

猫の声は、いわゆる猫撫で声で媚びるようないやみがある。フクロウの声は、いわゆる枯声で、老人の、はじめは呼ぶがごとく、のちは笑うがごとく、ホッホと微笑するのがいい。

フクロウは夜の鳥である。夜になると鳴く鳥であり、夜になると、その大きなくるくるとまるい眼玉をかがやかして、飛び出す鳥である。

しかし、例外がないではない。小ミミヅクがそれである。小ミミヅクは、習慣として、多く夜出て飛ばない。しばしば太陽の日盛りに餌物をさがしまわるそうである。鷲ミミヅクも、その習慣として、他のフクロウのように、極端に夜のみ出て飛ぶのではないらしい。虎斑ヅクについても、同様の説がある。

よくかわることを、猫の目のようにかわる、というのは、猫の瞳が、昼間はとじて細長くなり、夜は大きく開いてまるくなるからであろう。フクロウの瞳も大きくなったり小さくなったり、まことに自在無碍だが、猫のばあいとちがい、縦にとじて細長くなるのではなく、まんまるいままで、大小自由に変化するようである。少なくとも私が大コノハヅクのヒナを飼ってみて、親しく観察したかぎりではそうであった。

森鷗外の陶器に図案したミミヅクの絵を見ると、瞳が縦の一線で描かれている。猫の瞳ならわかるが、ミミヅクの瞳としては、私の了解に苦しむところである。専門の動物学者にもたずねてみたが、ミミヅクの瞳は、猫の瞳とはちがうように、みないっている。

＊

フクロウは木にとまる鳥、トビは杙《くい》にとまる鳥か。

トビやタカの眼玉は、鋭くてきつい感じだが、フクロウの眼玉は、どこかとぼけていて、愛くるしいところがある。

トビはきつくて、寒い感じだが、フクロウは、ふくふくとやわらかくふくらんでいて、俳人山頭火のいわゆる着ぶくれていて、ぬくそうである。あたかも、思索をじっとあたためてでもいるかのようである。

フクロウの外観は、肥大にみえるけれど、割合に肉と骨格はやせほそっている。これは軽いかさの大きな羽毛で全身をおおって、飛翔のさいなるべく羽音をさけ、不意にえものをおそうのに便利なためである。

フクロウのうちには、私が少年時代によく着せられた母の手織りのソロバン絣を着ているのがある。縞フクロウ、鷲ミミヅク、大コノハヅク、コノハヅクなどの羽毛の斑紋がそうである。

トビを描いたものでは、蕪村《ぶそん》にいい画が二図ある。私の好きな画である。しかし、蕪村にフクロウの画は一図もない。

ほとんどすべての鳥がそうだが、トビもからだのしっかりして大きな割合に、頭は小さい。しかるに、フクロウは顔と頭が目立って大きい。目立って大きいのは、二つの眼だけではない。フクロウのような頭でっかちは、ほかにあまりないであろう。解剖して、脳髄の重量やヒダのぐあいを比較してみたら、おもしろかろうとおもう。それでいて、嘴は小さく、飄々としてトボケた顔をしているのがいい。

八　大コノハヅクの観察

唐池学園の園長鶴飼氏の夫人からだといって、園児の一人が、ミミヅクの死んだのを一羽持ってきてくれた。一九五二年四月二十二日の午後のことであった。斑紋は、私のいわゆるソロバン絣で、耳は突っ立っているが、大コノハヅクであろうとおもわれる。

学園の前の坂をおりて、小田急を少し南にいった沿線の木の枝に、死んでひっかかっていたのを、小鳥の好きな園児が見つけて、持ってかえったのだそうで、東京の剝製屋上野氏に持っていって、剝製にしてもらえたら、ちょうどいい記念にもなってよかろうとおもったが、死んでからかなり日数がたっているらしく、眼玉がなくなっており、からだも蚕の繭のような臭がするので、これではとても駄目であろうと、剝製にたのむのはあきらめることにした。

はかってみると、目方は百五十グラムばかり。大きさは、きわめて大雑把なはかりかたで、両翼を広げて、横に、はしからはしまで、すなわち、からだの部分もふくめて、五十センチ。こまかにいうとつばさがおのおの二十センチ、それにからだの部分が十センチ。頭から尾羽のさきまで——すなわちたての寸法が二十七センチ五ミリ。こまかにいうと、頸部が——あたまから首までが八センチ五ミリ、胸腹部の長さが、十センチ、尾羽が九センチ。耳の羽が一センチ五ミリ。足のつけ根からかかとまでが十二センチ五ミリ。羽毛で半ばおおわれている嘴を上下にあけてみたら、口の大きく幅の広いのにおどろいた。横幅が二センチ四ミリ。これだから、ネズミでも食うことができるのだとわかった。それから耳の穴の大きいこともよくわかった。

剝製はあきらめたので、羽毛を切りとり、足をきりとり、これらの部分は、くさらぬであろうからとおもって、のこしておくことにした。素人で、きれいに処理できるかどうかあやしいが、頭蓋骨ものこしておきたいとおもっている。

藤沢の南部、辻堂のあたりには、大コノハヅクがいるようだと、かねて大野守衛氏がいっておられたが、藤沢の北部地帯にも、大コノハヅクがたしかにいることが、とにかくこれでたしかめられたわけである。

＊

剝製はあきらめたので、頭蓋骨を調べてみようとおもいたち、首をちょん切って、頭の毛をむしりとり、皮を剝いで、一日中水に浸して洗ったうえ、電気コンロでかわかして、ミミヅクのしゃれこうべができた。これは鳥類の標本にも、きっとまだないであろう。

かねてから、私はフクロウの脳髄をはかってみたらとのぞんでいたが、それができないにしてもフクロウの骨格の標本をつくれたら、おもしろかろうとおもっていた。それに一歩近づいたわけである。一見、鳥類の頭蓋骨とはおもえない。珍妙な頭蓋骨だ。大雑把なはかりかただだが、寸法を測定してみたところによると、次のとおりであった。

第一に、両の眼窩の上と、うしろの頸の骨のつけねとをむすんで、頭蓋骨の横のまわりをはかったら、十一センチ五ミリ。第二に、それをさらにこまかにはかってみると、眼球の直径が一センチ五ミリ。眼球と眼球との間が一センチ。それで、二つの眼球の左右のはしからはしまでが四センチ。第三に、下嘴が三角形をなしているが、底辺をなしている口幅が二センチ。他の三角形の二辺がおのおの二センチ五ミリ。第四に、側面をはかってみると、額から、眼窩の上を通って、うしろの頸のつけねにいたる寸法が、三センチ五ミリ。すなわち、正面の幅より、側面の幅の方が、五ミリせまい。第五に、頸の骨のつけねは、直径五ミリ。第六に、耳の穴の外面の縦の寸法が一センチ。

要するに、猫の頭蓋骨にちょっとよく似た恰好ではあるが、第一に、眼球が、第二に、耳の穴が、第三に、口の幅が、異常に大きいのがいちじるしい特徴をなしている。このことは第一に、夜間眼がよく見えること。第二に、耳が聴くよく聞こえること。第三に、大きな口を開いてネズミ、モグラなどのような動物を、やすやすと鵜呑みにのみこめることを示すものであろう。

*

唐池学園の園児が、江の島の松の大木に、ミミヅクが巣くっているのを見つけ、するすると這いのぼって雛鳥を二羽とってきたから、と報告をうけたので、木箱を提供して飼ってもらうことにして、見にゆくことになった。一九五二年七月十三日のことであった。

リーン、リーンとすずしい声で鳴く。眼は黄色で、瞳は濃い青紫色だが、その瞳がまるいままでくるくると、自由自在に大きくもなり、小さくもなる。うんと大きくなると、それにつれて、黄色い部分がせばめられて、ほとんど一線の円環となる。えさは、蛙、どじょう、小魚、などをよろこんで食べる。肉食のせいか、糞はくさい。

鳴声は、私には、ツーン、ツーンというふうにも聞こえた。羽の色、眼の色や、このあたりに大コノハヅクのいることなどから判断して、大コノハヅクのヒナであったろう。えさが、規則正しく補給されなかったせいか、一カ月ばかりで、おしいことに、二羽とも死んでしまった。

九　習性・その他

フクロウの類はすべて、まる呑みにのみこんだ食物のうち、消化しなかった部分を、吐き出してすてる習慣をもっている。その吐き出したものが珍団子をなして、巣の下に多量に堆積していることが多い。それによって、フクロウの巣のある地点がわかり、また、フクロウの食べていたものがなにであったかが、容易にわかるそうである。

木下謙次郎氏の『美味求真』によると、かつてワシントン市の某家の屋根に巣をかまえたフクロウが雛を育てて立ち去ったあとに、四百五十四頭のネズミの毛のかたまりを数えたというから、フクロウがいかに、多数のネズミを捕食するかを知るにたろう、とある。

イギリスの農家では、一般に白フクロウが親しまれ、一名、納屋フクロウと呼ばれており、古めかしい草葺の納屋を作るさいには、慣習として戸の上をはなして、葺草の下にフクロウ窓といって、フクロウが自由に出入できるようにした穴をこしらえたものだというが、それは納屋のネズミを捕ってくれるからであろう。

藤沢市北部の丘陵地帯で、旧東海道筋に緑ケ丘と称する畑地帯があるが、そこの農家の五十歳ばかりの人の話に、祖父の時代というから二十年ほど前のことらしいが、この農家では、畑地を荒らす野ネズミやモグラを退治するのに、フクロウを利用していたとのこと。それはどのようにしたかというに、フクロウが夜でかけてきてとまれるように、シュモクを畑にたてててトマリギを用意しておいてやる。そして朝、畑に出てみると、シュモクの下に昨夜フクロウが捕って食べた野ネズミやモグラの毛とか骨とかの消化できなかった部分が、吐きだされてかたまっているので、それを見て、ハハア、昨夜はこんなに野ネズミやモグラを退治してくれたのかと、よろこんだものだそうである。

その後、同様の話を別の農家からも聞いた。これは七十の老人で、五十年ばかり前のことだというが、野ネズミやモグラの被害にこまるときは、畑に、これは片仮名のコの字形に折りまげた竹をつきさして、フクロウをむかえるトマリギとしたものだ、との話であった。

さらに、その後、私は、松浦静山『甲子夜話』続編にまた、同様のことがしるされているのを知った。藤沢以外でもおこなわれていたことが、これでわかった。『夜話』の著者は、たしか九州は肥前平戸の藩主であったとおもうが、こういっている。

　予が園中、飼鳥のうちにミミヅクあり。この鳥、ネズミを食うことを好む。云々。ある日、田里の夫（農夫のこと）が語りしは、それがしらが畑の辺には、この鳥のトマリギを設けておくに（里夫また、かたわらよりいうには、麦藁などもて、小木のさきに、円形を成す。このところにミミヅクきたりあつまる）夜になれば、ここにとまりいて、畑中に、モグラの土をもるをみれば、すなわち、土をうがち、モグラをえてくらう。農は、畑のうれいをまぬがるるがために、かくしてミミヅクをひくとぞ。

と農夫から聞いたところを、記録しているのである。むかしは、おそらく広く一般におこなわれていたのであろう。

*

　ミミヅクをおとりとして、小鳥を集めとる猟法をヅク引きというが、それについて、元禄年間に小野必大の著わした『本朝食鑑』には、「白日、物をみず、故に鳥を捕る人、木兎を架頭にうち、林中におき、四囲にアミを設くれば、すなわち、群鳥来たり集まり、木兎の暗目を突くがごとし。ついに、アミにかかり、手足を労せずして、禽を捕る数百ばかり。云々。」といい、『和漢三才図会』には、「これを畜えて囮となす。閉目を縫いて、架頭につなぎ、側にアミを設くれば、すなわち、諸鳥来たり集まり、噪々木兎の盲形を笑うがごとくして、アミにかかるもの数を知らず、労せずして鳥を捕るをもって、人これを賞す。」といっている。

盲目にして、竿のさきにつないでおくらしい。そして、このヅク引きの方法によって小鳥を捕る猟師を、ヅクマワシといったらしい。『田舎荘子』に、次のような記述がある。「ヅクマワシの手にわたり、撞木《シュモク》につながれ、糸を引いて、おりおりひかるるときは、バタバタとうろづく体、諸鳥の笑いも、ことわりなり。云々」。

ヅク引きの経験ある鳥類剝製標本店の上野氏に聞くところによると、ヅク引に用いるには、小さいヅクがいいので、コノハヅク(柿葉ヅク)が一番よろしいが、大コノハヅクの雄でもよろしい。大コノハヅクの雌の方は大きいので用いぬ。季節は主として秋。眼のあいたままでつかったとのこと。

『和漢三才図会』には、「閉目を縫いて」とあること、さきに引用のとおりだが、そしてまた頭巾をかぶせるばあいのあることも、べつに説明したところだが、豊国筆の「ヅク引の図」を見れば、頭巾もかぶっていないし、眼も開いたままである。

*

私が、『唯物論者の見た梟』を出版したのは、一九五二年十二月、この続巻を一応書きあげたのは、一九五四年の二月であった。そして、五月の十日になって、私は、三重、奈良、和歌山の山林大地主を調べに出かけ、十三日、十四日は、岸和田の友人和田一雄君のところでお世話になった。岸和田といっても、くわしくいうと、岸和田の市街ではなく、三田という農村、有名な久米ケ池に近いところであった。

十何日かの『大阪朝日新聞』のニュース欄に、野鳥の会の西川政次郎氏とそのヅク引きの記事と写真がのっているのを、和田君に見せられた。ここから少し山の方にはいったところの人だそうですとのことであった。なお、この写真は、御研究の参考にきっとなりましょうから、あとでもらってお送りしましょうと、私のフクロウの本の読者でもある和田君は、なかなか熱心であった。

ところが、十四日の同じ欄に、こんどは、大阪市西区立売堀南通りに居住の和田緑之助氏が、ヅク引きと鳥寄せの技術について得意のお話をされているのが、前の記事よりさらに、おもしろかった。それにつけても、まことにふしぎな因縁であったとしみじみ感ぜずにはいられない。さて、その要点を引用して紹介すると、次のごとくである。

先日、野鳥の会の西川政次郎さんが、久しぶりに、ヅク引きを箕面と槇尾山でされたと聞きましたが、この日本伝来の鳥寄せの技術もいまでは西川氏らの仲間三、四人位が知っているだけになりました。

ヅク引きのおもしろさは、オトリのミミヅクやフクロウを見つけて、ワッとやってくる鳥の中に、珍鳥を見つけ、その生態をさぐることです。ふだんめったに見られないオナガドリなども、ヅク引きの時には、エナガやシジュウガラの群といっしょに飛んできます。これを発見して、ジッとその様子を見つめる……　この味は忘れられませんね。

ヅク引きが、秘技と呼ばれるのには、わけがあります。まずオトリに使うミミヅクやフクロウが少ないこと。わたしが飼っているシバヅクなども、鳥屋は近畿でこの一羽だけだといっております。

（ここで、蛇足とおもうが、ちょっと註をつけると、ミミヅクがオトリとして、他鳥を引きよせるのにつかわれる。それでヅク引きというのだが、それは、ミミヅクが夜の鳥で、昼間はほとんど眼が見えず、ねむっているので、それをからかいに、他の鳥が集まってくるからである。一般的なことは、まえの本に説明しておいたから、参照されたい。）

それから、鳥寄せがむつかしい。昔は笛を吹いたものですが、細工師が絶えたため、いまは穴のあいた貨幣を二枚あわせて口にふくみ、ツバでグズグズ、グズグズいわせて鳥を呼びます。このグズグズを出すため、わたしたちは絶えず練習するわけです。朝四時ごろおきて、一番電車で山に入り、ヅク引きの秘術をつくして、鳥寄せをしたあと、スキ焼きで一杯……終日を山でおくるたのしさもヅク引き仲間の特権でしょう。野鳥がヒナをかえす時期は鳥がよってこないので、秋十月から翌年三月ごろまでが、われわれのシーズンです。

その後六月六日に私は、大阪十八枚のすばらしく鮮明で立派な写真をうけとった。それで、ヅク引きと鳥寄せの秘技の演出をいながらにしてまのあたりに見るおもいがした。（一九五四・六・十八）

＊

『鳥の生活と談叢』に紹介されているローマの博物学者プリニー長老の説によると、フクロウが、その他の鳥に対して戦う方法は、すこぶる老獪である。もし多数の敵にかこまれたばあいは、あおむけに、地上にからだを投げつけて、嘴と爪とをつき出し、からだ全体をできるだけ小さく引きしめて、身を防ぐ。鷹はいつも、自然的な血族関係をもっているところから、フクロウに味方して、フクロウと共に戦に参加するものである、という。

　演劇史研究の権威、飯塚友一郎教授に、私の前の本『唯物論者の見た梟』をさし上げたところ、『リーダーズ・ダイジェスト』（一九五三年八月号）に、フクロウの記事があったから、といって送って下さった。

　「梟の権威をふるうところ」と題する記事で、デンマークのハンメル市での、最近の出来事として、市会議員たちが、会合をおえて、家路へ向った夏の夕方のことであった。でっぷりふとった市長のマリウス・トラストを先頭に、市の長老たちが、教会の墓地沿いに、樹木の生いしげったくらい道を、しずかに歩いていた。すると、突然一陣の風がまきおこって、御老人たちは帽子を吹きとばされ、何者とも知れないものに爪で、顔をひっかかれた。すべては、数秒間の出来事だった。茫然自失した市会議員たちは、もよりの街燈の下に集まって、お互いの顔を見て、びっくり仰天した。みんな顔をずたずたに引っかかれ、血だらけになっていたからである。

　それは三羽の大きなフクロウであったことが、のちにわかった云々、という話だが、私はこれを読んで、フランスの写実主義の画家クールベの描いた、森の中で大ミミヅクが、鹿を襲撃している絵を、思い出しながら、なるほど、これでは鹿を襲撃することもウソではない、十分ありうることであろうとうなずいたことであった。

＊

　シートンの『動物記』には第一巻の第二章に銀の星と呼ばれたカラスの大将の物語が興味ぶかく述

べられているが、シートンによると、カラスというやつは、私たちの身辺にいる一番利口な鳥である。カラスは組織というものの値打を知っていて、兵隊のように訓練がゆきとどいている。いや、なまなかな兵隊よりもよくゆきとどいているのである。というのは、カラスは常に何かしらの任務についており、常に戦争にたずさわっており、常に生命の安全を互いに保証しあっているからである。カラスの大将は単にその集団の一番の年長の、一番の賢いやつであるだけでなく、また一番つよい一番勇敢なやつなのである。それは出すぎた飛びあがり者や反抗児をまったく武力でおさえつける用意がなければならないからだ。兵卒は若造で、特別の才能のないカラスなのである。

銀の星爺さんは、カナダのトロント市の近く、市の東北のはずれにある松林におおわれた丘のフランク城に本営をかまえていた。そのカラスの大将が、とうとうある夜、フクロウにやっつけられてしまった話である。

だれもがよく知るとおり、元来カラスは非常に利口な鳥だが、馬鹿になる時がただ一つある。それは夜である。カラスをちぢみあがらせる鳥がただ一つある。それはフクロウである。これが一緒にやってくる時は烏羽玉《うばたま》のカラスには嘆きの時だ。日が暮れると、遠くフクロウのホウホウと鳴くだけでもカラスにはその首を翼の下からひき出させて、夜が明けるまでわなわなとふるえて、びくついていさせるのに十分だ。ごく寒気のきびしい晩には、こうして顔をさらすと、片方の、あるいは双方の眼を凍らせるという結果をもたらし、そのためカラスはめくらになり、やがて死ぬということになる。病気のカラスを入院させる病院がないからだ。

だが、ひとたび夜が明けると、勇気がまたもどってきて、彼らは奮いたって、周辺幾マイルにもわたって森をさがしまわり、ついにフクロウを見つけ出す。そうしてフクロウを殺すまでにはいたらないまでも、半殺しにいじめぬいて、二十マイルも遠くの方へ追いはらってしまう。

自分はある日、雪の中に兎の屍骸がよこたわっているのを見つけたので、さぐっていってみると、フクロウのしわざであることがわかった。

それから二日後のことであった。夜の明け方、カラスのうちに大きなさわぎがおこった。私は早くおきて見にゆくと、雪の上に黒い羽毛がちらばっているのを見つけた。さぐっていってみると、まもなく一羽のカラスの血まみれになった屍骸と大きな二本足の足跡とを見いだした。これもまた加害者はフクロウだということを語るものであった。

私はその屍骸をひっくりかえして、首を雪の中から掘りだした。そしておぼえず、悲しみのさけびをあげてしまった。かわいそうに、それは銀の星爺さん――大将ガラスの首であった。

彼が何百という若いカラスどもに、かねて警戒怠りないように教えていたフクロウのために、とうとう彼自身が殺されてしまったのである。

利口なカラスの大将もついにフクロウにはかなわなかったことを、この物語は示している。名探偵のように、足跡をいちいち追跡して最後の勝負までつきつめているところ、さすがにシートンである。

（一九五五・八・二十四）

*

私は最近ある愛犬家から、犬は人が頭に手をやって撫でてやると、ふしぎにおとなしくし一番よくいうことをきくものだと聞いたが、藤沢衛彦氏著の『鳥の生活と談叢』によると、フクロウの類もやはりそうであるらしい。鷲フクロウについての記述にこうある。

若し訪問者が無遠慮に近づいて来て、機嫌を害した場合等は、頭を殆んど地上につくまで低く下げて、左右に大きく揺り動かして嘴で音を立てゝ噛み、半ば押しつけたやうに、憤《いかり》を以て頭から爪の先までぶるぶる震はし、その翼を体の上に大きく円の形に拡げて、その羽を悉く一本宛逆立てゝ、眼はその間恐ろしく光つて、黄色から赤色に変つて行く。然しそのやうに激昂してゐる時でも、若し注意深く、手で頭の上や後を捕へて、動かすならば、殆んど頭を首の柔かな毬毛の羽の中へ埋めて終つて温しくその頭を搔かせるであらう。即ち怒つて静かに坐つてゐるのだ。

とある。この鷲フクロウというのが、縞フクロウのことか、鷲ミミヅクのことか、私には不明だが、とにかく激昂すると、眼の色が黄色から赤色にかわってゆくというのは、注目に値する。私は一九五六年十二月、大コノハヅクを故上野末治氏のご長男に剝製にしてもらったところ、眼が赤色というのか、濃い橙色というのか、いずれにしても黄色ではないので、これはどうしたのですかとたずねたら、大コノハヅクの眼は、生きてぴんぴんと活気にあふれているときは、こういう赤色をしているので、そうしたのですとのことだった。そのことがふと思い出された。

さて、十日ほど前、はからずも私は水産史学者で民俗学者の渋沢敬三氏から、『柏葉拾遺』と題する豪華な写真集で、還暦記念につくられたというのをおくられたが、それを見ると、明治七年ごろの撮影という「千代と篤二」とある写真に、椅子に腰掛けている千代（母親）のわきに、小さな篤二（長男）が袴の上に両手をおき、端然と行儀よくすわっている、その頭の上一杯に、千代の右手のひらいた手のひらが、ちょうど帽子をかぶせた恰好におかれているまことに珍らしい、未だかつて目にしたことのないポーズにハッと注意をひかれた。それと同時に、私は犬やフクロウの頭に手をおいて、おとなしくさせるという手を思い出し、成程なるほどと一笑せずにはいられなかった。

（一九五六・九・七）

＊

『食物和歌本草』という書物によると、フクロウはトリ眼によくきくとて、次のような和歌がしるされている。

フクロウはトリメによろし、つねに食え、
目をあきらかに、よる細字みる

はたしてそうであるかどうか、私はまだためしてみた経験がないので保証のかぎりではないことを、ことわっておきたい。フクロウは、夜はきわめてよく眼が見えるというところから、ついこう考えられるようになったのではなかろうか、とおもわれないでもないので、どうもそのまま鵜呑みにはしがたいが、一説として紹介する次第である。

＊

木下謙次郎氏の『美味求真』は、大谷光瑞氏の『食』とあわせて、いわば現代の『本朝食鑑』ともいうべきものであろうとおもわれるおもしろい書物だが、その第一巻の第六章は美食篇、第七章は悪食篇で、悪食篇の第三節にフクロウのことが出ている。

それによると、フクロウの肉味は賞美するに足るらしい。あぶってもよく、汁にしてもよく、淡白にして佳味がある。中国人は、昔からフクロウの肉を賞美した。『三才図会』に、漢の武帝の時代、毎年、東都からフクロウをおくってくる。五月五日、その羹をつくって、百官に賜うとある。書道で有名な王羲之は フクロウのあぶった肉が好きであったことが、『晋書』にしるされているのを見ても、その肉味の平凡でないことがわかろう、とある。

『鶏・蜘蛛・蜜蜂』の著者、堀関夫氏は、山形県庄内地方の生まれで、若いころフクロウの肉を三、四回も食べたことがあるが、脂こくてとてもおいしかった、鶏肉よりおいしいものだとの話だった。

ことし九月中旬、私は、茨城県の日立に近い海岸の大甕《おおみか》で、城郭史の研究家H・K氏にあったが、氏の話に、うしろの泉ケ森に、大きなフクロウがいたのを射ちおとして食べたことがある、重量一三一二グラム、肉だけで九三七グラムあって、なかなか美味だったとのことであった。しかし私は、まだ食べてみたことがない。いや、食べてみようなどとは、夢想だもしたことがない。

中国では、古来、フクロウは怪鳥と考えられている。いや、さらにすすんで、母を食らうひどい悪鳥としてにくまれてさえいる。それゆえ、中国人がフクロウを食べるのは、あやしむに足るまいが、なにもわれわれがそれをまねる必要はないはずだ。堀氏やH・K氏には悪いが、私には、あの愛すべきフクロウを鉄砲で撃って食べるなどは、殺風景のいたりであり、悪食のはなはだしいもので、なんとしても悪趣味のようにおもわれてならない。

Ⅱ　フクロウの鳴声と鳴方

ガラス製のフクロウ（イタリア・ムラノ島）

一　私が直接に聞いたフクロウの鳴声

私が少年のころ郷里鳥取県中部の海岸地帯では、ときおりフクロウが鳴くのを聞いたし、鎮守の森でつかまえてきて、一両日飼ってみたが、エサのことがよくわからぬので、またもとの場所にもっていって、かえしてきたことのあったのをおぼえている。私の村では、フクロウの鳴声は、ゴロクト・ホーセン・ホッホと、たしかいっていた。それでフクロウとはいわず、ゴロクトと呼んでいた。これが一種類だけで、ポッポ・ポッポのミミヅクは聞かなかった。

千葉県の鋸山のふもとでは、家の近くの森でゴロクトの低くこもった鳴声をよく聞いたし、それとは別に、すこしはなれたところですんだ高い声で、ポッポ・ポッポと鳴くミミヅクもよく聞いたものだが、いま住んでいる藤沢北部の丘陵地帯では、移ってきて数年間は、ゴロクトしか聞かなかった。今年（一九五二年）の春から夏にかけて、私ははじめてゴロクトのほかに、ポッポ・ポッポとミミヅクがしきりに鳴くのを聞いた。

私がいままで直接に親しく耳に聞いたフクロウの鳴声は、この二種類だけである。私の郷里鳥取県の方言で、ゴロクトと呼んでいたのは、狭い意味でのフクロウのことで、その鳴声をゴロクト・ホーセン・ホッホと聞いていた、というより、正確にいうならば、うちの人や村びとたちから、そう鳴くのだといい聞かされて、そう聞いていたわけだが、のちに私自身が、鋸山のふもとでなんども聞いたところでは、ゴロクト・ホッホと鳴くように聞こえた。第二節のホーセンはなかった。

鳥取県西部の日野郡では、ゴロクト・ホーセ・ホッホと聞くそうだが、ホーセン、または、ホーセは、他地方での聞き方、ノリツケ・ホセのホセと同じで、このホセが混入したものかとおもう。しかし、私の耳には、どうしても、ホーセンは聞きとれず、単に、ゴロクト・ホッホと聞かれたのであった。

ところで、昨年秋からとりかかったこのフクロウの研究を、ほぼ完結した今年(一九五二年)の夏、七月三日の午前二時十五分前にめざめて、二時十分すぎまで、ゴロクトの鳴くのをじっと聞いて、耳をすましながら、片手に時計をもって鳴声の音節を測定してみたが、それによると、ホッホ・ゴロクト・ホッホの三音節で、ゴロクト・ホッホの前に、必ずきまってホッホがついていることが、はじめてハッキリわかった。ホッホ・ゴロクト・ホッホの三音節に約十秒かかる。そして、次のホッホ・ゴロクト・ホッホまでが約三十秒である。いいかえれば、約三十秒おきに、ホッホ・ゴロクト・ホッホ、ホッホ・ゴロクト・ホッホと鳴くことを、はじめて私は発見したのであった。

ついで、七月六日の午前一時にまためざめて、ゴロクトの鳴くのを聞いたが、同じ鳴方であった。なお、ついでに一言すると、この藤沢で今年、私が、ポッポ・ポッポとミミヅクの鳴きだしたのを聞いたのは、五月六日が最初であったが、それから夏のあいだじゅう、いくどもいくどもよく鳴くのを聞いた。これは夕方六時ごろ、七時ごろ鳴くこともまれではなかった。しかし、私がおもに聞いたのは、午前三時から四時すぎのあいだであった。なお、このミミヅクは、大コノハヅクにちがいない。

この春、近くで死んでいたのが、大コノハヅクであったし、江の島の松の大木で雛を育てていたのがまた、大コノハヅクであったから。

＊

一九五二年七月三日、小雨の夜の測定

フクロウの研究が一段落ついて、一九五二年の七月八月を、私は、回想録と農村階級区分論の仕上げにけんめいであった。いくどもいくども夜を徹して、フクロウのようにはたらいた。つかれるとすぐにベッドに横たわってねむり、眼がさめると、真夜中の一時でも二時でもむくりとおきてペンをすすめた。

その私を慰めはげますかのように、ことしはじめて、私は、宵から夜にかけて、この丘の森に、ポッポウ・ポッポウと、大コノハヅクが来て鳴くのを聞いた。

それが五月のはじめから八月の終りまでつづいた。ペンをやすめてしばしうっとりとそれに聞きいったこと、いくどであったかしれない。

それにつけても、フクロウはどうして来ないのであろうか。私には、それが待たれてならなかった。

ところが、七月三日のことであった。

ふと私は、フクロウの鳴くのに眼をさまされた。めずらしくも、これはたしかにフクロウの声だ。ゴロクトの声だ。さっそく、電気スタンドのスウィッチをひねり、腕時計をみると（このごろ私は、腕時計をつけたままでよくねた）、午前二時十分前であった。ガラス窓をあけて外をのぞくと、小雨がいくらかふっているようであった。

私は、時計の針をみつめながら、じっと耳をすまして、お医者が聴診器をあてるように、フクロウの脈搏ならぬ鳴声の音律を、はかることにした。

ホッホ・ゴロクト・ホッホと十秒間。それから三十秒の間隔をおいて、ホッホ・ゴロクト・ホッホと十秒間。これをくりかえすこと、二時十分前から二時十五分すぎにおよんで鳴きやんだ。

小雨が少しひどくなった。

各地方の方言を調べてみても、専門学者の鳥類図説などを読んでみても、ノリツケ・ホセとか、ボロキテ・トウコイとか、ゴロスケ・ゴーゴーとか、ゴロクト・ホーヤとか、ゴロクト・ホッホとか、要するに二音節にしか写音していない。

この私自身も、じつのところ、いままでは、ゴロクト・ホッホというふうに聞いていたのであった。ところがそうではなくて、ホッホ・ゴロクト・ホッホと三音節に鳴くではないか。そして終りだけでなく、「はじめにホッホありき」——ということを、私は、こうしてこんどはじめて、自分で発見したのであった。

小雨は次第にひどくなった。

フクロウよ、早く森にかくれて、雨にぬれないようにおやすみ。

私は、こういのりながら、あたらしい一つの発見を胸に、やがてこころよいねむりにおちていった。

朝、眼がさめてみると、雨はいつのまにやんだのかすっかり晴れていた。

*

一九五三年八月十六日の測定

私が、数カ年住まっていたヤシマ台のグリーン・ハウスから、東海道に沿ったスワ山の中腹に引越したのは、一九五三年八月十六日のことであった。

蚊帳を取り出してつれなかったので、引越したばかりの十六日の夜は、いつまでもねむれなかった。そうすると、すぐうしろの山の高い松の上で、フクロウが鳴き出した。

昨年七月三日、ヤシマ台で測定したばあいより、ずっと間近かに、ハッキリとよく聞こえるのが、うれしかった。これはいい場所に引越してきたものだ。フクロウの鳴声を研究するのに、こんな好都合な場所をめぐまれようとは、なんという不思議なしあわせであろうか。

こうして、私は八月十六日の夜にはじめて、ホッホ・ゴロクト・ホッホの三音節が、じつはまず、ホッホウーと鳴いて、それから五秒ほど間をおいてから、ゴロクト・ホッホと鳴くので、ホッホ・ゴロクト・ホッホと、つづけざまに鳴くのではなかったことを発見した。

その意味において、昨年七月三日の測定は不十分であったことがわかった。ただし、ホッホウー・ゴロクト・ホッホの三音節であること、そして、その間が十秒たらずで、次のホッホウー・ゴロクト・ホッホまで約三十秒であることは、前の測定とかわりない。

これをわかりやすく、図解すると、

約十秒間
ホッホウー——ゴロクト・ホッホ——ホッホウー・ゴロクト・ホッホ
五秒弱　約三十秒おいて

そして、第三音節のホッホは短く詰って鳴くが、第一音節は、ホッホウーというぐあいに、少し長く鳴く。

それゆえ、正確にいうならば、私が昨年七月測定したように、ホッホ・ゴロクト・ホッホでもなく、また、青森県で聞いているように、オホ・ヌリツケ・オホ、または、ノホ・ノリツケ・ノホでもない。ホッホウー・ゴロクト・ホッホである。これがスワ山の中腹に引越してきた夜の測定であり、新たな発見であった。

ヤシマ台で鳴いたフクロウとスワ山のフクロウとの鳴き方の相違、いわゆる個体差であろうか。そういうこともありえないことではあるまいが、その後八月の半ばから九月いっぱいにかけては、ほとんど毎夜のように、スワ山ではごく近いところで鳴いて、じっとそれに耳を傾けて聞いてみたが、いつもホッホウー・ゴロクト・ホッホと私には聞こえるのであった。それゆえ、個体差による相違ではなく、昨年ヤシマ台での私の測定が不十分であったのにちがいない。

そして、この発見からして、私は次の事柄がすぐにわかった。一年ごしの疑問がすらすらととけてしまった。それは、三音節で鳴くのに、どうして、青森県一県を除いては、どこの県でも、地方でも、たとえば、

福岡県の　　　　ゴロクト・ホーヤ
宮崎県の　　　　ゴロクソ・コーズー
岩手県江刺の　　ゴロスケ・ボー
山形県庄内の　　ゴロスケ・ゴーホン
栃木県の　　　　ホロツク・ホー
新潟県の　　　　ノリツケ・ホーホー
神奈川県藤沢の　ゴロシチ・ゴーゴー

というふうに、いずれも二音節に聞いているのであろうか、という問題であった。ホッホ・ゴロクト・ホッホと聞くだけでは、とけない謎であった。

それが、ホッホウー（五秒あいだをおいて）ゴロクト・ホッホで、はじめて、ハハアなるほどとたちどころにうなづけた。第一音節のホッホウーと、第二音節第三音節のゴロクト・ホッホとの間が五秒たらず間隔をおいてしばらくとぎれるから、第一音節はきりはなされて、第二音節と第三音節とだけが、印象強く、聞く人の耳にひびくからにちがいない。これで問題はすべて解決できたようにおもう。

（一九五三・十二・十一）

＊

一九五三年九月五日の夜のことであった。

ところは、スワ山の南端の高い松の木の梢。私の新しい住まいは、スワ山の南端の中腹に位置している。うしろの山の高い松の木立はまばらであるため、どの木でフクロウが鳴いているか、すぐに見当がつくが、フクロウの姿は見えない。しかし、声はまじかに、ハッキリとよく聞こえる。

真夜中にふと眼がさめたら、フクロウが鳴いている。ホッホウー・ゴロクト・ホッホを、三十秒ぐらいおいては、繰返し鳴いている。しばらくそれを聞いていると、ホホホホ・ホホホとホ音の連続で、笑うような鳴声がはじまった。

これは不思議な鳴声だ。今まで私が鳥類学者の専門書をめくってみたところでは、どの本にも記録されていなかった鳴声ではないか。ホ音がいくつ続くのか数えてみたところ、七音、六音、五音とまちまちの連続でハッキリしないが、とにかく、ホホホホホホと鳴き、聞き方によっては、オホホホホという風にも聞こえた。それがしばらくつづいた。それからまた、ホッホウー・ゴロクト・ホッホの繰返しにかえっていった。

それで、私もしばらくねむってしまった。ところで、また眼がさめると、ホホホホ・ホホホと鳴いている。今夜は不思議な夜だ。おもしろい発見をした。いや、はじめて耳にしたものだ。うれしくてならなかった。腕時計の針を見ると、こんどは午前二時半であった。しばらく、それをきいて、うれしがっていると、やがてまた、ホッホウー・ゴロクト・ホッホにかえっていたので、私はまたねむってしまった。ちなみに五日の午前午後とも雨であったが、六日の朝は晴天であった。

そのつぎに私が、このホホホホ・ホホホを聞いたのは、翌九月六日の午後八時四十分と、同九時二十分の二回にわたってであった。

九月七日の夜は、うしろの山でなく、前の崖下を通っている大船街道を隔てて、感応院という真言宗の古い寺院があるが、そこの森で、ホホホホホホホと鳴いた。午後十一時であった。

第四回目は、十月六日の夜で、スワ山の例の松で鳴いた。二十数間へだてているのにすぎないので、ハッキリ聞こえた。この日は夕方の午後四時十五分から、ホッホウー・ゴロクト・ホッホと鳴いていたが、真夜中にホホホホ・ホホホと鳴くのに、ふと眼ざめさせられてしばらく聞きいっていた。

第五回目は、十月十二日の真夜中であった。十二日は午後小雨。夜、フクロウがホホホホ・ホホホと鳴いた。十三日のあけ方は、濃霧がたちこめていたが、それからいい晴れとなった。

第六回目は、翌年、一九五四年の三月五日の夜、午後七時十五分ごろと九時五分ごろとに、さらにまた第七回目は、一日おいて三月七日の午後十二時五分ごろに聞いた。こうして、前後七回におよんだ。

フクロウのこのような笑うがごとき鳴声について、私におもいあわされるのは、かつて北海道釧路の丘の上の刑務所に拘禁されていたころのある日のこと、ハシブトガラスがハ行音の連続で、まるで笑うかのごとく鳴いたのを聞いて、おどろいたのであった。

それを私は、当時次のようにノートにしるしている。

「カラスは笑うか。周知のとおり、カラスは、カアカアとカ行音で鳴く。それがある日、刑務所の高いコンクリートの囲壁の上にとまって、ハ行音の連続で、ハハハハ・ハハハハと鳴いたから、すこぶる珍しいとおもった。ところが、そのご、ハーハとハ行音二音で鳴くのも聞いた。」

（一九五六・九・三）

＊

甲「鳥が笑うということはあるまいか。」
乙「鳥が笑うなんて見たことがないね。」
甲「見ないとしても、聞いたことは？」
丙「およそ鳥が笑うなんてありうるものか、鳥は鳴く（泣く）と昔からいうじゃないか。」
甲「でも、泣き笑いということもある。少なくともカラスは、たしかに笑うこともあるようにおもうんだが、……」
乙丙「それはまた、どうしてだ？」
甲「私はこのごろ、カラスが、ハハハハ、ハハハハハ、と鳴くのを、いや笑うのを聞いたんだ。」
丙「なるほど、しかし君もやっぱり、鳴いたのを聞いたと今もいっているじゃないか。ハハア。」

フクロウがホホホホ・ホホホと鳴くのも、あるいはこれに似たものであろうか。その意味や、科学的な研究は、鳥の博士に聞いてみなければ、素人の私には何ともいえぬが、この鳴声が鳥の専門書にはまだ記録されてさえいない。しかし、こう鳴くばあいのたしかにあることは、断じてまちがいない事実である。専門家の御教示をえられれば幸甚である。

しかし、これについて一言ことわっておきたい。それは、李時珍の『本草綱目』には、ミミヅクの鳴声を形容して、「老人のはじめは呼ぶが如く、のちは笑うが如し。」といっているが、これはミミヅ

藤沢・遊行寺の木彫のミミヅク

クの普通の鳴声ホウホウを指して、こういっているにすぎないので、私の右にのべてきたホホホホ・ホホホについてのことではありえないとおもう。

*

私の住んでいる藤沢には、大コノハヅクは沢山いて、毎年五月のはじめごろから九月ごろまで、よく鳴くのが聞かれる。その鳴声は、ボッボー・ボッボーである。

ところで、一九五六年七月三十日の夜のことであったが、私はボッペ・ボッペという風に、一風かわった鳴声に、眼をさまされた。不思議におもって、さっそく起きてそとに出てみた。

屋敷の西北前隣りの竹藪のなかで、たしかに鳴いている。じっと耳をすましてよく聞いてみたが、いつものポッポー・ポッポーとは、どうしても少しちがう。ポッベ・ポッベというふうに聞こえる。そして、その伴奏でもあるかのように、ウ・ウというにぶい低い鳴声も時折聞こえる。そうしているうちに、私の前に立っている大きな松の梢に一羽飛んできてとまった。大コノハヅクであった。

その後まだ二度と、このかわった鳴声を耳にしない。鳴声の普通と少しちがった大コノハヅクが一羽いて、たまたまそれを、この明け方、私が耳にしたというわけであろうか。はたしてもしそうだとすれば、少なくとも大コノハヅクには、鳴声に個体差がある、ということになるのではあるまいか。

二　フクロウとミミヅクの鳴声に関する諸説

多くの鳥類図譜が、形態や色彩の記載にはくわしいが、鳴声の記載にいたってはまったく欠くか、そうでないにしても、はなはだ不十分なのは遺憾である。その鳴声を知らないで、その鳥を知っているとはいえない。

すべての鳥類図譜をして、同時に鳴声を一々くわしく記載した「鳥類楽譜帖」たらしめよ。そうしたら、一巻の鳥類図譜をもってわれわれはいながらに、山の鳥、野の鳥、川の鳥、湖の鳥、海の鳥、あらゆる鳥と語りながらあそぶことができるであろう、というのが鳥類学者に対する私の年来の要望である。

しかるに、下村兼史氏の『鳥類図説』ならびに『鳥類生態写真集』、中西悟堂氏の『野鳥と共に』、内田清之助氏の『日本鳥類図説』、山階芳麿氏の『日本の鳥類とその生態』等には、いずれも鳴声が、かなりくわしく写音的にしるされているのは、大いにわが意をえたものとしてよろこびにたえない。

一口にフクロウといっても種類が多く、それにまた、たとえばおどろいたとき、怒ったときなどは、普通の鳴声とちがった声もたてるであろうし、そのうえ夜の鳥で、観察にも不便なためか、専門学者の説もじつにまちまちで、それを整理するのもなかなか容易ではない。

まず、下村兼史氏の説によると、

フクロウ　ギャー、ギャーと奇声を発して鳴き、またグルスク、ホッホと鳴く。またチュリリ、チュリリと甘えるようにふるえ声で鳴く。

大コノハヅク　ポスカス、ポスカス、または、ポウポウ

コノハヅク　ギョッ、ピョッ、ピョッ

つぎに、中西悟堂氏の説は、これよりややくわしく、次のようである。

フクロウ　ゴロッ、ゴロッ、ゴロッ、ボーコーと低くこもった声で鳴く。

青葉ヅク　ホウホウ、ホウホウと高く二声ずつに鳴く。

大コノハヅク　ヴォウ、ヴォウ、ヴォウと低い声で鳴く。ときに、キリキリとも鳴く。

コノハヅク　いわゆる仏法僧の三音――ブッ、クツウ、コーを夜どおし鳴く。

ちなみに、青葉ヅクとツツドリならびに、キジバトの鳴声の相違は、中西氏の説によると、

青葉ヅク　ホウホウ、ホウホウと高く二声ずつに鳴く。

ツツドリ　ポポポポ、ポポポポポポ、ポポポポとのどかに鳴く。

キジバト　ポッポア、ツアアとものうげに鳴く。

第三に、内田清之助氏の説によると、次のようである。

フクロウ　ゴロスケ、ホーホー

青葉ヅク　ホーホー、ホーホー

大コノハヅク　ポーツ、ポーツ、ポーツ

コノハヅク　ブッポーソー
虎斑ヅク　ウフ、ウフ、ウフ、または、ウーウーウー
なお、青葉ヅクとツツドリならびに、キジバトの鳴声の相違について、内田氏の説は、
青葉ヅク　ホーホーホーホー
ツツドリ　ポンポン、ポンポン
キジバト　デデッポー、デデッポー
中西説より、この方が、よくわかるようにおもわれる。
第四に、山階芳麿氏の説は、もっともくわしく、次のようである。
フクロウの雄　ホホッ、ホッホッ、または、ゴロスケ、ホッホッ
フクロウの雌　ギャーギャー、または、ワンツ（犬のように）
金目フクロウ　ウワッ、ウワッ、ウワッ、またはウイッ、ウイッ、ウイッ
青葉ヅク　ホッホー、ホッホー
大コノハヅク　ポッポウ、ポッポウ、近くでは、ポスカス、ポスカスと聞こえることもある。
繁殖中は、キリキリ、キリキリという声を聞くことが多い。
コノハヅク　カキトンと鳴く。または、ブッ、ポーッ、ソーッの三音声、または、ブッパン、ブッパンの二音声に鳴く。ときとして、キリキリと鳴くのは、人の姿をみとめての警戒であろう。インドでは、トゥーウィット、トゥーウィット、

西洋では、クウイ、クウイと聞く。
コウーコウと一分ぐらいおいて鳴く。西洋では、フヌーフヌー、フヌー、またほ、フウイ、フウイ、または、ウンブ、ウンブと聞く。

小ミミヅク　ウォーク、ウォーク

コノハヅクをところによっては、方言で、ゴキトンというのは、カキトンと鳴くように聞くからであろう。

虎斑ヅク

第五に、イギリスのフクロウ研究家として知られるボスフォース・スミスの説によると、

白フクロウ　ギャーギャーと鳴くので、一名、ギャーギャーフクロウとも呼ばれる。

虎斑ヅク　ホウーク、ホウーク

第六に、コノハヅクの鳴声については、右諸説のほかになお、鳥類の研究家では榎本佳樹氏の説があり、文学者では上田秋成、高浜虚子氏の説がある。榎本氏によると、ゲゲゲゲゲ、ブッパン・ブッパンと鳴く。近距離で聞くと、ギョブッコー・ギョブッコー、または、グブックォー・グブックォーを一秒弱の間をはさんで繰返し、遠距離で聞くと、キョウッコー・キョウッキョ・ウッコーと聞こえ、さらに遠距離では、コッコー・フッコーと聞こえ、鳴声は高く、二キロ以上の遠距離でも聞こえるという。

ブッパン・ブッパンと聞こえるという説をはじめて唱えたのは、徳川時代の上田秋成だが、榎本氏の説によると、秋成は、近距離ででなく、少しはなれたところで聞いたからであったために、そう聞

こえたのかもしれない。

高浜虚子氏は、ブッパン・ブッパンでなく、ブッカン・ブッカンと、鉦をたたく音のように聞こえる。ブッと低くひびいてから、カンと高い冴えた音がひびく。つまり、ブッカン・ブッカンと鳴いているように聞こえたとその実感を物語っている。

つぎに、神田亀住町の鳥類剝製標本店を訪ねて、その店主、上野末治氏から、直接私が聞きだした同氏の説は、次のごとくであった。

フクロウ　ヴォック、ヴォック、ヴォックとにごった声で鳴く。
青葉ヅク　ポウポウ、ポウポウとすんだ声で鳴く。おどろいたときには、キリキリと鳴く。
大コノハヅクの雄　ホーウ、ホーウと鳴く。
大コノハヅクの雌　産卵期にはヌエー、ヌエーと鳴く。
コノハヅク　ブッポンソンと金属性の声で鳴く。

いわゆるヌエドリが、大コノハヅクの雌であって、虎斑ツグミでないというのは、はじめて耳にした上野氏の新説である。これについては、べつにくわしくのべる。

洋画家の吉川清氏が、とくに私のフクロウ研究に関心と好意をよせて、地方出身の人にであうごとにわざわざたずねて、知らせて下さった報告によると、それらの地方では、フクロウの鳴声を次のように聞いているということであった。

栃木県鹿沼地方　ホロスク・ホー
栃木県の他の一部　ホロツク・ホー
群馬県の南部　トーツクボー・カスケ
岩手県　ノロスケ・ホーホー
新潟県　ノリツケ・ホーホー
広島県　ボロキテ・ホーコーセ
神奈川県藤沢　ゴロスケ・ゴーゴー、または、ゴロシチ・ゴーゴー
それになお、私が同様にして、直接地方の人にたずねて聞いたところによると、
山口県　ボロキテ・トウコイ、または、ボロキテ・キョウコイ
岩手県江刺　ゴロスケ・ボー
山形県庄内　ゴロスケ・ゴーホン
奄美大島　ツクホー
などがある。
農林省が調査して、一九二五年に刊行した『鳥の方言』という珍本によると、
福岡県　ゴロクト・ホーヤ
宮崎県　ゴロクト・コウズウ
などは、鳥取県のゴロクト・ホーセン・ホッホや、私の最近明らかにすることのできたホッホウー・

ゴロクト・ホッホに、はなはだ近い。

青森県へ直播法の講演にいっての帰りみちに立ちよってくれた吉岡金市氏に、あちらでは、フクロウの方言をオホというのだそうですよ、と聞かされたので、ふしぎにおもい、弘前図書館長に照会して、青森県でフクロウの鳴声をどう聞いているかを、問いあわせてもらったところ、その答えは次のように、いずれも三音節からなっていることを知ることができた。

オホ・ヌリヅケ・オホ、ところによっては、モホ・モロスケ・モホ、あるいは、ノホ・ノリツケ・イホ。これは、いずれもみな三音節である点でめずらしいものであり、しかもそれが、私のホッホウー・ゴロクト・ホッホと、その点で一致するのがうれしかった。

＊

以上は、いずれもみなごく最近の諸説で、だいぶんくわしくなってきてはいるが、それでもなお不明な点ないしあいまいなところが、まだ少なくない。いわんや、昔の書物の古くさい記述においておやである。しかし、それにもかかわらず以上の諸説の欠陥をおぎなって、いくらかはきっと参考になる点もあるであろうとおもうので、ついでに私の調べたところを並べてみることにしよう。

その一つは、中国の古書の説である。中国ではフクロウの一種を鵂鶹といい、あるいはまた流離ともいうが、これらの名称は、ともに鳴声から名づけたものだとおもわれる。これを漢音で発音すると、キュウリュウ、リュウリである。内田説、上野説、山階説に、大コノハヅク、コノハヅクや青葉ヅクは、おどろいたときにキリキリと鳴くといい、下村説に、フクロウは時として、チュリリ、チュリリと甘えるように、ふるえ声で鳴くという鳴声に、よく似ている。

また、フクロウのことを、鴞または梟と書くが、漢音で発音すると、ゴウ、またはキョウで、これらは、ゴロクト、ゴロッ・ゴロッ・ゴロッボーコー、ギャー・ギャーなどに似ているから、おそらく鳴声の写音からの名称ではあるまいか。ただしその半面、鴞はおそらく號鳥の合字で、あたかもわが古語で、フクロウをサケといったように、さけぶ鳥の意味でもあろうし、梟の字は、地上であるくニワトリといい対照で、もっぱら木にとまっている鳥だから、という意味での象形文字であることはいうまでもあるまい。

その二は、イギリスの百科辞典『ブリタニカ』の説である。『ブリタニカ』を見ると、トゥフィット・トゥフーと鳴くフクロウの種類は、シェイクスピアにほめられて云々とあり、巣をはなれたばかりの若鳥のフクロウは、キーウィックと悲しげな鳴声で鳴くこと、人のよく知るところであるがといっている。トゥフィット・トゥフーは、インドで、コノハヅクの鳴声を、トゥウィット・トゥウィットというのに一致し、キーウィックは、『和漢三才図会』が、フクロウの雌の鳴声を、キューイキューイとしるしているのとよく似ている。

その三は、『和漢三才図会』の説である。これは、フクロウとミミヅクとを比較して、フクロウは形態ミミヅクに似ている。ただ毛角がないだけである。鳴声は、ミミヅクに似ているが、長く、ホーイホーイというがごとし。雌はやや小にして、彪(斑紋のこと)もまた粗、その鳴声は、キューイキューイというがごとしと。そして、ミミヅクについては、鳴声フクロウに似ているが、短くホイホイというがごとし、といっている。

『和漢三才図会』の鳴声の写音の大ざっぱなこと、右のごとくであるが、雌の鳴声をあわせてしるしている点は、他に例が少なく注目にあたいする。

その四は、さきに『ブリタニカ』を引用したついでに、フランスやドイツやロシヤでは、フクロウの鳴声をどのように聞いているかというに、フランス語では、ウー（hou と書くが、hはフランス語では、フランス人に発音できないから、ウーと発音する）、ドイツ語では、カウツ・カウツ、ロシヤ語では、トウ・ホウ・ホーである。

＊

私のフクロウ研究のことを知っているある書店の主人から、『朝日グラフ』の三月十二日号に、フクロウのことが出ていますがといって見せられたので、さっそく買ってかえった。「フクロウのあるアトリエ」という題で、写真が七枚と簡単な記事がのっていた。

それによって新制作派の山本常一氏が、アトリエにフクロウを飼って、熱心にフクロウの塑像を制作している鳥類専門の珍しい彫刻家であることを、私ははじめて知った。それで、知人の彫刻家H氏に紹介してもらって、三月二十五日に私はこのアトリエ訪問に上京した。

いろいろな新知識をえたが、それらはあらためてべつに記録することにして、ここには、とくにフクロウの鳴声について聞いたところをしるすことにしよう。

それは次のような話であった。

フクロウは、私の家では鳥籠のなかにいるせいか、夕方にはまだ鳴かない。鳴くのはたいてい夜九時ごろ以後である。つづけざまには鳴かない。一時間おきでなければ鳴かない。私の耳にしえた鳴声は、三種である。ギャー・ギャーと鳴き、また、モズのように鋭い声で、ケイ・ケイ・ケイという風に鳴くこともある。これらの鳴声に、猛禽類であることが感ぜられる。しかし、のどかにたのしそうに、ホウ・ホッホ・ホウ・ホウとも鳴く。

ゴロクト・ホッホとは鳴きませんかと聞いてみたが、私にはそうは聞こえないがとのことであった。しかし、筆者おもうに、山本氏が、ホウ・ホッホ・ホウと鳴くといわれるその鳴声が、筆者のいわゆるゴロクト・ホッホにあたるものではあるまいか。

のちに筆者が自分で、正確に明らかにしえたところによると、単にゴロクト・ホッホの二音節でなく、じつは、ホッホウー・ゴロクト・ホッホの三音節だから、その点で、いよいよこれにあたること、確実のようにおもわれる。つぎに、ギャー・ギャーというのは、下村説に、ギャー・ギャーと奇声を発して鳴くといい、ボスフォース・スミスの説に、白フクロウは、ギャー・ギャーと軋るような、つんざくような声をだすとあるのに、一致している。そして、ケイ・ケイ・ケイというのは、『ブリタニカ』にいわゆるキーウィックの鳴声に、または中西説に、大コノハヅクは、時に、キリキリとも鳴くとあり、さらに、上野説に、青葉ヅクは、おどろいたときに、キリキリと鳴くとあるが、このキリキリにあたるのではあるまいか。少なくとも、これらの鳴声と一脈相通ずるところがたしかにあるようにおもわれる。

なお、これは鳴声というわけではあるまいが、ポピーと私の家で命名している名前を、私や家人が呼ぶと、フウン、フウンというようなうなずきの声をもらす、とのことであった。

*

以上のように、国により、地方により、また人によって、鳴声の写音もいろいろにちがい、どれをとっていいか取捨選択にこまるわけで、どうしても整理の必要がある。そこでまちまちの諸説をここに整理してみると、およそ次のような結論が考えられる。

第一に、もっとも一般に知られているのは、ゴロクト・ホッホ、正確にいうと、ホッホウー・ゴロクト・ホッホと鳴くフクロウと、ホウホウ・ホウホウと鳴く青葉ヅクだが、青葉ヅクについては、諸説完全に一致で問題はない。その他の大コノハヅク、コノハヅクについては、大同小異でこれもあまり問題はない。

第二に、ミミヅクでないいわゆるフクロウの鳴声については、諸説まったくまちまちで、これはめんどうであるから、あらためてべつにくわしく論ずることにしよう。

第三に、注目すべきことは、鳴声のうちにヅクの二音がふくまれている例のあることである。フクロウの鳴声を、栃木県の一部では、ホロツク・ホーといい、群馬県の南部（多野郡）では、トーツクボー・カスケといい、剥製屋の上野末治氏が、ヴォック・ヴォック・ヴォックとにごった声で鳴くとする説がこれで、一般にフクロウのことを昔はヅクといったのは、いいかえれば、ヅクがフクロウの古語であったのは、このフクロウの鳴声からの名称であった、と考えられるからである。

ドイツ語のカウツ・カウツという鳴声も、タ行音とカ行音がふくまれている点で、ヴォック・ヴォック・ヴォックと似ている。しかるに、このヴォック・ヴォックも、ホロツク・ホーも、トーツクボーの写音も、まだ専門学者の書物にはしるされていない。

第四に、中西説では、大コノハヅクは、時にキリキリとも鳴くといい、上野説では、青葉ヅクについてだが、おどろいたときにはキリキリと鳴くとあり、中国では、ミミヅクの一種鵂鶹はその鳴声からの名称だというが、これを日本流に発音すると、キューリュー・キューリューである。三者一致している。それゆえミミヅクは、おどろいたばあいなどには、キリキリと鳴くものとみてまちがいなかろう。

第五に、虎斑ヅクの鳴声については、ホウーク・ホウークというボスフォース・スミス説と、ウフ・ウフ・ウフ、または、ウーウーウーという内田説とがあるばかりだが、内田説はフランス語の鳴声のウーと一致している。

第六に、フクロウを英語でアウル、ドイツ語でオイレというのは、ともにラテン語のウルーラから出た言葉だが、このウルーラは、中国でミミヅクの一種の鳴声を流離というのと、よく似ている。

第七に、『和漢三才図会』では、フクロウの雌の鳴声を、キューイ・キューイと写音しているが、これは『ブリタニカ』が、巣をはなれたばかりの若いフクロウの鳴声を、キーウィックといっているのと、よく似ているようにおもわれる。

第八に、大コノハヅクの雌は、ヌエーヌエーと鳴くから、これがいわゆるヌエドリにまちがいないというのは、上野氏の新説である。これについては、あらためてのちにのべよう。

＊

私はさきに、拙著『唯物論者のみた梟』に、こう書いた。

　フクロウのような顔にも二種がある、
　　昼間のフクロウと夜のフクロウだ。
　自叙伝の河上さんの顔みれば、
　　どこかまぬけて、ひるまのフクロウだ。

これは、河上博士の『自叙伝』巻頭の晩年のロイド眼鏡をかけた写真を見たとき、ふと私はフクロウに似ているなと感じた。しかし、フクロウはフクロウだが、どこかまぬけたところがあって、昼間のフクロウだなとおもった。そして河上さんの人気は、むしろ、この昼間のフクロウたるところにあるのではないか、と考えたからであった。

その後私が知りえたところによると、河上さんは、元来フクロウにはかなり興味をもっておられたらしい。海外留学中、ロンドンで故郷岩国をしのんでつくられた歌に、フクロウが出てくるし、そのことをまた在獄中思い出して、娘喜志子さんへの手紙のなかに、こまかに書いておられる。一九三四年十一月二十四日のことである。

　私は今少しも、暗い気持でいるのではありません。考えてみると、去年のこのころは、夕方になると、お国の梟を思い出さす啼声が、どこからか、毎晩のようにきこえてきました。

ロンドンの繁華のちまたに佇みて
梟の啼くふるさとを恋う

というのは、大正三年、私が英国にいた時の歌だが、あれをお父さんがごらんになって、寂しいとみえるのう、とおっしゃったということなどおもいおこしながら、私は旅愁に似た物のあわれを感じないでもなかったのです。あんたがたは知らないことだが、私の幼少の頃には家に近い川べりの土手に沿うた竹藪で、夕方になると、毎晩のように、梟が、フルック、トウコイ、トウコイといって、啼いたものです。子供心にそれは寂しい、又、うす気味悪いものでした。

ここできこえる声のひびきが、非常によくそれに似ているのですが、しかし、フルック、フルックというだけで、どうしても、フルック、トウコイとはきこえてこなかったのです。云々。

山口地方では、フクロウの鳴声を、ボロキテ・キョウコイ（襤褸着て、今日来い）とか、ボロキテ・トウコイ（襤褸着て、早ぅ来い）とか、いう風に聞いている、といわれるのに、河上さんのふるさとの岩国のあたりでは、一般に、フルック・トウコイと聞いていたことが、この手紙でわかる。

子どもの時から、そのように鳴くものとばかり聞かされて、生育されたせいであろう。河上さんは、獄中で耳をすまして聞かれても、フルック・トウコイとはどうしても今は聞こえぬけれど、フルック・フルックと鳴いている、というように聞いていられる。二音節にしか聞いておられないわけである。さて、河上さんは、フルック・トウコイとは、自分にはどうしても聞こえないで、フルック・フルックと聞こえるといわれるのだが、そのフルックをさらに立ち入って、科学的に解明し検討吟味してみようとは、こころみておられない。私には、それが物足りなくおもわれてならない。しかしそれが、河上さんのフクロウはフクロウでも、昼間のフクロウであったたゆえんかもしれない。

なおついでに一言つけ加えると、河上さんと関係の深かった西田幾多郎博士にも、私の知りえた限りでは、フクロウの歌が一首ある。

都路も吉田あたりはいにしえの
　里のなごりに梟の啼く

といった程度のものにすぎない。智恵の鳥といわれるフクロウに対する哲学者の関心としては、これも私にはどうかとおもわれる。

*

フクロウの鳴声を、私は、ホッホウー・ゴロクト・ホッホと聞くが、この私の聞き方に近いのは、第一に、青森県の南部藩地域での聞き方、オホ・ヌリヅケ・オホである。第二は、フクロウをアトリエに飼って、制作のモデルにつかっていられる新制作派の彫刻家山本常一氏の聞き方、ホウ・ホッホ・ホウである。第三は、川村多実二博士の『鳥の歌の科学』にのべられているフクロウの鳴声の意味づけである。

博士は、これを鳴声の翻訳と称しておられるが、地方によっては、といってどの地方かはハッキリしてなかったように記憶するが、小僧、鼻糞、食うカア、という風に聞くそうだが、これも三音節に鳴くものと聞いている点で、私に近い。といって、これは鳴声の写音ではなく、意味づけであることを忘れてはならぬ。

第四は、そこへ、一九五四年一月十四日、神戸の小児科医院の尾崎清次氏からの御手紙で知らされた、元甲南高校の英文学教授であった片山俊氏の『物語詩 彦さ』（一九二三年）に出てくるフクロウの鳴声がこれで、ホウホウ、五郎助、ホウホウとある。

第五は、室生犀星の詩集『星より来れる者』（一九二二年刊行）に収められている長編の散文詩「ふくろふ」に見られるフクロウの鳴声で、これは、ホウホウ、五郎助、ホウホウとあるから、片山俊氏とまったく同一である。

片山、室生両氏とも、「五郎助」と擬人法を用いているのに、純粋の写音法によって私はゴロクト・ホッホと聞いているので、私とちがっている。とはいえ、第一音節、第三音節をともに、ホウホウと聞いている点で、私に最も近いものといえよう。


（一九六九・五・五）

三　いわゆるフクロウ、ブッポウソウの鳴声

もっともめんどうなのは、ミミヅクでない、いわゆるフクロウ、すなわち普通にフクロウと呼ばれているフクロウ、広い意味のフクロウからミミヅクをのぞいた狭い意味でのフクロウの鳴声で、これについての諸説をまず列挙すると、次のようである。

A　ギャー・ギャー・グルスク・ホッホ　　下村説

ゴロッ・ゴロッ・ゴロッボーコー　中西説
ゴロクト・ホーヤ　福岡県
ゴロクト・ホッホ　鳥取県
ホッホウー・ゴロクト・ホッホ　私
ゴロスケ・ホーホー　内田説
ゴロスケ・ゴーゴー　神奈川県
ゴロスケ・ボー　岩手県江刺附近

B

ヴォック・ヴォック・ヴォック　上野説
トーツクボー・カスケ　群馬県南部
ホロツク・ホー　埼玉県

これを大別すれば、二種にわけることができる。Bの三つについては、さきに一言したように、フクロウの古語のヅクはこの鳴声からきたものとおもうが、私の実感としてはそう聞こえない。今日では、なんといっても少数説であるのは、ヅクの古語がすたれて、フクロウにうつりかわった事実の反映として、当然のこととおもわれる。

私の郷里でのゴロクト・ホッホと福岡県でのゴロクト・ホーヤは、最近私が親しく聞いてたしかめたところでは、ホッホウー・ゴロクト・ホッホの三音節だが、これはまったく何の寓意もない純粋の写音で、これに一番近いのは内田説のゴロスケ・ホーホーだが、五郎助はなかば擬人化で、もはや純粋の写音とはいえない。いわんやノロマの意味を寓したノロスケ・ホッホにおいておやである。ゴロスケは、後半の助だけが擬人化で前半は写音だが、ノロスケにいたっては、前半後半ともに写音ではないからである。山口県でのボロキテ・キョウコイ、そのおとなりの広島県での、ボロキテ・ホーコーセ（奉公せよ）のボロキテもゴロクトによく似ているが、これは写音であると同時に寓意の語でもある点がちがう。

下村説では、後半のグルスク・ホッホは、ゴロクト・ホッホによく似ている。これに反して、中西説では、むしろ前半のゴロッ・ゴロッが、ゴロクト・ホッホに似ている。だが、中西説の後半ゴロッボーコーは、一転して、広島県でのボロキテ・ホーコーセ（奉公せ）となり、再転して岡山県での五郎七、奉公、ただ奉公となるのであって、寓意としてはすこぶる妙をえているが、写音としては少しどうかとおもわれる。

それで私は、郷里のことだから、いわゆる我が田に水を引くわけではないが、以上の理由で、ゴロクト・ホッホがもっとも実際の鳴声に近い写音であり、したがってまた、なんらの寓意をもふくまない純粋の写音として、これが一番ではないかとおもう。しかるにこのゴロクト・ホッホ、正確にいうならば、ホッホウー・ゴロクト・ホッホの写音は、専門学者の書物にはどれにもまだ記録されていない。また、鳥の方言の調査報告書にももれている。

＊

さきに一言した『鳥の方言』と題する四六判のうすい書物は、農林省が調査して一九二五年に刊行したものだが、発行部数が少なかったからでもあろうが、非常に珍本だというので、東大前の古本屋で四百円という高い売価がつけられていた。この書物によると福岡県の一部では、ゴロクト・ホーヤと写音し、同じ福岡県でも、ところによっては、ゴロクソと写音しているそうである。要するに福岡県の写音が鳥取県の写音に一番近いことが、これでわかった。そして宮崎県では、はじめの部分を濁らずに、すんで、コロクト・コウズウと写音している由。熊本出身者の話に、フクロウの方言はコウズだというから、熊本でも同様に聞くのであろうか。とにかくコロクトもゴロクソもともに、ゴロクトは、ホッホにははなはだ近い。それにもかかわらず、鳥取県のゴロクト・ホッホ、正確にいうならばこれ・ホッホウー・ゴロクト・ホッホと私には聞こえるのだが、なぜかこの『鳥の方言』にも記録されていない。鳥取県は県が小さいためか、調査されなかったらしい。

なお、外国名のうちでこのゴロクトまたは、ゴロクソにもっとも近いのは、ギリシャ語のグラウクスであろう。

＊

ヌエドリ（漢字では鵺または鵼と書く）は、貝原益軒の『大和本草』には、「鬼ツグミという。つねのツグミの三倍ほど大なり云々」とあり、『和漢三才図会』には、その鳴声を写音している。『言海』には「大さ鳩のごとく、吉野山等の深山にすむ。昼伏し、夜いでて、樹の梢に鳴く。声小児の叫ぶがごとし。鬼ツグミ。関東に虎ツグミ」とある。内田清之助博士の『日本鳥類図説』には「虎斑ツグミで笛を吹くような高い声で、ヒーヒョウと鳴く」と説明されている。ヒーヒョウは、『和漢三才図会』

のヒューヒイと似ている。おそらく虎斑ツグミはそういう声で鳴くのだろうが、それならば『言海』にいう小児の叫ぶがごとしとは、少しちがうようにおもわれる。のみならず、ヒーヒョウと鳴く虎斑ツグミがヌエだというのには、論理上飛躍がある。それにもかかわらず、ヌエドリの正体は虎斑ツグミだというのが、今日の通説である。『美味求真』の著者も、ヌエの正体は虎斑ツグミであることは疑いない、といっている。しかし、この通説ではその語源はわからぬ。なぜヌエというかの説明がつかぬ。私には疑問である。

ところで、鳥類剝製標本店の上野末治氏から私が直接に聞いた話では、自分がかつて琉球まで出かけて、実地にその鳴声をきいてうちとめ、もってかえって剝製にしたので、絶対まちがいない話だが、それは琉球大コノハヅクという種類の雌であって、三、四月頃の産卵期に、夜間、ヌエー・ヌエーと鳴き、雄はホーウ・ホーウと鳴く。琉球大コノハヅクは、内地の大コノハヅクより、少し赤みをおびており、眼は橙色のミミヅクだとのことであった。

＊

上野氏の新説のとおりヌエドリが大コノハヅクの雌だとすれば、フクロウ科のうちで一番はやくから古書にしるされているのは、大コノハヅクの雌だといっていい。しかもその正体が、もっとも新しく、いいかえれば、もっともおくれて、ごく最近にいたってようやくわかったのだから、ふしぎといわねばならぬ。

『古事記』上巻の、「八千矛の神、高志《こし》（今の越後）の国の沼河姫をよばいにいでまししとき、そ

の沼河姫の家に歌いたまわく」という長い歌のうちに、

吾《あ》がたたせれば、青山に鵼《ぬえ》は鳴き、真野《さぬ》つ鳥、雉はとよむ。庭つ鳥、かけは鳴く。云々。

とあって、雉は野に鳴き、鶏は庭に鳴き、ヌエは青山に鳴く、というのであるが、鳴声はしるされていない。

ついで、『万葉集』の第一に、「ヌエ子鳥、うらなきおれば、云々」の歌があり、一七五七（宝暦七）年に賀茂真淵のあらわした『冠辞考』には、これは、ヌエの声のかなしく、うらめしげなるを、人の泣くのにたとえたのだと解説している。すなわち『万葉集』では、ヌエの鳴声が、形容的にしるされているのである。『万葉集』巻五の、貧窮問答歌のうちには、「ヌエ鳥ののどよびおるに、云々」、とあるが、これも、人の泣くのにたとえた意味は、右とおなじである。

これは、土佐の人、大神垣守がいっているように、ヌエドリは、いまの猿楽の笛のひじきという音のごとく鳴く。亥の刻ごろからはじめて夜鳴く。鳩よりも少し大きく、羽はトビのようであるといっているから、フクロウなどの類にて、夜鳴くのであろう。のどよびといっているのは、枯声に鳴くからいうのであって、うらなき、というは、うらみ鳴くの意である――と『冠辞考』は解説している。これによって、『冠辞考』の著者賀茂真淵は、ヌエドリが大コノハヅクだとは、もちろんまだわかっていないのであるが、フクロウなどの類であろうといって、そこまではわかっていたことがわかる。

それはとにかく、ヌエドリの名称も、多くの鳥類の名称のように鳴声からきたものと考えられるが、それには、ヒーヒョウ、またはヒューヒイより、ヌエー・ヌエーがあたっている。旧説の弱味、新説の強味はここにある。

＊

ブッポーソーと鳴く鳥が高野山その他にいるといわれ、仏教徒によろこばれて、多くの詩歌によまれている。その二、三をあげると、空海の詩に、

閑林独坐草堂暁、三宝之声聞一鳥
一鳥有声人有心、声心雲水倶了々

というのがある。この「三宝之声、一鳥に聞く」というのが、三宝鳥、または仏法僧と呼ばれる鳥のことで、多く夜に入ってから暁にかけて鳴くらしい。

京都の近くでは、松の尾の峯で鳴くという歌がある。

松の尾の峯しづかなるあけぼのに
　仰ぎてきけば、仏法僧鳴く

その他なお、抽象的にうたったものに、次のような歌がある。

わが国は御《み》のりの道のひろければ
　鳥もとなうる仏法僧かな

鳥のねも三つの御《み》のりをきかす也
　山の庵のあけがたの夢

前者は慈鎮、後者は家隆の作である。

ブッポーソーと鳴くと聞こえるのは、仏教徒がそういう風に聞きとるからで、仏教にとらわれずにすなおに聞けば、ブッ・クヮッ・コー、または、ブッポンソンと聞こえるそうで、こう鳴くのはじつは、コノハヅクというフクロウの一種の鳴声であることが、一九三四年はじめて中村幸雄氏の画期的な研究によって、明らかにされた。

そして、これによって空海をはじめとして多くの仏教徒らは、こんにちまで仏法僧鳥と呼んで、じつは皮肉にもフクロウの一種を大いにありがたがり、よろこんでいたものであることが明らかにされたわけで、これはまことにおもしろいことだとおもう。

なお、コノハヅクは、形も大きさも柿の葉に似ているというわけであろうが、柿葉ヅクとも呼ばれ、フクロウ科のうちもっとも小さい部類で、ウズラ位の大きさだという。一説には、柿葉ヅクでなくて、カキヅク。それは地色がすべて赤褐色をおびるコノハヅクの一種で、形や大きさが柿の葉に似ているからというわけではなく、色が柿色だからの俗称ではないかとおもわれる。

＊

型にはまって独創のとぼしい学者の研究よりは、素人のまじめでとらわれるところのない潑剌たる研究に敬意を表し、局外からの飛び入りの観察と批評とに、かえって、耳を傾けるに足るばあいの少なくないのを、かねて痛感している私は、鳥類学博士の旧説定説よりは、鳥類剝製標本の製作を祖父以来家業とする上野末治氏の実験にもとづく一家言のヌエドリ説を支持すると同じ心から、やはり鳥類学博士ではない中村幸雄氏、今も山梨県林務部林政課につとめていて、小鳥のおじさんと呼ばれているいわば素人の熱心でまじめなこの鳥類研究家によって、ブッポーソーと鳴くのは、いままで考えられていたような仏法僧と呼ばれる鳥ではなくて、コノハヅクであることがはじめて発見され、論証されたことを、わがことのようにうれしく感ずるのである。

いま私の近くに住んでいる友人で、中村氏と同郷の国語の先生T・O氏に照会してもらったところ、氏からその経歴のあらましをしるされた次のような手紙に添えて、氏が一九五一年十月発行の『山梨だより』という雑誌に書かれた「仏法僧物語」の切抜をおくってくださった。

小生は、学歴としては、小学校をおえ、中学程度の夜間部を卒業したのみですが、職歴は、昭和三年から五年まで、農林省鳥獣調査委託員として南方に派遣され、また、昭和十八年には、文部省資源科学研究所より、北支中支に派遣され、そのほかなお、国立公園協会専門委員という立場上、伊豆七島、四国、九州、北海道、山口県、群馬県(尾瀬沼の調査)等より招聘をうけ、足跡全国に達しており、この間、鳥獣、昆虫、植物等について、新らしい事実、新種発見、蕃殖地の確認等々、約七十の記録を樹立しております。大分、大風呂敷をひろげましたので、この程度にとどめておきましょう。

何卒福本さんによろしく。そしてこんごは、ちょくせつ、御手紙を下さっても、いっこうさしつかえございませんから、そのようにおつたえ願います。まずは、乱筆ながら御返事まで。

日附は、一九五二年十月七日。

「仏法僧物語」に、中村氏がみずから、その苦心談を語っておられるところによると——

ブッポーソーと鳴くのは、いつでも夜にかぎるのに、仏法僧と呼ばれる鳥は、夜の鳥ではなくて、昼間の鳥であることに、氏が疑念をいだきはじめたのは、昭和の初年であったという。すなわち、昭和三年から同五年にいたる三年間、氏は農林省鳥獣調査委託員として、仏法僧の棲息地であるフィリッピン、セレベス等に派遣されて、各地をめぐっている間に、仏法僧鳥は、どんなに明るい月夜でも、夜間は絶対に活動しない鳥であること。仏法僧鳥は、昼間だけ、ギャーギャーとかゲッゲッとか聞こえるきたない声で鳴くのみで、けっしてブッポーソーとは鳴かないことをたしかめた。

しかし、日本に帰ってきて、この発見を、内田清之助博士や黒田長礼博士や、中西悟堂氏らに報告したが、「これらの先生方は、南方の地域で、じっさいにごらんになっていないので、私の説を肯定していただくことができませんでした」と氏は述懐されている。

そこで、氏は、昭和九年七月七日夕刻から翌八日朝にわたって、甲州身延山東谷の大林坊というお寺の軒下、二又杉に巣を営んでいる仏法僧について、夕刻巣に入る時刻、および朝目ざめる時間を、ノートに記録した。それによって、仏法僧は夜鳥どころか、スズメ以上に朝寝坊の鳥だということがわかり、この記録をそえて学界へ報告したので、これによって、仏法僧は夜間活動しない鳥であることだけは、とにかく、学界で承認されることになった。仏法僧のことは、それで一応かたづいた。

そこで、こんどは転じて甲州御坂山のケヤキの洞にいとなまれたコノハヅクの巣について、昭和九年の六月下旬に調べてみた結果、仏法僧鳥が、夕刻、巣にはいるころから、コノハヅクは活動しはじめ、朝は仏法僧鳥がまだ巣の中にねこんでいる四時頃のまだ暗いうちに、巣にはいってしまうというふうで、まったく「仏法僧鳥は昼間」「コノハヅクは夜」とその活動時間がハッキリちがっていることをたしかめた。

ところが、この問題を解決するのにいま一つ肝腎なことは、ブッポーソーと鳴いているコノハヅクを、鉄砲でうちとることですが、それがまた容易なことではありませんでした。相手は夜の鳥で、森林の中に声はすれども、夜間のことですから鉄砲の向けようがなく、昭和八年、九年、十年と三カ年にわたって、御坂山、大菩薩、身延山、七面山等に、およそ四十晩の徹夜をつづけたのでしたが、なかなかうてるチャンスがつかめませんでした——と、その苦心惨憺のほどまことに察するにあまりある。

しかし、血のにじむような氏の努力はついに報いられて、昭和十（一九三五）年六月十二日午後七時二十分、甲州御坂山で、とうとう氏は、ブッポーソーと鳴いているコノハヅクを一羽うちとめたのであった。その報告には、専門の鳥類学者たちもついにかぶとをぬいで、問題は完全に解決されたのであった。

＊

『万葉集』の東歌《あずまうた》に、

鴉《からす》とふ大《おお》軽《そ》率《そ》鳥の真実《まさで》にも
　来まさぬ君を児《こ》ろ来《く》とそ鳴く

という上野国《こうずけのくに》の相聞往来《そうもんおうらい》の歌がある。

この「コロクとぞ鳴く」は、鳴声の写音であるとともに、「児ろ来」という意味づけ、すなわち君が来ると意味づけが加わっているわけだが、このコロクは、フクロウの鳴声をホッホ・ゴロクト・ホッホとか、ゴロクト・ホーヤとか、ゴロクソとか、コロクト・コウズとかいうのと、ちょっと似ているが、フクロウの鳴声ではなく、カラスの鳴声である。

この歌の全体の意味は、カラスという大あわてものの鳥が、まさしくもおいでにならぬ君を、子ろ来と——君がいらっしゃるように、鳴くことであるよ、というので、カラスの鳴声である。カラスを英語では、クロウというが、それと似ているのが妙ではないか。

III

フクロウの方言と語源

フクロウ・コレクション

一　フクロウの鳴声に対する意味づけと方言

コノハヅク、一名、柿ヅクの鳴声を、ブッポーソーと鳴くのだと意味づけて、これを仏法僧鳥または三宝鳥と呼んで、仏教徒や俳人らがよろこんでいることは、すでにくわしくのべたとおりである。よって、ここでは、ミミヅクをのぞいた狭い意味でのいわゆるフクロウの鳴声に対する意味づけとそこからくるフクロウの呼び名の方言についてのべることにしたい。

私の郷里鳥取県で、フクロウの鳴声を、ゴロクト・ホッホと聞き、福岡県で、ゴロクト・ホーヤと聞くのは純粋な写音で、なんらの主観もまじえない聞き方である。鳥取県ではフクロウのことをゴロクトといい、福岡県の一部でもそう呼ぶ。

新潟県のあたりでは、ノリツケ・ホセ（またはホーセ）と聞き、島根県では、ノリツケ・ホソウと鳴くというので、フクロウが鳴くと、あすは天気にきまっているから、洗濯した着物に糊つけをしてかわかせ、またはかわかそう、といっているそうだから、フクロウの鳴くのを、晴の前兆とみているらしい。フクロウが鳴けば晴になるかどうか、私はまだたしかめていないが、このごろ東京の郊外電車内の広告に、ミミヅクの絵をいれて、洗濯の糊をつくる会社が、糊の広告に用いているのを見た。ただし、その絵はフクロウではなくて、ミミヅクであった。

私自身には、ノリツケ・ホセとは聞こえぬが、そう聞く人があっても、否定はできないとおもう。

それはちょうど、私のいま住んでいる藤沢の丘陵地帯には、ゴロクトのほかコジュケイもいて、その甲高い鳴声が、私にはピーカカイ・ピーカカイと聞こえるので、私はこの鳥をピーカカイと呼んでいるのだが、鎌倉にいた俳人の話では、チョトコイ・チョトコイと鳴くので、一名、チョトコイ鳥と呼ばれているとのことで、そうかナとおもって聞けば、なるほどそのようにも聞こえるのであった。ちょうどそういうものだとおもう。

これに対してフクロウのことを、五郎助、五助七、五兵衛などと呼んでいる地方があり、さらに、ホロ助とか、ノロ助とか称している地方もあるようである。

秋田県、静岡県の方言では、五郎助。岡山県の方言では、五郎七。神奈川県では、五郎助、五郎七ともにおこなわれている。

フクロウの鳴声の写音、ゴロクト・ホーセン・ホッホ、ゴロクト・ホーヤ、ホッホ・ゴロクト・ホッホ、ゴロッ・ゴロッ・ゴロッポーコー、などのゴロをとり、それに助、七、兵衛などをつけて擬人化した言葉で、ネズミのことをチュウと鳴くので、チュウスケ（忠助）とも呼ぶが、それと同じ筆法であろう。五郎の字義、忠の字義とは、なんら関係ないことを知らねばならぬ。

下村説では、フクロウは、ギャーギャー・グルスク・ホッホと鳴くそうだが、伊勢や三河のあたりでは、ホーホ・ゴロスケどうした、酒でものんだか、と聞く由。よく似ているではないか。ギャーギャーがよっぱらいのようにおもわれるのか。また、岡山県では、ゴロシチ・ホーコー・タダ・ホーコー、つまり五郎七、奉公・ただ奉公・三年たっても無駄奉公、相模では、ホロスケ・骨折無駄奉公、または、ゴロ助、奉公・去年も奉公・ことしも奉公、と聞く由、おもしろい聞き方もあったもので、とくにこの後者こそは、中西説のフクロウの鳴声のゴロッ・ゴロッ・ゴロッボーコーによく似ているのが妙である。

さらにもっとかわっているのは、謡曲『鉢の木』で有名な栃木県佐野あたりでは、ゴーヘイ／デレスコ・テイコー／（腹を）ぶっさくぞ、と聞くとのこと。ゴーヘイは五兵衛をのばしたので、この鳴声から、フクロウのことを五兵衛と称している由だが、五郎助、五郎七などと同じで、擬人化した名称である。ただし、ゴーヘイは架空の鳥で、フクロウのことではないという説もある。さきにのべたように、鳥取県のホッホ・ゴロクト・ホッホが純粋な写音で、なんらの主観を交えないのと比較して、これなどはもっとも極端な対照で、腹をぶっさくぞはひどい。そして、子どもの泣くのをとめるのに、「泣くと、フクロウにくわせるぜ」とおどかすのだそうだが、これなどもちょっと他地方に例があるまい。

なお、栃木県の一部では、フクロウの鳴声を、ホロツク・ホーと聞き、フクロウをホロスケと呼んでいる由。ホロは、すなわち鳴声のはじめをとって、終りを略したもの、それに助をつけたところ五郎助と同じ擬人法である。

また、岩手県の奥羽山脈地方では、フクロウの鳴声を、ノロスケ・ホーホーと聞き、フクロウをノロスケと呼んでいる由。栃木県のホロスケに似ているが、ホロ助のホロは写音で、寓意をふくまないのに反し、ノロ助のノロは、おそらくノロマの意味を寓している点がちがうようにおもわれる。昼間のフクロウを見ての寓意であろう。

なお、神奈川県の一部では、ボーズコイ・ボーズコイ（坊主来い）と聞くところもある。

その後、広島生まれの人に聞くところによると、徳島県では、フクロウの鳴声を、ボロキテ奉公・ボロキテ奉公、と聞き、広島県では、ボロキテ・ホーコーセ（奉公せよ）と聞く由。前半のボロキテ（襤褸着て）は、西隣りの山口県のボロキテ・キョウコイ（トウコイ）と同じ、後半のホーコーセは、東隣りの岡山県の後半に似ていて、ちょうど両隣りでの聞き方を——あるいは意味づけを——折衷した形であるのも興味ぶかい。

そのほかなお、『嬉遊笑覧』には、「童の諺に、フクロウは夜が明けば、巣を作ろうと鳴くといえり。ほうしくろうというにちかし。されど、しか鳴くというのは、他の鳥なり。云々」とあるが、「夜が明けば、巣を作ろう。」というは、とくにその末尾の語呂が、フクロウとよく似ていておもしろいではないか。

＊

フクロウの方言のうちで、五郎助、五郎七などが、ホッホ・ゴロクト・ホッホのまんなかの第二音節のあたまをとっているのに対し、これといい対照をなすものとして、注意に値するもっとも珍しい方言は、第一と第三の音節ホッホをえらんだ青森地方のオホであろう。

青森地方といっても、オホといっているのはおもに東部の旧南部藩地域で、西部の旧津軽藩地域では、オホでなくモホだそうだが、これはオホをなまったものとおもわれる。オホにしても、モホにしても鳴声からきていることは明瞭である。というのは、フクロウの鳴声を、これらの地方では次のように聞いているからである。

旧南部藩地域　オホ・ヌリヅケ・オホ

旧津軽藩地域　モホ・モロスケ・モホ、または、モホ・ノリツケ・ホセ

また一部では　ノホ・ノリツケ・ノホ

要するに、いずれもみな三音節に聞いている点で、そしてさらにもう一つ注目すべき点は、第一音節と第三音節とが同一音のくりかえしであるのも、私の最近明らかにしえたホッホウー・ゴロクト・ホッホとふしぎにも一致しているのが、私にはとくに興味ぶかい。ただちがうところは、第二音節が、擬人法のノリツケ、そのなまりとおもわれるヌリヅケとなっていて、ゴロクトでないことであるが、旧津軽地域での第二音節はモロスケだから、これは、擬人法である点、ゴロスケにやや近いともいえよう。

問題は、ホッホが、どうしてオホとなっているかであろう。ホッホもほほえむようだが、オホホはより一層ほほえむようである。それゆえ、ホッホにしても、オホホにしてもほとんどかわらない。そして、オホは、オホホの略語と考えてよかろう。

なお、青森県の田舎では農民がドブロクを密造しているのを、税務署の役人に見つかることを隠語で、オホが鷹につかまった、といっている由だから、この地方では、オホのフクロウはいみきらわれたり、おそれられたりしている鳥ではなく、むしろ農民に、ドブロクとともに愛され、親しまれてい

るのではないかと、この隠語からして私には想像されるのである。

二　フクロウの昔話・伝説

岩手県の奥羽山脈地方では、フクロウの鳴声を、ノロスケ・ホーホーと聞くことについてはすでにのべたが、フクロウについて、次のような興味ぶかい昔話がつたえられている由。

それは、あるときフクロウに向って、おまえは獣かとたずねると、いや、鳥だといい、鳥かと聞くと、いや、獣だ、と答えたので、そんな奴はないと、ついに夜だけしか眼が見えぬようにされてしまったのだ、という話である。

フクロウは、鳥類としてはまったく珍しく、むしろ人間や猿や猫などとおなじに、眼が顔の正面に二つ並んでついていて、ちょうど猫によく似た顔をしているからであろう。これはおもしろい昔話である。

秋田県男鹿半島の寒風山の山麓の『農民日録』（アチック・ミュゼアム叢書の一つとして、記録刊行されたもの）によると、五月七日の項下に、

今日、ポポウ・ポポウと鳴く小鳥がはじめて鳴いた。この鳥の学名はしりません。方言では、ポポ鳥と申しております。この鳥が鳴き出せば、暖かになるしるしだそうです。

とある。ポポウ・ポポウと鳴くというから、大コノハヅクであろう。冬の永い雪国に、いよいよ春が

おとずれたしるしだというのだから、よろこばれているにちがいない。おそろしい鳥とか、悪鳥とか見られていないことは、たしかであろう。むしろ、なつかしがられ、うれしがられている鳥のようにみえる。

どうも、青森・秋田などの東北地方から、のちにのべる越後・越中などの雪国地方にかけては、フクロウに対する見方が、関東その他の地方とちがうようにおもわれる。

図案家田村宗太郎氏の友人、筒井氏の実家は、富山県中新川郡で、立山のふもとにあるお医者さんの家だそうだが、このあたりでは、ときどきフクロウが家に飛びこんでくることがある。そうすると、福が舞いこんできたといってよろこぶそうで、氏の少年時代、氏の家にも一度、フクロウが入ってきたことがあって、これは縁起がいいとよろこんでいると、頼母子講が三度つづけざまに当って、文字どおりフクロウ来たり、福来たる、ということがあった由。

なお、このとき筒井氏の家では、早速大きな籠に入れ、毎日魚のサシミを買ってきて、ご馳走してやったが、一週間ばかりでフクロウは死んでしまったとのこと。急に食物がかわって単純になり、いくら食肉鳥だといってもサシミばかりの連続では、ご馳走はご馳走でも、何か栄養上に不足分が生じたためではなかったか。

越後地方では、フクロウが節季と早春に鳴くと縁起がいいといってよろこぶそうだが、それは節季には、金を詰めるフクロであり、早春には、金を張るフクロだからという。袋とフクロウと――おもしろいシャレだ。越中だけでなく、おとなりの越後でもまた、フクロウを悪鳥と見ていない。むしろめでたい鳥と考えていることがわかる。

フクロウが金銭に縁があるようにみている点、日本では、まったく珍しい例である。古代ギリシャのアテネで、喜劇作家アリストファーネスが、裏にフクロウを彫刻したアテネの貨幣を沢山たくわえることを、フクロウがガマグチのなかに巣をつくる、といったのを連想させるではないか。もしかりに越後の領主が、貨幣鋳造権をもっていたとしたら、あるいは古代アテネのように、裏にフクロウを彫刻した貨幣をつくったかもしれない。そう考えてみると、この話はまことに興味ぶかい。

＊

私が北海道の野草で、とくにもっとも興味を感じて、『回想録』中に大いに吹聴宣伝しているのは、少年のすさびに草笛として吹きならされるラッパ草で、この草笛が、アイヌ人からはじまったことも、くわしく調べてしるしておいた。『日本捕鯨史話』（一九六〇年）においてもまた、私はアイヌ人の捕鯨方法のことにおよんでいる。同様にして、私はこんどのフクロウの研究でも、この北方の鳥であるフクロウをアイヌ人がどう見ているかを、ぜひとも調べてみたいとおもっていた。

そこに、ちょうど動物学者の堀関夫氏から、『コタン生物記』という珍しい書物を見せてもらった。北方叢書の第三輯として、一九四二年に出版されたもので、著者更科源蔵氏は、私がかつて五年ばかりいたことのある釧路、その釧路の奥のクッチャロ湖畔の部落に、五、六年間生活して、アイヌ人の老酋長夫妻から親しく聞いた話を、書きしるされたものである。

コタンとは、部落の意味で、『コタン生物記』は、樹木篇、雑草篇、虫類篇、野獣篇、魚族篇、野鳥篇の六篇から成り、アイヌ人が北海道の動植物をどう見ているかをしるした、まことに興味ぶかい書物である（その後、本書は一九七六〜七七年に法政大学出版局より全三巻の新版が出た）。

そして、その野鳥篇のうちに、フクロウのことが、くわしくいうならばシマフクロウのことと、エゾフクロウのことが物語られているのであるが、それによると、アイヌ人はシマフクロウが鳴くと、コタンコルカムイが悪魔を追払っているのだと考えてよろこんでいる。コタンコルカムイのコタンは部落、コルは守る、カムイは神で、つまり部落を守る神と、フクロウを呼んでいるのである。アテネの守護神ミネルバの使いとフクロウをみていた古代アテネ人以上である。これは使いどころではなく、守護神そのものとみているわけだから。

つぎに、エゾフクロウのことは、クンネレク・カムイと呼んでいる。夜叫ぶ神という意味だそうである。

そして、アイヌ人は、エゾフクロウの鳴声を、ペウレプ・チコイキと聞くのだそうだが、ペウレプ・チコイキとは、「熊をとりにこい」という言葉で、この鳴声の聞き方、いいかえれば意味づけ方は、湘南地方で、コジュケイの鳴声を、「ちょと来い、ちょと来い」と鳴くのだというふうに意味づけて聞いているのとよく似ている。アイヌ人の生活にとっては、重要な狩猟の対象である熊をとりにこいと告げて鳴く、というのだから、あすは天気だ、「糊つけ、ほせ」どころではない。それゆえアイヌ人にとっては、これも実生活上、まことにありがたい神にちがいない。（アイヌ神謡にフクロウがうたわれていることについては後述する。）

三　フクロウの語源に関する諸説

『日本釈名』によると、フクロウの語源は、一説には形からきており、一説にはフクロウは、母を食らうという意味からきている、と二説をあげて、こういっている。

その毛ふくるる鳥なる故也。ルはロと通ず。一説母くらふ也。悪鳥にて、その母をくらふもの也。フはハハ也。ハとフと通ず。ラとロと通ず。

これに対し、新井白石の『東雅』には、「フクロウは、その名を自ら呼ぶ。すなわち、その鳴声をもて名としてよぶ也。」と、第三説をとなえている。

『言海』は最初第一説をとり、それに、「或はいわく」として、第三説をあげていた。「フクロウは、形の脹れたる意か。或はいわく。鳴く声を名とすと」。

しかるに、のちの『大言海』では、フクロウは、「その鳴く声を名とすという」と第三説の一本建になっている。

私は、旧『言海』の第一説、第三説の二本建が、もっとも穏当ではないかと考える。第一説はよくわかる。問題はない。第二説は採るに足らぬ。フクロウは、母を食う、不孝の鳥なりは、もと中国の古い『説文』あたりから出た説のようだが、「この説は究むる所にあらざる也」と、すでに『倭名類聚抄』が否定しているとおりだとおもう。

そこで、のこる問題は第三説について、それではフクロウないしミミヅクのどういう鳴声が、一体フクロウという言葉に似ているか、という問題だが、それには、『東雅』も旧『言海』も『大言海』も、なんら答えていないのでこまる。しいていえば、『大言海』には、フクロウは、その声、人を呼ぶがごとしと説いているから、その人を呼ぶがごとき鳴声、それがフクロウという言葉に似ているというわけであろうと察せられるが、それ以上具体的にはわからない。そこで第三説も、いままでの程度ではどうも一向ハッキリしない。

私の考えるところでは、フクロウという言葉に似ている鳴声としては、ゴロクト、ゴロクソ、キュウリュウ、キリキリなどがこれにあたるのではないか。以上には、いずれにも共通にK音R音の二つがふくまれているからである。そのうちでも、とくにキュウリュウが一番に近く、それについでは、ゴロクトがもっとも近かろうか。しかし、これでは、どうも問題が解決されたとはおもわれぬ。なお研究を要する。

＊

その後、私はいろいろと考えなやんでいたが、ようやくにして、フクロウの語源問題が解決できたように感ずる。

私の到達した結論をさきにいうと、フクロウとは、鳴声のホーという部分をとり、それに九郎をつけ加えて、擬人化したホー九郎が、転じてフー九郎となり、それがちぢまってフクロウとなったものではないか、というのである。私がこう考えるにいたった論拠は、次のごとくである。

第一に、フクロウの鳴声の基調音を考えてみると、ゴロクト・ホッホまたは、ゴロッ・ゴロッ・ゴロッポーコーなどのゴロと、ホウホウ・ホウホウないしホーウ・ホーウまたはホッホなどのホーとに二大別することができる。そして、第一種の基調音ゴロをとって、それに助の字または七の字をつけ加えた擬人化から、こんにちでもフクロウの方言として各地に用いられている五郎助、五郎七、などの名称がおこったように、第二種の基調音ホーまたはホッホをとって、それにこんどは九郎の二字をつけ加えて擬人化すれば、ホー九郎となるではないか。現に愛知県の一部では、ホークロウをちぢめて、ホクロと呼んでいる。ホー九郎からフー九郎への転化は、同じハ行音だから、いくらも例のあることである。

英語ではフクロウの鳴声を、トゥフィット・トゥフーといい、フランス語では、フー、またはウーといっているほどだから、ホーとフーとは、はじめから、同じことといってもいいのである。

第二に、それでは九郎の二字をつけ加えて擬人化する例が、ほかにもあるかどうかというに、越中の方言で、欲のふかいものを与九郎《よくろう》と呼ぶし、魚の名称にも鈍九郎《どんくろう》というのがある。この魚は、貪食にして、挙動ははなはだ遅鈍、四季を通じて食をあさり、いかなる粗末の餌にも飛びついて、たやすく針にかかる愚物であるから、鈍九郎の名称をえたのだという。

ついでに、九郎ではないが、鳥や魚や虫の類で太郎、五郎などのついた擬人化の名称をあげると、駝鳥を鳳五郎ともいうし、虫に源五郎・孫太郎虫があり、鮒に源五郎ブナがある。有明海や八代湾の干潟にすむ鯥《むつ》五郎はあまりにも有名だ。漢語にも、ニワトリを戴冠郎、司晨郎などと、郎の字をつけて擬人化する例がある。戴冠郎とは、トサカがあるから、司晨郎とは、時をつけるからの名称であることは、多く説くまでもあるまい。

ホー九郎は、鳴声の一部分をとったもので、カッコウと鳴くので、そのままカッコウ鳥といい、ヌエーヌエーと鳴くから、そのままヌエドリと呼ぶのとは少しちがうが、やはり、「その鳴声をもて、名としてよぶ也」、といううちに包含できよう。ただ、『言海』などのように、抽象的にそういっているだけでは、カッコウ鳥やヌエドリのばあいとちがってわかりかねる、というのである。

あるいはまた、次のように考えることもできるかもしれない。

漢語でフクロウのことを鵩とも書く。これを日本流に発音するとフクだが、中国音ではフーであるらしい。いわゆる着ぶくれている羽毛の形容から鵩というのかもしれぬが、またフーという鳴声からの名称とも、あるいはその両方とも考えられる。それでこの漢語の鵩に郎の一字、または中国音のフーに九郎の二字をつけ加えて擬人化したフクロウと考えることも、できないことはないようにおもわれる。しかし、この第二の説よりは、さきの第一の説の方が自然であろう。

ついでに私は、フクロウの語源を、かように今日までわからなくしていた原因はなんであったか、という問題を考えてみたい。

五郎助、五郎七、五兵衛などのように、ホー九郎を、鳳九郎とでも書くことにしておいてくれたらわかりよかったにちがいないが、フクロウに鳳の字をつかうのも、適切でなかろうとこまっているところに、一方漢字の梟の字が簡単なため、この漢字を拝借してしまった。この象形文字の梟の字こそがまさに、フクロウの語源をわからなくしてしまったもとではなかったかとおもう。梟の字は象形文字で、ホーまたはフーという鳴声の写音と無縁だからである。それゆえ、もし漢字を借りるにしても、梟の字でなく鵩の字であったら、あるいは、多少わかりよかったかもしれない。だが鵩の字は、一般にはあまり用いられなかった。

四　フクロウの古語、サケ・ツク・布久呂布のこと

フクロウというのはのちの名称で、はじめはツク、またはサケと呼ばれたらしい。いいかえれば、フクロウの古語は、ツク、またはサケであって、フクロウはのちになっていうようになった名称であるらしい。

平安朝時代の『源氏物語』には、フクロウとなっているが、それ以前の『古事記』には、ツクという名称がつかわれている。仁徳天皇誕生のとき、ツクが産室に飛びこんで云々、とある。フクロウの語は『古事記』には見えない。

フクロウ科で『古事記』に出ているのは、ツクとヌエという名称だけである。ついで、『万葉集』にもヌエの名称は見られる。サケの名称が、いずれの古書にはじめてつかわれているのか、それは私にはまだつまびらかでない。さて、ツクならびにサケの語源はなにか。

新井白石の『東雅』には、「サケとは、その啼声のあしきをいうなるべし。叫の字、読んでサケブ

というもこの義なり」といっている。『言海』にも、「サケは叫ぶの意か」とあって、『東雅』の説にしたがっている。

鷹が猛き鳥の意味でタカと呼ばれ、鳶が空高くよく飛ぶの意味でトビと称せられるのと同じたぐいであるから、これはよくわかる。

フクロウの漢名――漢語の一つに鴞があるが、これはフクロウの象形文字の梟と同じく、キョウとも発音しているが、日本流に発音するとゴウとなる。キョウにしてもゴウにしても、フクロウの鳴声のゴロクトのゴロに似ているようにもおもわれる。しかし、あるいは二字で号鳥というべきところを、一字にして鴞としたもので、すなわち呼号する鳥、さけぶ鳥の意味かも知れぬ。もしそうだとすれば、日本の古語で、フクロウをサケと呼んだのと、まったく不思議にも軌を一にすることになる。

わかりにくいのは、そして今までスッキリ解明しつくされていないで、中途半端に終っているのは、ツクの語源は何かである。これについて白石の『東雅』には、「ミミヅクをツクというのは、ツは角《つの》なり、その耳の角の如くなるをいいしなるべし」といっているが、もしそれならばフクロウ一般を指しての名称ではなく、いいかえれば、総称としてのフクロウの古語であったというわけではなく、耳のあるフクロウ、すなわちミミヅクのみを古語でツクといったということになり、耳のない青葉ヅクをツクというのは、まちがいでなければならぬ。そしてまた、ツクの意味がそうだとするならば、耳があるからミミヅクだというのは、重複した言葉であろう。『東雅』の説にはしたがいがたい。

これに対し、柳田国男先生が、フクロウの古い日本語は、ツクであったが、それがいつのまにかフクロウにかわったのだとして、ツクもフクロウも鳴声からきた語だと解しておられるのは、私もまったく同感で、これが正しい説とおもうが、フクロウの鳴声も種類によっていろいろちがい、その上にまた聞き方もまちまちである。それではいったいどの鳴声が、そしてまたどういう聞き方が、ツクに似ているのか、そしてツクという名称の語源となったのか、それがつぎの問題でなければならぬ。

ところで下村兼史氏の『鳥類図説』や中西悟堂氏の『野鳥と共に』などには、さいわいにして鳥類の鳴声が丹念に記録されているが、これらの書物のうちにさえそれに当るとおもわれる鳴声は、ついにこれを見出しえなかった。いわんやこれら以外の書物においては、いうまでもないところである。

ところが東京上野の剝製屋上野末治氏の話を聞いて、フクロウが氏の聞き方によると、ヴォック・ヴォック・ヴォックと濁った声で鳴くということを私ははじめて知った。そしてこれだこれだ、とおもった。しかも上野氏によれば、いわゆるミミヅクではなく、耳のないフクロウが、こう鳴くというのである。

なお、上野氏はじめ、多くの知人友人から聞いたり調べてもらったりしたところによると、各地に次のような鳴声の聞き方の例があることがわかった。

トウツク・ボー　群馬県南部
トーツク・オ　鹿児島県（『鳥の方言』）
コノスト・ツクウ　同右
コメツクトクカラ　同右

ツクホー　奄美大島
ホロツク　長野県
ホロツク・ホー　栃木県の一部
トウツク・ボー　埼玉県
フルツク　香川県

奄美大島のツクホーはそのままフクロウの呼び名になっている由。これなどおそらくツクのもっとも典型的なかたちであろう。それが僻遠の島にいまものこっているのは、注目すべきである。なおこの島では、ツクホーの頭にミャオをつけて、ミャオ・ツクホーとフクロウを呼ぶこともあるそうだが、ミャオは猫のことで、顔が猫に似ているからというわけらしい。

要するに、以上のように聞きとったフクロウの鳴声から、ツクの名称は出たのではなかったか。しかし今日では、フクロウの鳴声を、かように聞く人や地方はきわめて少なくなっている。フクロウの総称としてのツクという古語が次第にすたれて、フクロウという言葉にかわるにいたったゆえんである。

かように、ツクが耳のないフクロウの鳴声からきた名称と解するならば、とくに耳のあるフクロウをミミヅクというのは当然のことだが、耳のないフクロウの青葉ヅクをツクというのも、一向にさしつかえないわけである。すべてが、これで無理なくスラスラと解決できるではないか。

八雲立つ出雲の国では、今日でもなお、一般にフクロウのことをヨヅクと呼んでいる由。これは夜鳴くツク、すなわち夜のツクのいいであろう。ツクが一般にフクロウの古語であったことが、これによって明らかであろう。

また、ツクがフクロウ科の総称であったことは、ミミヅクに対して、いわゆるフクロウ——普通のフクロウ、狭い意味でのフクロウをいいあらわすのに、古つわものという意味で古ツク、またはほんとうのツクという意味で、真ツクの語をもってしたのをみれば、思い半ばにすぎよう。

*

フクロウの語源について、『言海』には、フクロウは、「形の膨れたる意か。或はいわく。鳴く声を名とすと」とあり、姿と鳴声との、いわば二本建の説であったが、のちに『大言海』では、フクロウは、「その鳴く声を名とすという」といって、鳴声説の一本建にあらためている。

フクロウの語源をたずねるには、まずもってその前提として考えておく問題がある。それは何か。今日では、一般にフクロウといい、またそう書いてなんらあやしまないでいるが、昔はそうでなかった。万葉仮名で、布久呂布と書いた、あるいは発音していたにちがいない。それゆえ語源をさぐるばあいには、フクロウではなく、布久呂布が解明されなければならないということである。それは蝶の語源が、チョウチョウと今日呼んでいるからといって、チョウからではなく、昔はテフテフと書き、テフテフと発音した。それゆえそのテフテフが解明されねばならぬのと同じ道理である。

『大言海』は、このことに気づいて、形が膨れていることからでは、「布久呂布」と首尾がともに同じく「布」であることが説明できないというので、鳴声説の一本建に改めたのではないか。

フクロウの姿に、主として語源を求めようとする足立宏氏自身、形貌説では、どうして、もとはフクロウでなく、布久呂布であったのか、その「布久呂布」の語形は十分にこれを説明できない、ととめていられる。

一方、『大言海』の鳴声説だが、それではフクロウのどういう鳴声から、布久呂布となるのか、それが問題だとおもうのだが、それを具体的には、一向に明らかにしようとしていない。

こう考えてくると、フクロウの語源のきめ手は、布久呂布を十分に解明することでなければならぬ。それでは「布久呂布」となる鳴声とは、具体的にいってどういう鳴声がこれにあたるか。この条件をみたすには、その鳴声たるや首尾がともにハ行音の同音で、その中間に、いいかえれば第二音節に、KとRの堅い音が入ったものでなければならぬ。

このことに、私が自分でハッと気づいたのは、一九五四年八月十九日の夜明けに近い寝床の中での思索においてであった。これだ、これだ、これですっかり多年の疑問はとけ去った。いわゆる豁然大悟というのも、これに似たものであろう、と私はよろこびにたえなかった。

キメ手さえしっかりつかめば、もうあとはわけはない。首尾がともにハ行音の同音で、第二音節にK音R音の入ったフクロウの鳴声をさがし出せばいい。

それにはまず第一に、私がかねてくわしく正確に幾回にもわたって測定しているフクロウの鳴声、ホッホウー・ゴロクト・ホッホ、があり、これに近いものには、英文学者片山俊氏や詩人室生犀星氏らの聞き方、ホウホウ・五郎助・ホウホウ、がある。これら三音節の聞き方を、ちぢめるならば、ホー・ゴロ・ホー、とも聞けよう。そして、それはホーもフーも共にハ行音、またゴロとクロは共にカ行音だから、フー・クロ・ホー、ともなりえよう。それをまたちぢめるならば、フ・クロ・フ、となりうるではないか。

それまで一般にツクと呼ばれていた夜の鳥に対して、のちにフクロフ（布久呂布）の名を与えた人人は、この鳥の鳴声を、おそらく、ホー・クロ・ホー、または、フー・クロ・フー、と聞いたにちがいない。それがつまって、フクロフとなった。とこう私は、この八月十九日の夜明けに、ハッと考えついたのである。それは一瞬の閃きではあったが、おもえばまことに長い思索と、いろいろな語源説を、たどたどとへめぐったのちのことであった。

そして私は、布久呂布と名づけたいにしえの人々の聞き方が、私のかねての聞き方とともにひとしく三音節であり、根本においてまったく一致するものであったことの発見に、限りない会心のよろこびを感ずるのである。

それとともに、フクロウの語源が、今まで十分に正しく解明されないでいた理由も、これではじめてハッキリわかったのである。それは、今までフクロウの鳴声を、一般にゴロスケ・ホッホとか、ゴロシチ・ゴーゴーとか、いうふうに二音節に聞いていたからであった、とおもう。

（一九五四・八・二十）

Ⅳ　東西のフクロウ観

ミミヅクの香炉（織部焼，桃山時代）

一　魔除けの鳥

フクロウの漢名

フクロウは、漢字では梟とも書き、鴞とも書く。日本流の発音で読めば、前者はキョウ、後者はゴウで、音が近い。フクロウの鳴声のコロクト、またはゴロクト、またはゴロッ・ゴロッ・ゴロッボーコーというのに似ているように思われる。

これに対してミミヅクの漢名は鵩。これは、日本流の発音で読めば、フクで、シェイクスピアのいわゆるトゥフィット・トゥフーの鳴声に似ており、かつ、あたかもフクロウの下半分を略したかのようであるのもふしぎである。

ミミヅクはまた**鶗鵂**とも書く。そして**鵂鶹**、または流離と書くのも、やはりミミヅクの一種であるらしい。日本流に発音すると、すなわちテイキュウ、キューリュー、リューリで、K音ないしR音が、いずれにも共通している点で、一致しているのも妙である。

それゆえに、フクロウの鴞にしても梟にしても、ミミヅクの鵩にしても**鶗鵂**にしても**鵂鶹**にしても流離にしても、いずれも鳴声からきた漢名であろう。とくにキュウリュウ・キュウリュウの鳴声は、下村説の、フクロウはときどきチュリリ・チュリリと甘えるようにふるえ声でも鳴くといい、内田説、上野説で、大コノハヅクや青葉ヅクがおどろいた時にキリキリと鳴くという鳴声によく似ている。

これに反して、ミミヅクのことを漢字で木兎と書くのは、形からきた名称で、鳴声とは全然無関係なるは、いうまでもないところである。

フクロウの漢名の鴞は、日本流に発音するゴウで、ゴロクトのゴロに似ていることはさきにのべたが、あるいは號鳥の合字で、叫ぶ鳥の意かもしれぬ。そしてもしそうならば、叫ぶ鳥の意味で、フクロウを古語でサケと呼んだのと、まったくふしぎにも一致する。

つぎに漢名の鵩と和名フクロウのフクと直接関係がありそうに考えるが、まだハッキリそれを断定しきるだけの自信がない。あるいはしばしば私の指摘してきたように、いわゆる着ぶくれた感じの鳥なので、その意味で服をつけた鳥、すなわち鵩と書くのであろうか。

*

フクロウは原則として木にとまる鳥である。いいかえれば、木にとまることが、フクロウの習性の一大特徴といってよい。そのために、足の前指が原則として二本になっている。原則としてというのは、ばあいによっては、前指が三本のようにもなりうるのであって、キツツキのように、いつでも、どんなばあいでも前指二本というわけではないからである。

それゆえ同じフクロウ科でも、木にとまる習性のつよいもの、木にとまるばあいの多いものほど、原則的である。これに反して、南アメリカの大草原地帯で、土中の穴に住む小フクロウは、前指が原則として三本になっている。これは木にとまらぬのを原則として生活している特殊のフクロウだからである。

カモメは海上に白い漚《あわ》のごとくうかんでいるので、漚鳥、それを合字にして鷗と書く。フクロウはおもに木の上にとまって、ニワトリのように地上を歩く鳥でないので、木の上の鳥、「梟」と書く。「梟」はすなわち、フクロウの象形文字である。

周代の泥像のフクロウ

美術雑誌『三彩』の一九五〇年六月号の表紙に、すばらしい泥像のフクロウが、表紙一杯に大きくのっている。これは、いまはパリのセルニュスキー東洋美術館の所蔵になっている中国周代の素焼の泥像である。漢語では俑《よう》といって、たけは三十七、八センチメートルぐらいの小さなもので、日本のいわゆるハニワのような用途につかわれたものらしい。彫刻家で、中国の俑やギリシャのタナグラの研究家として知られる木内克氏が、パリで親しく見て、写真にとって帰られたものを、同氏の好意により、挿画に拝借したのである（旧著の見返しに刷り込まれている）。

これほど思いきったデフォルマシオンのすばらしい効果、これほど人に迫ってくる力にみちたフクロウを、私はまだほかに見たことがない。フクロウの彫刻で、これはだんぜん世界の逸品であり、傑作中の傑作だと思う。とにかく私のもっともうたれたのはこれであった。これを写真にして、日本にもたらされた木内氏の芸術眼とたくましい研究心とに、私は大いに敬意を表するものである。

漢代・唐代の俑は、多数掘りだされて、くわしい専門学者の研究が発表されているが、さすがに唐時代は、泥像の最盛期だけあって、唐代の俑にはすばらしい芸術品が多く、古代ギリシャのタナグラと呼ばれる小型の素焼とともに、東西泥像芸術の双璧と称せられる。

ちなみに、タナグラとは、もとアテネの近くの地名だが、紀元前四、五世紀のころそこから美しい小型の素焼が盛んに製作されたので、俗にギリシャの古代泥像の代名詞のようにつかわれる。ただしタナグラは、愛玩用につくられたもので、ハニワのような用途を目的につくられたものでない点において、中国の俑とは、その製作目的と用途を異にしているのである。

周代の素焼のフクロウは、やはり俑の一種とおもわれるが、くるくると大きな丸い眼玉と太い嘴がよく生きており、木の葉のような斑紋もおもしろい。羽のくっきりとした太い曲線による表現もすばらしく、迫力にとんでいる。からだは側面で、羽の曲線を全体的にこちらにみせているのに、顔は首から上をこちらに曲げ、くるくると大きな丸い眼玉と太い嘴とをこちらに向けて、じっとにらみつけている。

古代ギリシャのフクロウの大理石像などより、この周代のフクロウの方が、はるかにすぐれているように思う。これはまったく素朴ですばらしいフクロウである。古代ギリシャのタナグラにフクロウがあるかどうか知らぬが、とにかく泥像中のフクロウでは、おそらくこれほどに素朴で、しかも力強く迫ってくる作品は、他に例があるまい。

この周代の素焼のフクロウは、俑の一種のようだから、フクロウは当時怪鳥として、辟邪、すなわち邪をしりぞけのぞくところの力をもった鳥と考えられていたものと思われる。フクロウは鳴声もかわっているし、何よりその風貌が、鳥よりむしろ猫に似ているほどのかわった鳥である。別の言葉で一口にいうならば、あやしい鳥である。そこから邪をしりぞける怪力・魔力をもつものと考えられるにいたったのではあるまいか。

疱瘡除けのミミヅク

わが国では、徳川時代、江戸で疱瘡除けのまじないとして用いられた張子の赤いミミヅクは、筒守りとよばれた。それは、次のようなうたが、それについてうたわれていたのをみても、明らかである。

　　きょうは、はや、笹湯もしまい、筒守り、
　　　そのうれしさは、家内づくづく

ところが、伊勢では、この江戸の筒守りもずっと小形で、鈴も土の鈴が二つついているだけの赤いミミヅクのおもちゃが、やはり疱瘡除けのまじないとして用いられ、それは筒守りといわず、鈴守りとよばれていた。いわゆる、ところ変われば品変わり、名も変わるで、江戸の筒守り、伊勢ではそれが少し変わって鈴守りで、これは、ずっとのちまでおこなわれていたようである。

＊

また徳川時代に、江戸の薬屋では、ミミヅクは、生きたまま店頭において、客寄せのためにも用いられたらしい。これは、赤い張子のミミヅクのおもちゃが、疱瘡除けや麻疹除けのまじないとしてつかわれていたことと関係がありはしないか。

薬屋といっても、もちろんどこの薬屋でもそうだったというわけではけっしてあるまいが、少なく

疱瘡除けのミミヅクの玩具（右）と疱瘡請合軽口噺
中のミミヅクが疱瘡神より一札とるところ（左）
（十返舎一九『疱瘡赤本』より。尾崎清次氏模写）

とも、江戸両国の薬屋では、生きたミミヅクを店頭において、客寄せにつかっていたらしいことが、江戸時代笑話集『気の薬』によってうかがわれる。

「きょうは、珍しいものをみた。」「何を?」「両国の薬売りのところに、生きた木兎があった。」「それが、どうして珍しいのだ。おれは度々みた。木兎の生きたのは、ずいぶんみかけるが、達磨の生きたのが、ないものさ。」

神田亀住町の鳥類剝製標本店の上野末治氏の店が御徒町の一丁目にあったころは、店の前に高さ二メートル強、横六十センチメートルのミミヅクをコンクリートでつくり、両眼に点滅灯をつけて、店の看板にしていたそうだが、これは、ミミヅクに対する一般的な興味からのことで、疱瘡除けのまじないとしてのミミヅクのおもちゃとは、むろん関係はない。

*

藤沢図書館長の竹内隆二氏は、もと北原白秋門下の詩人だそうで、詩の講座を図書館で開いたりしておられ、童話もおつくりの由。私のフクロウの本を読んで、たいへんおもしろかったからというので、いろいろフクロウについてお話下さったうちに、フクロウの黒焼は喘息の咳の妙薬との話。氏は藤沢市の西端に近い引地に住んでおられるが、昔親類の者が喘息で困っていたところ、フクロウの黒焼が妙薬だというので、自動車の運転手が、そのころ年中一つところにすんでいたフクロウを一羽鉄砲でうちとってきてくれたのをおぼえています、とのことであった。（一九五五・八・二十四）

二　悪鳥・凶鳥観の系譜

中国の古代に、礼器または祭器として、祖先を祭るさいに用いられた道具の一つに尊と呼ばれるものがあって、それは、牛にかたどった牛尊、象にかたどった象尊、フクロウまたはミミヅクにかたどった鴟鴞尊《しごうそん》等々、六種の尊が区別されるが、要するにその用途は、なかに酒を盛り、ふたをとって上から酒を出し入れできるようにつくられている。それで、鴟鴞尊のばあいは、上の頭部と下の胴体との二部から成り、上がさしこみのふたで、それを取りはずせる仕組みにできている。そして、両脚と尾羽とが三つの台脚をなしている。尊は、すなわち樽と同じで、タルの義である。材料は、素焼のものと青銅製のものとがある。

周の時代になると、鴟鴞卣《しごうゆう》と呼ばれる青銅製の祭器が用いられたが、鴟鴞尊の一変種と見ていい。ともに高さは二十二、三センチメートルくらいのものである。

青銅製の鴟鴞尊、鴟鴞卣のいくつもが、一九五八年高島屋で開催された「中国殷周銅器展」に出ていたから、読者のうちには、それを見られたかたも少なくなかろうとおもう。

中国殷代の鴟鴞卣

このような用途にフクロウまたはミミヅクが用いられたのは、なぜか。それは、「辟邪の鳥」すなわち邪悪を払いのける不思議な力を持っている鳥と、古代中国では見なされていたからであったにちがいない。

足利時代の日本では、年功を経たフクロウまたはミミヅクには、天眼力、神通力があるとの考えから、仏教関係の建造物や手水鉢や印塔などに彫刻されたが、その点古代中国ではどうであったろうか。それがどうも私にはハッキリわからないでいた。

私が、さきの拙著『唯物論者の見た梟』の見返しに掲載紹介した素焼のフクロウは、すばらしい傑作だと思うが、頭部のてっぺんから空洞になっていて、頭部から物を差しこめるようになっているように見えるから、鴟鴞尊でないことはたしかだが、さればといってハニワの類と考えるのも、どうも無理のように思われてきた。

その矢先に、かねてより私のフクロウ研究に、関心と協力とを寄せられている長沢元夫薬学博士が、たまたま一九六三年九月、鑑真和上円寂千二百年記念式典に参列のため、中国におもむき、北京の彫塑館に陳列されている「石鴞」を、とくに私のために写真を写してきて下さった。

ところが、これは中国の商代後期（紀元前十四―十一世紀）の河南省安陽の陵墓から発掘された白色大理石のミミヅクで、高さ約二十センチだが、鴟鴞尊のように頭部がフタになっているわけではないから、その点からしても鴟鴞尊でないことは、明瞭である。さればといって、その大きさや材料が大理石であることなどから見て、ハニワとして、陵墓の地上に配置されていたものともおもわれない。にもかかわらず「墓葬出土品」とあるのだから、陵墓のために用いられたものであることは、まちがいあるまい。

それではいったい何に用いられたのか。思うに、棺内に横たわる死者のために、邪を払いのけ、死者を守護する鳥として死者のそば近くにおかれ、棺とともに陵墓の土中に埋められたものではあるまいか。もしはたしてそうだとすれば、いわゆるわがハニワにあたる俑としてのフクロウまたはミミヅクとちがい、これは少なくとも日本では、今まであまり知られなかった用途といってよくはないであろうか。

それはともかく、このミミヅク彫刻、耳が兎の耳のように大きく表現されているのが印象的であり、鴟鴞尊のばあいとちがう一特徴である。猫の顔よりたしかに兎を思わせる。中国でミミヅクを木兎（森の兎）と見ているゆえんが、これでなるほどと首肯される。その意味でも、興味ぶかい大理石彫刻である。

（一九六三・十一・二十）

これは少々余談にわたるが、私が山房に小さな花崗岩の標石を立て、それに自ら「石鴞山房」と書いて彫らせたのは、一九五七年夏のことであった。それから六年を経て、前記の如く一九六三年十一月、古代中国の商の世に彫刻された大理石のミミヅクの写真を、長沢博士から与えられたのであったが、それがなんと「石鴞」としるされているではないか。石鴞の語が中国で使用されていることを、これによって私ははじめて知ることができたわけだが、これはちょっとおどろきであり、うれしくもあった。

（一九六三・十一・二十九）

*

中国でも、周時代以前は、フクロウまたはミミヅクを、悪鳥・凶鳥とは見なさなかった。逆に邪を払いしりぞける怪力を持った鳥、ないし瑞鳥と考えられていた。それは、祖宗をまつるさい酒を盛って供える器具、すなわち礼器ないし祭器とした、鴟鴞尊ないし鴟鴞卣が用いられていたことによって、たしかである。

それが中国で悪鳥・凶鳥と見なされるようにかわったのは、漢の高祖が、儒者の進言を容れ、儒教によって封建制度の身分的秩序をかためた時代、すなわち前漢のころ以後のことではなかったか。

というのは、前漢の第三代文帝に仕えた賈誼《かぎ》が、のちに長沙に居していたころのことだが、フクロウが賈誼の家に飛びこんできて、家の片隅にとまった。賈誼は、それを不吉のあらわれとみて、フクロウをにくみ、これでいよいよ自分の運命もきわまれりと思って、ついに「鵩賦」——つまりフクロウの賦と題する一文を作って、痛嘆したのであった。

のちに唐代になって、文豪韓愈（退之）が、この賈誼の「鵩賦」を称揚した文章を作っているそうだが、私はまだそのどちらも原文は読んでいない。日本ルネッサンス期の歴史小説家として知られる滝沢馬琴は、その随筆『燕石雑志』のうちに、鵩賦について次のようにのべている。

賈誼が長沙王の傅《ふ》となりし三年に、鵩という悪鳥、その舎に飛入りて、坐のかたえにとまれり、鵩は鴞に似て不詳の鳥なり。賈誼すでに長沙に謫居して、ふかく此の怪鳥を憎み、いよいよそのいのちの長からざるを知りて、ついに鵩賦をつくりもて、自らこれをひろめたりとぞ。

「鵩賦」のうちに、「野鳥室に入りて、去らんとせず」という辞句がある。この野鳥とは、いうまでもなくフクロウを指している。

賈誼は、西紀前一九九年に生まれて、一六八年に没した。三十二歳の短命であった。太中大夫という官について、朝議にあずかり、文帝のために大いに建策したが、佞臣絳灌、馮敬らにしりぞけられ、文帝の王子長沙王の大傅に任ぜられたが、謫居数年にして朝廷にかえり、また出でて、梁の懐王の大傅となった。

賈誼には、『治安策』、『過秦論』(これは、秦をせめるの論で、すなわち秦滅亡の原因を究明し、あわせて、もしこうしたならば、秦はその滅亡を免れえたであろうとの具体的な対策を論じたものである)、それからまた、『新書』十巻などの有名な論策がある。

日本ルネッサンス期の頼山陽が、文化三(一八〇六)年、二十七歳で『新策』をあらわし、それを発展させて、天保元(一八三〇)年五十一歳にして、『通議』の名においてその論策を世に問うたのは、じつに賈誼に倣ったものであった。

このような賈誼でありながら、しかもフクロウについては、時流とともに悪鳥・凶鳥と見るに至っているのが、私には惜しまれてならない。

時流とともにといったのは、ひとり賈誼の鵩賦だけではなく、やはり漢の劉向《りゅうこう》の『説苑』もそうだからである。劉向といえば、賈誼に同情し、彼をきわめて高く買っている学者だが、それにもかかわらず劉向が世の訓戒となる説話を集めた『説苑』という書物を見ると、フクロウと鳩との対話を載せているのであるが、その対話によって、フクロウの鳴声が、いかに忌みきらわれていたか、いいかえれば、劉向自身がまたフクロウの鳴声に対して、いかに理解と同情とを欠いていたか、それをわれわれは知りうるのである。

俳人一茶の句に、「鳩、意見して曰く」と詞書きして、

梟よ面癖直《つらぐせ》せ春の雨

とあるは、『説苑』の見方を踏襲しているものといってよい。もっとも『説苑』では、鳩はフクロウ

の鳴声について意見したことになっている。それを一茶は、「つらぐせ直せ」とかえてはいるが、その見方も趣向も、まったく同一である。

滝沢馬琴が、やはり前にあげた『燕石雑志』のうちで、「梟は不孝の鳥なり。雛にして母を啖《くら》わんとするの気あり」といい、そして、「かかる悪鳥もまた、その子をおもうこと、衆鳥にいやませり。云々」といって、フクロウを悪鳥・凶鳥視しているのは、前述した賈誼や劉向らの見方を、無批判に踏襲しているものといってよかろう。

*

李時珍は、明代の博物学の大家で、その三十年の苦心になった名著『本草綱目』は、日本ルネッサンス期を通じて、最も広く読まれた中国書の一つだが、それには次のようにこの時代のフクロウ観がのべられている。

梟は成長すれば、その母を啖う悪鳥である。それゆえに、古人は、夏至の候に、これをはりつけにした。すなわち、梟の字は、鳥が木の上に、はりつけにされて、かけられている、というところから、木の上に鳥と書くのである。このように、梟は悪鳥として、極端に嫌われたから、五月五日（端午の節句）に、これを羹《あつもの》となし、これを食うことを、さかんにして、その種族をたやさんとしたのである。

右に中国では昔とあるが、それはいったいいつの時代からであろうかというに、漢代からのことのようである。『漢史』に、「五月五日、梟の羹をつくり、百官に賜う。その悪鳥なるをもっての故に、五月五日をもって、これを食う」とあるからである。

なお、『俳諧歳時記』には、

口拭う梟のあつものうまかりし

という句が一句のっている。日本でも、中国の風習を無批判にまねて、フクロウのあつものをつくって食べ、これはうまい、うまいと舌づつみをうち、口をぬぐった心なき物好きもあったらしいことを、『俳諧歳時記』は物語っている。（一九五六・九・三）

『本草綱目』のフクロウ観、これが明代の支配的フクロウ観であったと見てまちがいあるまい。はたしてそうだとすれば、漢代にはじまったフクロウの悪鳥・凶鳥視は、ついに明代に至ってその到達点に達したものといっていいであろう。

中国の文献を翻案して、歴史小説を書いていた滝沢馬琴がフクロウを悪鳥視したのも、偶然ではなかった。おそらく徳川時代におけるわが本草学者の多くも、その例外ではなかったであろう。

だが、それにもかかわらず、わが民間では、赤くぬったミミヅクの玩具が、疱瘡除けの玩具として普及していた。それはなにゆえか。邪を払いのける怪力の鳥と一般には、なお考えられつづけていたからではなかったか。

＊

さて、東南アジアでもフクロウは伝統的に凶鳥視されてきたようである。

一九七九年七月二十八日付の『朝日新聞』夕刊は、「特派員メモ」の欄に、ジャカルタの山口特派員の次のような誠に興味ぶかい話を伝えている。

インドネシアの市街地図を広げると、たくさんのフクロウの絵が目につく。日本の「文」と同じ意味で学校の所在地だ。文房具屋に行くと、黒檀《こくたん》製の本立てや文鎮など学問につながりのある品々にフクロウの形をしたのが多いのに気がつく。

ところが、フクロウは、インドネシア語ではブルン・ハンツー、直訳すると幽霊鳥だ。かたや「学芸」、かたや「死」を象徴する二種のフクロウは三百五十年近くにわたってオランダの植民地だったインドネシアの現実を浮き彫りにしてくれる。

学芸を意味するフクロウはオランダ人が持ち込んだ。古代ギリシャの都市国家アテネの守護神はフクロウで知恵の女神でもある。西洋人にとっては「フクロウ即学芸」という連想が働く構造になっている。

だが、若い大学卒のインドネシアの知人に、いきなりフクロウの彫刻を見せたら、飛び上がらんばかりに驚いた。夕方、家の周りをこの鳥が飛ぶと死人が出るといまでも信じられている。

長い植民地支配にもかかわらず、しぶとい強烈な土着文化の存在を証明しているといえまいか。学芸のシンボル、理性の女神ミネルバの使い手たるフクロウも、こうなると「植民地主義」のシンボルと化しているわけであるが、これはフクロウに責任があるわけではない。

一九七七年九月二十五日付で、八木紀一郎氏（当時名古屋大学大学院生）が西ドイツから私にくださった書簡によると、フランクフルト市で「政治的抑圧・経済的搾取」に反対するプフィングスト集会が同年六月に行なわれた。この集会のステッカーや風船には、図のようにフクロウが刷りこまれており、フクロウはまさに西ドイツでは抑圧に抵抗するシンボルマークとなっている、とのことである。

——フクロウのためにいささか弁護しておきたい。

インドネシアにおいてフクロウと民衆がどのような不幸な関係を代々つくり上げてきたものか、私は詳らかにし得ないでいるが、幸運を呼ぶ鳥・辟邪の鳥・疫病除け等々、肯定的なフクロウ観が、わが国のばあいは強かったのではないかとおもわれる。その肯定的シンボルの淵源、ギリシャのフクロウを見るまえに、足利時代のわが国のフクロウ観を瞥見しておくことにしよう。

抑圧反対のシンボル（フランクフルトのプフィングスト集会）

三　わが足利時代におけるフクロウの見方

一条兼良の手に成ると伝えられるお伽草子『鴉鷺合戦物語』は、足利時代末期の作品といわれる。『保元物語』や『平治物語』などのように、史実にもとづいて、政治上の葛藤を取り扱ったものではなく、事件が、第一に個人の怨恨、たとえば恋の怨恨などに、端を発していること。第二に、登場者がことごとく鳥類であること。第三に、仏教臭味がすこぶる濃厚であること等々が、その特徴である。

国文学に精通されている足立宏さんが、私のフクロウ研究を読まれて、私に手紙をよこされ、この物語に注意するようすすめられたのは、一九五三年九月下旬のことであった。そして、私がこの物語に特別な関心をいだくに至ったのは、足利時代のフクロウ観が、この物語で明らかにできると思ったからである。

まず第一におもしろいのは、フクロウとミミヅクの擬人法で、梟木工允谷朝臣法保《ふくろうもくのみつやあそんのりやす》のノリヤスは、音読みするとフクロウの鳴声のホッホウー・ゴロクト・ホッホに似ているし、ミミヅクの擬人法木兎《みみづくの》藤次郎角明目《とうじろううつののあきらめ》は、ミミヅクにツノ（または耳とも呼ばれるもの）が頭上にあって、かつ眼がよく見えるというので、ツノのアキラメといったのであろう。第二には、フクロウの顔かたちについての弁明である。昼間、眼が見えないからとて、あざけり笑うのは、けしからぬことだ。顔かたちがかわっているからとていやしむべきではない。形、奇異なるものは、その徳、世にすぐれていることがある。老子はせいが低く、孔子は首がくぼんでいたが、誰も嘲笑しないではないか。顔かたちよりも芸能あることが、肝要であろう、というのである。

それで、第三には、一般のフクロウやミミヅクの働きを次のように見ていることである。すなわち、「明日の雨を知りては、糊をすりおけと鳴き、老者に死を告げ、その音、犬を呼ぶ。鼠を捕ること、猫恥づかしく、鳥を捕ること、鷹にも似たり」といっているのがそれで、これをこまかに分析すると、明日の雨を知らせること、老者の死をつげること、その鳴声が犬を呼ぶこと、猫に劣らずネズミを捕えること、鷹のように諸鳥をとらえること、等々である。

これは一般のフクロウやミミヅクの能力だが、さらに年老いた古つわもののフクロウやミミヅクになると、右の程度の働きにとどまらないで、人をたぶらかしたり、ばかしたりする。すばらしい怪力の持主と見ているのが、第四の点である。そのくだりの原文は、次の如くである。

また、年齢たけぬれば、通力出できて、人を蕩《とろ》かすこと、天魔の如し。されば、神通自在にして、夜陰に物を知ること、阿那律（人名）の天眼力にも異ならず、即座に、物の怪《け》を現ずることは、賓頭盧の奇特にもたとえべし。

この第四の点は、古代中国人が、フクロウを辟邪の鳥、すなわち邪を払いのける怪力を持つ鳥と見なしてフクロウの彫刻を陵墓に用いたのと、おもむきを同じくしているところがあるように思われるのが、もっとも私の興味をひく。

さて、右の阿那律といい、賓頭盧といい、ともに仏教に出てくる人物である。それゆえ、『鴉鷺合戦物語』のつくられた時代の人々、少なくともとくに仏教の僧侶の間では、フクロウが年の功を経てくると、天魔の如き神通力、阿那律の天眼力、賓頭盧のような物の怪《け》を現ずる奇特の力をそなえるに至りうるものと見なされていたことを、この物語は示すものといえる。日本では、中国とちがって、鵂鶹尊は作られなかったようだが、のちにも見るように、寺院関係の建造物や手水鉢や宝篋印塔に、フクロウまたはミミヅクの彫刻がしばしば見られ、また源平時代、武士の鞍に、柏にミミヅク螺鈿《らでん》の模様のものがあったり、豊臣時代、織部の陶器に、ミミヅクの香炉が作られたりしているのは、上述した仏教徒のフクロウ観にもとづくものと思われる。徳川時代になってからの馬琴などのように悪鳥・凶鳥とは、けっして見ていなかった証拠といえよう。

この『鴉鷺合戦物語』のフクロウ観には、さらに今一つ注目すべき点が見出される。それは、ミミヅクよりフクロウの方が重要視されているということである。すなわち、フクロウの方は、梟木工允谷朝臣法保と、とにかく一段上の地位に見られていることであるに対して、ミミヅクの方は、木兎藤次郎角明目と普通一般の、あるいは庶民の名をつけられているにすぎない。

また同じく、お伽草子の一つに、「ふくろふ」という題名のものもあるが、そこでは、フクロウは物語の主人公として登場するが、ミミヅクはフクロウの縁類としてだけである。「みみづく」という題名のお伽草子はない。さらにまた能狂言を見ても、「梟山伏」というのはあるが、「木兎山伏」というのはない。

（一九六三・十）

狂言面に河内作の鴉天狗《からす》というのがあることを知って、それがはたしてフクロウの顔かトビの顔かを、友人で能のことにくわしいY・K君に調べてもらっていると、その狂言面のことはよくわからず、私にはまだ納得がゆかないでいるが、副産物としてわかったことは、能狂言のうちに、鬼山伏狂言という種類のものがあり、鬼山伏狂言が二十五種ばかりあるうちに、「梟山伏」と呼ばれる狂言のあることを知らされた。

梟山伏狂言のあら筋はこうである。

あるところに兄弟が住んでいた。弟の方が二、三日前、山にいって、フクロウの巣おろしをしたということであった。

うちへ帰ってくると、からだのぐあいが悪くなって、床につき時折「ホホン」という。兄が山伏のところにいって、加持祈禱を頼むと、山伏がやってくる。山伏が加持祈禱をはじめると、弟が「ホホン」

それを聞いて、山伏が、「イヤなう、イヤなう。あれはなんとしたことじゃ」とたずねる。

兄が答えて、「さればでござる。なんとしたことでござるか、折々あのようなことを申しまする」というと、山伏が、「はて、合点のいかぬことじゃ。今のは、何やらフクロウによう似ているが、おそれそれ、フクロウの鳴声にそのままだ。何ぞ思いあわすることはござらぬか」とたずねる。

兄が答えて、「ハア、さように仰せらるれば、このあいだ、山にまいった時分に、フクロウの巣おろしをいたしたとやら、申してござる」

「それでわかり申した」山伏がいう。「ムム、すれば、疑もなくフクロウが憑《っ》いたものであろう」といわれて、兄もわかった。「いかにもフクロウが憑いたものでござろう」という。

そこで、山伏が、「それでは今一祈り祈って、祈りはなってやろう」といえば、兄も、「何とぞ、祈りはなって下され」とたのむ。山伏が、「心得た」といって、祈り出し、しきりに祈りつづける。

そうすると、弟が「ホホン」といって、兄へ息を吹きかける。兄は吹きかけられ、身をちぢめ、手足をかいて、こんどは兄も、「ホホン」

そこで驚いて山伏が、「これは、いかなこと。また兄へも移った。兄を祈らずばなるまい。いかにあちこちへ移るフクロウなりとも、いろはの文にて、今一祈り祈るならば、などか奇特のなかるべき」というので、「いろはにほへと、ボロオン、ボロオン。ちりぬるをわか、ボロオン、ボロオン。よたれそつねな、ボロオン、ボロオン」と祈ると、こんどは、兄弟ともども、山伏へ息を吹きかけ、「ホホン、ホホン」という。

そうすると、ついに、山伏も、それにつられ、手足をかくようにして、「ホホン」

ついに、フクロウは調伏しようとした山伏にまで、乗り移ってしまった。フクロウを祈りはなすどころか、逆に山伏までが、フクロウにとりつかれて、「ホホン、ホホン」と鳴き出した。

こういった筋の狂言で、フクロウの鳴声が、「ホホン」というふうに写音されているのが、興味ぶかい。

一茶の俳句に、

秋寒し梟も糊つけホホンかな

梟よノホホンどころか年の暮

というのがあるが、梟山伏狂言のフクロウの鳴声の写音「ホホン」と不思議に一致しているではないか。あるいは、一茶の「ホホン」とか、「ノホホン」とか言っているのは、この山伏狂言のフクロウの「ホホン」を、よく知っていて、意識的にせよ、あるいは無意識的にせよ、うたがいもなくこれに倣ったのではなかったか。

（一九五四・六・一）

追記――この一文を書いて三年を経た一九五七年六月十一日の『産経新聞』夕刊によると、パリの国立劇場（サラ・ベルナール座）で催されるフランス文化祭に参加のため渡欧した能楽団の一行のうち、野村万之丞、万作、又三郎の三人は、第三日目の六月二十七日に狂言「梟山伏」を演じて、よろこばれたとある。

ついで、同年九月五日の『朝日新聞』によると、国際ペン大会で来日した各国代表は、四日午後、東京飯田橋の観世会館で能を見た。上演されたのは、「船弁慶」「梟山伏」「石橋」の三つ。はじめは、英語とフランス語の解説書と首っ引きで、熱心に見ていたが、二番目の出し物では、山伏がフクロウつきになって、ひょうきんなしぐさをした時など、満場大笑い。二時間余りの見物を終って、感動のうちに退場した云々、とあって、狂言のフクロウが大いにうけたらしい。「梟山伏」狂言も、これで国際的に有名になったことが知られる。

（一九六二・二・十九）

四　ミネルバの使い

ヨーロッパでは、ギリシャのアテネが、フクロウで有名である。「アテネへフクロウをおくるのは、ニューキャッスルへ石炭をはこぶようなものだ」という諺があるのをみても、それが知られる。ニューキャッスルは、いうまでもなく、イギリスの有名な石炭の産地である。すなわち、余計なことをする、という意味の諺である。

フクロウは、ギリシャ神話に登場する最大の女神アテーナーの使いである。アテーナーはゼウスの頭蓋から武装した姿で生まれた。永遠の処女であったこの女神は、いつもカブトをかぶり、胸板をつけ、両手に槍と盾をもつという勇ましい出立ちで描かれる。彼女は、農具や紡ぎ車や船の帆などの技術を人間に教え、人々を賢くすることに努めたとされ、古来技術の神であった。また、巨人族との戦いで武勇をふるったこともあって、将軍たちは戦におもむく前に、戦術の成功をアテーナー女神に祈願した。戦神といっても、知略を駆使する方面の神である。その関係であろうか、知恵の神ということにもなっていて、学者たちは啓示を、発明家はインスピレーションを、裁判官は明晰と公平を発揮しうる力を求めて、彼女に祈った。アテーナーはまた、アテネの守護神であり、音楽の神でもあった。

ローマ神話では、このアテーナーがミネルバにあたる。「ミネルバ」は「考える人」の意味もあるそうである。

「ミネルバのフクロウは日暮れて飛び立つ」といって（『法哲学』序文）、知恵＝哲学の位置を考えようとしたのは、ドイツ観念論哲学の大御所ヘーゲルであった。――知のシンボルとしてのフクロウは、実にヨーロッパ精神史の中で永く生きつづけたのである。

なお『イソップ物語』にも、フクロウがでてくるが、先見の明あるかしこい鳥として、取り扱われている。

＊

私は、フクロウのラテン語、英語、フランス語、ドイツ語、ロシヤ語までは、いちおう私の書斎で調べることができたが、ギリシャ語は、辞書も文献もまったくもたぬので、どうにもできない。二、三の友人にたのんでみたが、いずれも友人の友人をさがして、まただのみになるわけだから、遅々としてはかどらないでもどかしく思っていた。

きのう（一九五一年十二月十一日）藤沢辻堂に住んでいられる書芸術家の長谷川三郎氏を訪ねたさい、この話をしたところ、「それなら、この家のおとなりが、ギリシャ文学の呉教授ですが」とのことで、まことにうれしかった。いわゆる因縁が熟していたというのは、まさにこういうばあいを指しての言葉であろうと思った。それでは、と早速に連絡してもらって、長谷川氏に案内されて、おめにかかることになった。

以下は、呉茂一教授から聞いた話である。――ギリシャ語では、グラウクスというのがフクロウで、これは眼が光るからという意味もあるようだが、大体は擬音的な言葉であろうとのこと。私はこれを聞いて、グラウクスは、私の郷里での写音ゴロクトに似ているではないか、と考えた。

ギリシャ文学には、夜眠れぬときに、フクロウがカッカビッゾーと鳴いて、云々という文句がある由。ミミヅクは、スコープスというが、またビュアースともいう。ビュアースも鳴声からきた言葉であろうとのことであった。しかし、アテネには、ミミヅクよりフクロウの方が沢山いるようです、とのお話でもあった。

なお、ラテン語のウルーラも擬音的な言葉であろうが、この言葉には動詞もあって、叫ぶという言葉だとのこと。私は、これを聞いて、それでは日本でフクロウの古語をサケと称したのは、叫ぶという意味からの言葉のようですが、ウルーラと一致していますね、とお話したことであった。

ラテン語では、ミミヅクのことは、ブーボーといい、またはストリークスともいう。ブーボーは鳴声の写音だろうとのことであった。このブーボーは、日本でホーホーと鳴くというのによく似ている。

*

アテネはフクロウでもっとも有名なところであり、フクロウは智恵の鳥で、ミネルバの使いと考えられているのだから、ギリシャの絵画彫刻には、きっとフクロウが大いに描かれており、きざまれているにちがいない。それを調べてみたいと考えていた。それで世界美術全集（旧版）を調べてみると、ギリシャ貨幣図のなかに、たしかにそれがあった。二種類出ている。そして、その貨幣の表にはミネルバの横顔が、裏側にはフクロウの全身像が彫刻されており、それに畑正吉氏の興味ぶかい解説がそえられている。それによると、これは紀元五世紀の頃さかんに流通したアテネの銀貨で、その銀の質のよいことと量目の正確なことが、まさに大国民の襟度を示したものとして各国に歓迎された。喜劇作者アリストファーネスは、この銀貨を沢山蓄えることを、フクロウが蝦蟇口のなかに巣をつくる、といったぐらいで、この銀貨は「アテネのフクロウ」とも呼ばれて、広く流通した。なおこのフクロウの背後には、オリーブの枝があしらってあり、前面にはA・Eという二文字が記入されている。フクロウは頭が大きく、かつ頭の羽毛が突っ立っているように見える。顔盤がくっきり描かれている。

その後、世界美術全集の新版の方を調べてみると、これにはフクロウを彫刻したギリシャ貨幣が三種もでており、そのうちの二種は互によく似たものであり、かつ旧版のともほとんど差異がないようだが、新版の方の貨幣三種のうち一種だけは別のもので、顔だけでなく、からだも大体正面をむいたものだが、こちらのフクロウの方がよくできているようにおもわれる。この古代ギリシャ貨幣のフクロウは、たしかに傑作といってよかろう。

コインの中のフクロウ

さらにその後（十二月十一日）私は藤沢の辻堂に住んでいられるギリシャ文学の呉茂一教授をたずねて、フクロウのギリシャ語を教わり、『ギリシャの貨幣』と題する英文の書物を見せてもらった。さきに世界美術全集を見たときから、私はきっと古代ヨーロッパの貨幣史というような書物があるにちがいないから、それをさがしだしたいものだとの考えをいだいていたが、はからずもきのうそれの実現をみたわけで、まことにゆかいであった。熱心にさがしてゆけば、やがて必ず見つかるものである、という私の

多年にわたる体験にもとづく信念が、またしても確認されたわけである。

さて、『ギリシャの貨幣』という書物によると、表にミネルバの頭、裏にフクロウを彫刻した貨幣といっても、じつは大小幾種もの種類があり、フクロウの形状・ポーズもまた、いろいろさまざまで変化にとんでおり、また銀貨だけでなく金貨もあり、真鍮貨さえもあることがわかった。

フクロウの形やポーズには、次の種類がある。その第一は、

上　アテネ・アカデミー正面の屋根の両端に立つフクロウ
下　同じく円柱の根元に見られるフクロウ（いずれも石見尚氏撮影）

顔は正面だが、からだは側面のもの。その第二は、顔もからだもともに、正面のもの。以上の二種のポーズがもっとも多い。その第三は、顔もからだもともに正面で、かつ両翼をひろげているもの。その第四は、顔は一つで正面、からだは二つで側面というかわったものもある。その第五は、アンフォーラ（ギリシャで昔、酒、油などを入れるのに用いた陶器の壺）にとまって、顔もからだも正面のフクロウで、オリーブの枝の環にかこまれ、背後に碇と星と司法官の名前と月の文字がきざまれているものである。これが一番の傑作といってよかろうか。

かようにいろいろの形状・ポーズがあるが、いずれも耳のないフクロウばかりで、ミミヅクの彫刻は一種も見られない。おそらくアテネにはフクロウの方が数も多く、そしてまた、より多く愛されたからであろう。

アテネのフクロウの貨幣と対照して興味ぶかいのは、古代インドの牛の貨幣であろう。アテネにフクロウが多いように、インドには牛がひしめいているが、インドの古い貨幣には、「騎士と牛」という名で知られているものがある。西紀八六〇—九五〇年のころバラモン王家が鋳造した貨幣で、表の意匠に騎士の肖像を、裏に牛を彫刻しているところからきた名である。そしてその後、多くの他の王家によって模倣されたといわれる。

五　エジプトの象形文字Mのこと

自由律俳句の荻原井泉水さんに、一茶のフクロウの俳句とフクロウの絵のことで久しぶりに北鎌倉でお会いしたおり、談たまたまフクロウの象形文字のことに及ぶと、そうだ、エジプト文字のMがまたフクロウの象形文字です。私はもと言語学を専攻したのですから、これはまちがいないです、と大いに自信のある口調であった。これはおもしろいことを聞いたものだとありがたくおもった。

ところが、エジプトのフクロウの実物はおろか、私は、絵画や彫刻の一つも見たことがない。Mの象形文字だけは友人に学術書を調べてもらってすぐにわかったが、これは小さな活字を見るようなもので、フクロウの形、輪郭だけはわかるが、美術作品の絵画とか、彫刻とかとはとうていいえないものである。古代のエジプト・ギリシャ両文化を比較してみる上にも、エジプトのフクロウのこと、フクロウの絵画ないし彫刻をぜひとも研究してみる必要がある。そのためになるべく原資料を入手したいというのが、十年来の私の念願であった。そこにたまたま友人長沢氏が、学術調査のため昨年秋、アフリカに出向くことになったので、私は野口英世伝二種を買い求めて、アフリカに寄贈してきてもらうようこれを託するとともに、右原資料の入手方を依頼したのであった。

その結果、去る二月中旬、私の手に入ったのが、ナイル河の中流にそったルクソールの神殿とオベリスクに浮彫りされているフクロウを現地で友人自身が、大写しに撮影してくれた幻燈用のカラー・

フィルム七枚であった。最近、いろいろな美術雑誌やカメラ・グラフが、エジプト美術特集を続々とやっている。そこで、活字みたいな小さなフクロウの形だけはいくつも見られるが、フクロウを大写しにして、美術品として鑑賞できるものになっているのは絶無といって過言ではない。そこで、この大写しのフクロウを紹介するとともに、これによって私のはじめて気づきえた点をのべてみるのも、決して無用ではあるまいとおもう。

アテネのフクロウは、顔も胴体も円形で、脚は毛でおおわれているが、エジプトのフクロウは、顔が四角で、とくにM型に描かれており、胴体も長身で、その上、つばさも鋭くとんがっている。脚も毛がなくて長い。要するに、前者は全体が円くやわらかにふくれた感じで、写実的であり、人間的であるのに、後者はむしろ単純化を特徴としているため、象徴的で神秘的であり、その意味において、暗示的であり、力強い素朴な生命感に充ちている。両文化・両美術の特徴が、このフクロウの比較で最も端的に、かつ鮮明にうかがわれるように思われる。今まで日本で西洋のフクロウといえば、すべてアテネ型のフクロウに限っていた。ピカソのフクロウもこの系譜に属する。フランス現代の画家では、ビュッフェがたしかに、エジプト型のフクロウを描いている。それが、唯一の例外といってよかろうか。

エジプト型のフクロウ（顔面のM字型に注目）

六　西欧諸国語のフクロウ

フクロウを英語ではアウル（owl）という。ドイツ語ではオイレ（Eule）というが、ともにラテン語のウルーラ（ulula）からきた言葉とおもわれる。さて、そのラテン語のウルーラがミミヅクの漢名の一つに流離、これを日本流に発音するとリューリというのに、よく似ているではないか。流離というのは、うたがいもなく鳴声からきた名称と考えるから、ウルーラもやはり鳴声からの名称ではあるまいか。

ドイツ語では、フクロウの鳴声の写音は、カウツ・カウツ（Kauz-Kauz）で、それからしてフクロウのことを、カウツともいうようだが、これらは日本語の鳴声の写音のヴォック・ヴォック、またはトーツクボー・カスケと似ている。タ行音、カ行音が共通である。

オイレには、シュネー・オイレ（雪フクロウで、すなわち白フクロウのこと）、ワルド・オール・オイレ（森の耳フクロウ）、カウツには、シュペルリング・カウツ（雀フクロウ）、ワルド・カウツ（森フクロウ）、シュタイン・カウツ（石フクロウ）などがある。オイレがフクロウ、カウツがミミヅク、あるいはオイレがミミヅクで、カウツがフクロウというふうに、ハッキリと区別してつかわれてはいないようにみえる。

ところで、このカウツ・カウツだが、日本の上野末治説で、フクロウの鳴声を、ヴォック・ヴォックと聞くのと似ている。その点で、カウツはわが国の古語ツクと共通点があるようにおもわれる。とはいえ誤解なきようことわっておくが、私はわがツクがドイツ語のカウツからきたとか、あるいはドイツ語のカウツは、日本のフクロウの古語ツクからきているとか、そんなバカげたことをいおうとしているのでは、もちろんない。

ドイツ語のオイレは英語のアウルと同じく、ともにラテン語のウルーラから出ている。いいかえれば、ラテン語のウルーラがもとで、それがのちにわかれて、英語ではアウル、ドイツ語ではオイレとなったのである。これは英語とドイツ語を少しでも学習したものには、誰でもすぐにわかることである。ところで、ラテン語のウルーラだが、すでに述べたように、この言葉には動詞もあって、動詞のばあいは叫ぶという意味の語だとのことであった。もしそうだとすれば、日本の古語で、フクロウをサケと呼んだのとまさにそのおもむきを同じくする。サケは、叫ぶの意味からつけられた名称であったこと、すでにのべておいたとおりだからである。

しかしこれについても、ツクとカウツとについてことわっておいたように、わが古語のサケが、ラテン語のウルーラからきたとか、あるいはウルーラが日本古語のサケからきているとか、いおうとするのではないこともちろんである。

（一九五八・八・十）

*

フランスの玩具に、「フォンテンブローの森のミミヅク」があることはのちに紹介するが、フランス語では、フクロウないしミミヅクのことを、イブー（hibou）といっている。そしてこのばあい、h《アッシュ》

は有声のhである。ゴロクト・ホッホと、いわゆる「のちは笑うがごとし」といわれるホッホの鳴声からきた言葉ではあるまいか。というのは、フランス語では笑声をあらわす言葉として、hi-hi-hiという感嘆詞（間投詞）があり、このhi-hi-hiと関係があるようにおもわれるからである。ただしこれはフランス語学者でない、まったく素人の私の考えだから、当らないかもしれないことをことわっておく。

さて、それはとにかくとして、フランス語では「フクロウのように生活する」というのは、ひとりさびしく生活しているとか、孤独を愛する、とかいう意味であり、イブーは、転じてむっつり屋、人ぎらい、孤独を愛する人の意味に用いられるのは、フランス人のフクロウ観の一面を示すものとして意味ぶかい。

なお、フランス語で、フクロウの鳴声の写音は、フー・フー（hou hou）である。フランス人はhの発音ができぬから、じっさいは、ウー・ウーということになるが、これは、日本語の写音のホー・ホーとほとんど同一といってよかろう。

フランス語のシュウェット（chouette）は、おもに狭い意味でのフクロウを意味する語である。

＊

ロシヤ語では、フクロウをソヴァ（coвá）という。もう一つ、スウィッツィという語があって、一九〇三年発行の文部省編集局蔵版の古い『露和字彙』を見ると、こちらは鳴きフクロウと訳されている。

ロシヤには、「フクロウは鷹を生まず」という諺があるらしい。「トビがタカを生んだようだ」といって、普通には、トビからタカの生まれないことをいいあらわした日本の諺とよく似ている。トビに代えるにフクロウをもってしているのもおもしろい。ちなみに、イギリスには、フクロウは自分の子が一番美しいと思っている、という諺がある。

さて、このソヴァという言葉の語源だが、これも鳴声からの名称ではあるまいか。中西悟堂氏によると、フクロウの一種（大コノハヅク）は、ヴォウヴォウと鳴くそうだし、フランス語でフウ（hou）という言葉は、フクロウ、または狼の鳴声とあるが、それにも似ているように思われるからである。なおロシヤ語では、フクロウの鳴声の写音は、トウ・ホウ・ホー（ty-xoy-xoo）、これは『ブリタニカ』のトゥフィット・トゥフー（tu-whit tu-whoo）に似ている。

追記――最近、奥田夏子他著『野鳥と文学――日・英・米の文学にあらわれる鳥』（大修館書店）というユニークな本が出た。この本に、「トゥフィット・トゥフー」を折り込んだシェイクスピアの詩に関するちょっとした議論が紹介されている。

まずシェイクスピアの詩というのは、次のようなものである。

「壁につららが下がり、羊飼いのディックが手を温めようとして爪を吹き、トムは薪をうちにかつぎ込み、ミルクは手おけで凍って届けられ、血も凍ごえて、道はどろんこ。そんな夜ごとにまんまる目玉のフクロウが鳴く、トゥウィット、トゥフゥー。陽気な調べ。そして肥えたジョーンは鍋かきまわす。／強い風が吹きまくり、せきで牧師の話もかきけされる。小鳥たちは雪の中でねぐらにこもり、マリアンの鼻は赤びかり、焼いたリンゴは鉢の中でしゅうしゅう。そんな夜ごとにまんまる目玉のフクロウが鳴く。トゥウィット、トゥフゥー。陽気な調べ。そして肥えたジョーンは鍋かきまわす。」ところが、この伝統的なフクロウの鳴声の表わし方に、鳥類研究家が次のようにクレームをつけているというのだ。

「シェイクスピアが tawny owl の声を 'tu-whit, to-who' と表しているが、この件に関してだけは彼はお粗末な自然観察者であると言えよう。彼が聞いたのは一羽ではなく二羽の鳥であり、一羽が無気味な声で 'hooo, hooo, hoo-oo-oo-oo' と叫び、もう一羽が、おそらく雌だが、鋭く 'kee-wick' と答えるのである。雄も雌もこの二種の鳴き声を出すことがあるが、しかし同一の鳥から同時に出されることはない。」(*The Reader's Digest Book of British Birds.*)

「ごく普通の鳴き声は 'hooo, hooo, hoo-oo-oo-oo-oo-oo-oo' と終りを震わすようにのばして鳴くものである。また特に秋などには 'ke-wick' という叫びも出す。そしてこの二種の鳴き声が組合わされて昔からフクロウは 'tu-whit, tu-whoo' と鳴くものと言われてきたのだが、実際にはこのように一緒に鳴くことはない。この鳥はほとんど夜間に鳴くが、たまには昼間に鳴くこともある。」(*Collins Pocket Guide to British Birds.*)

V

文学のなかのフクロウ

フクロウの敷物

一　フクロウと日本文学

『源氏物語』とフクロウ

日本の古い文学では、紫式部の『源氏物語』に、フクロウのことが出ている。「夕顔」の巻に、

夜中もすぎにけむかし、風のやゝ荒々しう吹きたるは。まして松のひゞき、木《こ》ぶかくきこえて、気色ある鳥の枯声《からごえ》に鳴きたるも、梟はこれにやとおぼゆ。

とある。「気色ある鳥」とは、ちょっとかわったあやしい鳥の意味であろう。「からごえに鳴く」とは、しゃがれ声に鳴くの意味であろう。この物語の作者は、フクロウを「しゃがれ声」に鳴く「あやしい鳥」と見ていることがわかる。そしてそれを真夜中すぎに聞いているのである。

西行のフクロウとヌエの歌

フクロウの歌を求めて、私はようやく西行の『山家集』に見出した。西行がしばらく高野山にいたころ、大原の入道寂然に寄せた歌が十首あり、それぞれに高野山中の景物をとらえ「山深み」の言葉で、第一句をそろえているおもしろい連作だが、そのうちに一首、

山深み気近き鳥の音はせで
物おそろしき梟の声

というのがある。ここは山が深いから、人里近い親しい鳥の音はしないで、ただ聞こえるものはものおそろしいフクロウの声ばかりである、というのであるが、ものおそろしい声といいながら、じつはそれをおそれているのでも、いみきらっているのでもなく、むしろそれに親しみ、山中の人になりきって、それにじっと聞き入っているおもむきがうかがわれる。――と、そう解すべきではあるまいか。私はそう解することによって、わずかに一首ではあるが、かように、フクロウをうたったまれな歌人西行に、私はいまかぎりない親しみを感ぜずにはいられない。

西行には、なお、ヌエについての歌がある。

さらぬだに世のはかなさをおもう身に
　ヌエ鳴きわたるあけぼのの空

鳴きわたるというから、移動しながら鳴くものとおもわれる。夜からあけぼのにかけて鳴くこともこれでよくわかる。ヌエの正体が大コノハヅクの雌だというならば、広い意味でのフクロウの一種だから、その意味において、これもまたフクロウの歌といえよう。

足利時代お伽草子のフクロウ

足利時代のお伽草子のうちに、異類物語と呼ばれる部類のものがあって、猿だの、亀だの、兎だの、鶴だの、鷽《うそ》だの、玉虫だの、松虫だの、コオロギだのといった類の動物が、人間と同じく恋愛する。そして、それらの動物が、いずれも人間と同様歌を詠む。それによって恋は成就するのであるが、その異類物語の一つに、「ふくろふ」と題するものがある。フクロウの恋愛物語である。そしてそれに登場する鳥類は、山雀《やまがら》、鷽、鷲、ミミヅクなどである。物語のあら筋は、次のようである。

加賀の国かめわり坂の麓に住むフクロウが、ある日カラスの九郎左衛門、サギの新兵衛を近づけて、あねはの松山鳥の院にて、月々催される管弦の会のあった折、ウソ姫の琴をひいた姿が、しづ心なき恋となりて、心も心ならず、包むに包まれず、いやましの思い草となるので、どうか、ウソ姫へ文《ふみ》を届けてもらいたい、と申したところ、カラスとサギが、言葉をそろえていうには、それは山雀のこさく殿にお頼みになれば、恋は成就します、と答える。

そこで、フクロウは山雀に頼むと、山雀は、お心がいたわしいからお使いをいたしましょう、と引きうけてくれたので、フクロウは文をこまごまと書いた。

そして、いい返事のあるようにと、み山の薬師如来へも頼書を書いた。山雀が帰って返事をわたす。その返事をことわられたものと読み取って失望悲観していると、薬師如来が夢に現われて、あれはいい返事を、隠語で書いたのだ。それを知らずして、さとらぬことのふびんさよ、といって、じつはこういう意味だと教える。フクロウはよろこんで、阿弥陀仏堂にいって待っていると、ウソ姫がやってきたので、ついにちぎりを結ぶ。

このことが、以前から思いをかけていた、おそれるものを知らぬ鷲へ洩れきこえた。鷲は、フクロウの方へ、ハイ鷹を討手にさし向ける。フクロウはさっと木の陰にかくれる。

ハイ鷹は思慮なくウソ姫を殺害してしまった。フクロウは、それを聞いて悲観のあまり自殺しようとするが、縁類のミミヅクの木助が、腹をお切りになるより、ウソ姫の亡き跡をとぶらいなさい、と意見するので、思いとどまり、髪を剃って高野山にのぼり、熊野に詣で、その後諸国を遍歴して、ウソ姫の跡をとぶらった。

という筋の物語だが、フクロウを鷲やハイ鷹などとちがい、知恵のある鳥と見なし、山雀などもたくみに使い、ウソへの恋も思いどおりに成就させているのが、注目に値する。

この物語で、山雀もウソ姫も、フクロウもみんな歌をよんでいる。「生きとし生けるもの、いずれか歌をよまざりける」といった有様である。

　ふくろうの我れを頼みしたまづさを
　　空しくいかがかえしはつべき

これは、ウソ姫に対して、山雀の歌である。阿弥陀堂へしのんでやってきたところが、フクロウは待ちくたびれて、しばらくまどろんでいた。それを責めて、ウソ姫の歌、

　思うとは誰がいつわりのうそぞかし
　　思わねばこそまどろみぞする

これに対し、フクロウの弁明の歌、

　宵は待ち夜中は恨み暁は
　　夢にやみんとまどろみぞする

とよんだので、ウソ姫もついにうちとけて、比翼連理のちぎりを結んだ。

やがて、しかし、かように落ちあいまいらせんとは、夢にも更に知らざりし、悠々と御物語申したく候えども、人目をしのびまいり候。はやはや帰りまいらせんと、十二ひとえの褄を引きかえ、はや帰らんとせしとき、フクロウ余りの悲しさに泣くなく歌をよんだ。

片糸の繰るほどならばとまれかし
　深きなさけは夜にこそあれ

とよんだところ、ウソ姫の返しの歌

かりそめにふしみの野べの草枕
　露ほどとても人に知らすな

とよんで、急ぎ宿へぞ帰りける。といったぐあいに、歌をよむのである。（一九五四・八・二十）

西鶴とフクロウ

西鶴は、元禄十二（一六九九）年に刊行の『西鶴名残の友』の巻四の三「見立物は天狗の媒鳥《おとり》」のうちに、松前の一番フクロウをヅク引につかって、それで天狗をいけどりにし、見世物にして、十二文ずつ見物料をとって見せたら、たちまち大もうけができるであろう。これが新しい見世物だと、次のようにのべている。

新しきものは、松前〔今の北道海〕の一番梟《いちばん》を、両方へ羽をひろげ、頭に頭巾《ずきん》をきせ、天狗の媒鳥《おとり》に仕立て、愛宕山にのぼり、生の天狗をおとしきて、これや、申太郎坊のいけ取りと、十二文《もん》づつにてみすることならば、ぜにの山をきづくべし。

「おとしきて」というのは、ヅク引きにかけることを、ヅクおとしともいうからであろう。

なお西鶴は、これよりさき、貞享三（一六八六）年に刊行の『近代艶隠者《やさいんじゃ》』では、巻五の四「鞆《とも》の兄弟」のうちに、

なお庵中にあるに、きょうの日もたそがれ告ぐる鳥の声、ゆくべきかたもおもいもうけねば、ここにしばし足もやすめんと、和尚にわびてふすに、哀猿岨に叫び、梟樹下に音するころしも、生垣のあなたに男女の声して、ささやかにものいいあり。いといぶかしく、耳をつけてきくに、云々。

と、叙景にフクロウを描いている。哀猿の叫びに、フクロウの鳴声をそえて。

フクロウに関心をよせていた俳人支考

フクロウに比較的多くの関心をよせていた詩人は、おそらく俳句俳文の支考ではなかったか。横井也有の『百虫譜』、『百魚譜』に対して、各務支考には、『百鳥譜』がある。そのうちに、フクロウについて、支考は、「梟の昼出てまよいあるきぬるいとおかし。かならず、笑われじとはたらきたる顔にもあらず。さるたぐいの老僧にや、むかしも市中にあそびいけるなり」といっている。

それのみではない。さらに、大坂から長崎への旅日記に、支考はみずから「梟日記」と題しさえしているのであるが、その題号は、自序に、「月華の梟と申す道心者」とあるところからきているのを

みても、おもいなかばにすぎよう。

支考は、蕉門十哲中、もっとも芭蕉と対蹠的な性格の持ち主で才能ある野心家であった。つねに理智に傾き、新奇を追い、才を覇気に乗せて、書きまくった。あくまで自我の強い男であった。その句作の二、三を見ても、

歌書よりも軍書にかなし吉野山

は、理屈が勝ち、感傷に欠けている。

鶴に乗る支度は軽し衣がえ

は、気取ったところが見えて、脱俗のおもむきがない。

牛叱る声に鳴立つ夕かな

は、閑寂の情にとぼしい。

ついに自分で、終焉の記を書き、追善の附合まで加えて、生前に死亡広告を出したなどは、いたずらもはなはだしく、どこまでも俗気にみち、山気の多い人物であった。死なずとも両足を切ってやると、やはり十哲の一人、杉山杉風におこられたのも当然である。

しかし、かようなかわり者であったればこそ、『百花譜』、『百魚譜』、『百虫譜』にたいし、『百鳥譜』をはじめて着想し、他の俳人と類をことにして、とくにフクロウへも関心をよせえた功績は、高く評価されてよかろう。

とはいえ、支考には、フクロウのように、大きな目玉をじっと見張って、考えこんでいる哲人のお

もむき、智恵がありながらどこかとぼけ顔している達人の風格が、最後までまったく欠けていたこと、その点でけっしてフクロウに似た人物ではなかったことを、見おとしてならぬとおもう。

要するに、饒舌の才人支考は、フクロウよりは、むしろ百舌《もず》のような人物ではなかったか。

装飾画派酒井抱一のフクロウ画賛

光琳画派の最後をかざった画家ともいうべき酒井抱一のフクロウ画賛に、

夜が明けたらば、湯をわかそう、
湯がわいたらば、茶をたてよう。

とあるのは、おそらく『嬉遊笑覧』が竜の諺としてのせている、

フクロウは夜が明けたら、巣を作ろう。

と鳴く、というのからきている。しかも換骨奪胎の妙をきわめているところ、さすがに豪快な抱一の力量をみることができる。

『田舎荘子』の鷹とフクロウ（当時一般のフクロウ観）

『田舎荘子』は、享保十三（一七二八）年に、大坂の戯作者、丹羽樗山の著わした十三巻から成る戯作で、書物の趣向を『荘子』にならい、世態を諷刺したものだが、そのうちに鷹がフクロウをけなしている話が出ている。この戯作者のフクロウ観が、たまたま鷹をその代弁者として、物語られてい

るものと見てよかろう。いな、ひとりこの戯作者のみならず、これが大体において、当時一般のフクロウ観でもあったとみて、たいしてまちがいはあるまい。その意味において、ここに紹介して読者の一読に供するのも無用ではなかろうと思われる。それは、次のごとくである。

鷹、ミミヅクにいっていわく、汝をみるに、その形おかしげにして、まるきつらに、ちいさき嘴あり、頭巾、鈴懸をきせたらんには、小人島の天狗などともいいつべし。大きなる眼ありながら、昼はあきめくらにして、日輪をさえみつけえず、うろうろとして、諸鳥のために笑われ、夜はやぶのうちにかがみおり、ねとぼけたる小鳥をとりてくらうのみ。づくまわしの手にわたり、撞木につながれ、糸をつけて、おりおりひかるるときは、ばたばたとうろつくてい、諸鳥のわらいもことわりなり。なまじいに、汝も四十八鷹のうちなれば、さぞ口おしくおもうらん。われ汝がために汗をながすといふ。

だが、徳川時代にのみかぎらない。今日でもなお、わが国一般人のフクロウ観は、おおむねこの類で、この程度からさほど進歩していないのではなかろうか。

そして、実にこんどの敗戦まで、軍国主義者らの学者・思想家に対する評価が、ちょうどこの物語の鷹の、したがってまたこの物語作者の、わがフクロウに対するそれと、同じではなかったか。あわれにも軍国主義のヅクマワシの手によって、囮の役目につかわれた学者・思想家・芸術家も少なくなかったはずだ。

鳥たちの人間批判（安藤昌益のフクロウ）

昌益の『自然真営道』を文学史のなかに位置づけては、あるいはいぶかしく思われるかも知れない。しかし、同書二十四巻法世物語巻は、私のいう日本ルネッサンス史上、トマス・モアやカンパネラのそれに比肩さるべき希有のユートピア物語であって、文学作品と見て一向に差しつかえあるまい。昌益の思想史的な位置づけについては、拙著『日本ルネッサンス史論』に詳述したから、そちらを参照していただきたい。ここでは右の法世物語におけるフクロウを紹介しておくにとどめる。

同巻は「諸鳥会合して法世を論ず」という内容で、「諸鳥」すなわち、ハト・カラス・トビ・スズメ・カモ・キジ・シギ・カササギ・フクロウ・ウズラ・ヒバリ・モズ・ミソサザイ・ヒワ・アオジ・ホトトギス・ツル・ニワトリ・オシドリ・ハクチョウ・ツバメ・ウ・ウグイス・ヤマガラ・シジュウカラ・オウム・ヤマバト・セキレイ・サシバ・ハヤブサ・タカ・ワシ等々の鳥たちがまさに百鳥争鳴、古今に例のない大会とて大いに論じて人間の世を批判するというものである。

鳥たちの世の中も、ワシが帝王として君臨し、大小・強弱の序列がハッキリしているのだが、それは「天真」の横回によるもので、自然の理である。ところが、人間の世の中も鳥世と同じに鳥獣虫魚を食うに至っては、天真を盗む法世であって、「天下の田畑を盗んで自分の天下とし、自分の国とし、自分の知行所とし、直耕の天道をむりやり奪い取ってむさぼり食っているうえに、大は小を食う仕組みがある」というわけだから、「われわれ鳥の世よりも人の法世はもっと欲深く迷妄におちいっている」。人間たちの法世に充満している貧乏・飢饉・兵乱のような難儀や迷妄がないだけ、鳥世は法世より数段まさる「極楽太平の天下」である、というわけである。

わがフクロウが発言するのは、遅参したカササギが「このたびの諸鳥の会合は、いかなる趣きでございまするか」とたずねたのに対し、これにこたえて会の趣旨を説明するところである。

梟が厚織の綿入れを着てごそごそと出て来ていうには、「鳥殿の前にてはちと恐れあるゆえ、ここに屏風を立てまする」。そして猫の眼のように眼を見開いて鵲に向かい、とりつくろった声音を張り上げていった。

「鵲殿の御遅参は、ちとそれがしその意を得ぬ。さてはお手前五位に心おごられたかと見えまする。このたびの諸鳥の会合は、古今にためしなき一大事の評定でござる。鳥の世と人の法世とまったくちがいのないことを論じ定める評議でござる。聖人・釈迦がいまだ出ぬさきの時代にあっては、人の世は通真の世であって天下ことごとく直耕の天道にしたがっており申したから、われらが鳥の世の及ぶところではござらなんだ。しかるに聖人・釈迦以来の人の世は、私法を立て、天道の直耕を盗み、盗乱・迷妄の法世となったによって、われら鳥類と同業でござる。われらが鳥の世と人の法世と同業なれば、すなわち鳥の世にとっては大いなる面目ではござらぬか。お手前がいよいよ首をそらし、冠毛を飾り立てて、お手前より小さな鳥類をとらえて食うのは、法世の人間の業をしているのでござる」

鵲が答えていった。

「なるほど、これは古今にまたとない評定でござる。いかにも相心得申しました」（野口武彦訳、

中公日本の名著『安藤昌益』より）

この引用の初めの方で、「鳥殿の前にてはちと恐れあるゆえ」、屏風を立てるといっているのは、古来孝鳥とされるカラスに対し、不孝鳥とされるフクロウが、殊勝なことを言うのにいささかカラスの手前をおもんぱかった、ということのようである。

『倭名類聚抄』に、カラスは「唐韻ニ云フ、烏ハ孝鳥ナリ」、またフクロウは、「説文ニ云フ、梟ハ父母ヲ食フ不孝ノ鳥ナリ」と引例されている。

＊

ここで、フクロウとカラスは仲が悪い、ということに関する話を二、三紹介しておこう。

その一。吉川清氏が、岩手県からきている書道の先生に聞いたからとて報告して下さった。フクロウはカラスと仲が悪いものだとの話が、岩手県の奥羽山脈地方では伝えられている。というのは、フクロウは夜が明けるとカラスにいじめられるが、夜になるとカラスをいじめるからだそうだ。

その二。一九五二年二月十七日のこと。長崎で本屋をしておられたというS・M氏がたずねてこられ、談たまたま私のフクロウ研究のことにおよぶと、長崎郊外には水源地の保有林にクスノキの大木が多いが、その枝で、夜明方、森をとびたとうとするカラスに見つかって、フクロウがカラスにいじめられている光景をよくみたものです、との話である。フクロウはカラスにいじめられるとキイキイと悲鳴をあげるそうである。

しかし、長崎は南国だから、クスノキの大木が多いのはわかるが、私はクスノキは常緑樹とばかり思いこんでいたので、ケヤキの大木などならいざ知らず、クスノキの大木の枝で、そんな光景は人の目につくはずがないではないですかと反問したが、クスノキは常緑樹ではありませんよ、との答え。なお腑におちないので『言海』をひいてみると、「葉はタモノキに似て短く、互生して、冬しぼまず、春、新葉を生じてのちに、旧葉はおつ」云々とあるので、なるほど、春、新葉が漸く芽立ち、旧葉がおちてまもないころだったら、そうかもしれないとうなづくことができた。

また、同氏の住んでおられたあたりでは、夕方、もうフクロウが鳴きだしたから戸をしめようといって、戸じまりをする時刻のしらせと受けとる習いがあったという。

その三。川端康成の小説『春景色』を読んでいると、フクロウとカラスは仲が悪いことが、インドの釈迦の言葉として引用されているのに、おどろいた。

カラスと梟とが一樹にすみて、血族のごとくしたしむときに、はじめて予は涅槃に入ろう。蛇と鼠と狼とが同じ穴にすみ、兄弟のごとく相愛するとき、はじめて入滅しよう。——って、お釈迦さんが言ったんだが、云々。

これでみると、フクロウとカラスの仲の悪いことは、インドでも語られている話であることがわかる。

（一九五二・二・十八）

上田秋成の怪談小説『雨月物語』とフクロウ

上田秋成（一七三四―一八〇九）は、徳川時代の怪談小説家として知られた風がわりな作家である。

それゆえ『雨月物語』には、怪鳥としてのフクロウがきっと取り扱われて、小説の材料に用いられているにちがいないと見当をつけていた。

きょう（四月三十日）、まちに出たついでに、古本屋に立ち寄ってみると、重友毅氏の『雨月物語の研究』という書物があったので、めくってみるとはたして「仏法僧」と題する物語のあることがわかった。

それで、さっそく友人から借りて、重友毅氏著の『秋成』という日本評論社発行の書物を手に入れた。それに原文が注釈づきでのっている。

この物語は、夢然という隠遁者がその子作之治とともに、高野山に通夜して、関白秀次一行の亡霊にであうというところに、一篇の主題をおいたものである。いうまでもなく高野山は、秀次自刃の地であるが、その上に作者がかつて遊んだことのある土地でもあった。

「仏法僧」という題名が示しているとおり、作者が高野山に遊んだおり、親しく聞いたことのあるブッポウソウ鳥、すなわちコノハヅクに関する記述を、そのうちに織込もうとすることが、作者の最初からの意図であったらしく、作者は、前後二度までもこの鳥の鳴声を聞かせている。すなわち、はじめは弘法大師のたまやの前の燈籠堂の簀子《すのこ》の上に、雨具をしいて通夜する夢然父子の耳に、のちには、同じ場所に夜の酒宴をひらく秀次一行の亡霊の前に、「仏法仏法《ぶつぽんぶつぽん》」と鳴いたといっている。（ブッポウ・ブッポウでなく、作者はとくにブッパン・ブッパンと読ませている。）

そして、作者は、初めてこの鳴声を耳にした夢然をして、今夜は珍しくもブッポウソウの声を聞いた。この興趣を解しないですもうかと、この鳥のすむと伝えられる深山の名を、高野山のほか、上野の国、下野の国、山城の国、河内国についてあげ、ブッポウソウを詠じた空海の詩を誦し、藤原光俊の歌を吟じさせた上に、「鳥の音も秘密の山の茂みかな」の句を口ずさませ、さらにまた、秀次の亡霊をしては、杯をあげて、「例の鳥、たえて鳴かなかったのに、今夜の酒宴に、これで一段の興が加わった。紹巴も一句どうだ」といわしめているほどである。

作者の原文を示すと、次のごとくである。

御廟のうしろの林にと覚えて、仏法仏法《ぶつぱんぶつぱん》となく鳥の音、山彦にこたへてちかく聞ゆ。夢然目さむる心ちして、「あなめづらし。あの啼く鳥こそ仏法僧といふならめ。かねて此の山に栖みつるとは聞きしかど、まさに其の音を聞きしといふ人もなきに、こよひのやどり、まことに滅罪生善の祥《しるし》なるや。かの鳥は清浄の地をえらみてすめるよしなり。上野の国迦葉山、下野の国二荒山、山城の醍醐の峯、河内の杵《し》長《なが》山、就中此の山にすむ事、大師の詩偈ありて世の人よくしれり。

寒林独坐草堂の暁、三宝の声一鳥に聞く、
一鳥声あり人心あり、性心雲水倶に了々

又ふるき歌に、

松の尾の峯静かなる曙に
　あふぎて聞けば仏法僧啼く

(中略)こよひの奇妙既に一鳥声あり。我こゝにありて心なからんや」とて、平生《つね》のたのしみとする俳諧風の十七言を、しばしうちかたぶいていひ出でける。

鳥の音も秘密の山の茂みかな

旅硯とり出でて、御燈《みあかし》の光に書きつけ、今一声もがなと耳を倚《かたふ》くるに、思ひがけずも遠く寺院の方より、前を追ふ声の厳敷《いかめしく》聞えて、やゝ近づき来たり。「何人の夜深けて詣で給ふや」と、異《あや》しくも恐しく、親子顔を見あはせて息をつめ、そなたをのみまもり居るに、はや前駆の若侍橋板をあらゝかに踏みてこゝに来る。

これが秀次一行の亡霊であった。さてこの亡霊の前で、また、ブッポウソウが鳴いたというのだが、そのありさまをえがく作者の原文は、次のごとくである。

御堂のうしろの方に、仏法仏法と啼く音ちかく聞ゆるに、貴人（秀次を指す）杯をあげ給ひて、「例の鳥絶えて鳴かざりしに、今夜《こよひ》の酒宴に栄あるぞ。紹巴《じょうは》いかに」と課《おお》せ給ふ。云々。

ここにおもしろいことは、秋成がブッポウソウ、すなわちコノハヅクの鳴声を、ブッポウソウでなく、ブッパン、ブッパンという風に写音していることである。

『雨月物語』の初稿の成ったのは、明和五（一七六八）年、彼が三十五歳のときだが、それから四十年をへた文化五（一八〇八）年、彼が七十五歳のときに脱稿した『胆大小心録』に、昔高野山にあそんで、この鳥の鳴声をはじめて耳にしたおりの回想を、次のようにしるしている。

嵯峨の山は、丹波へつゞいて奥深しとぞ。

「松の尾の山のあなたに友もがな

仏法僧の声をたづねて」

仏法僧は高野山で聞いたが、(ブッポウソウ、ブッポウソウではなく) ヅッパンニ、ヅッパンニ

と鳴いた。形は見へなんだ。

としるしている。ヅッパンニの下を略すと、ヅッパンで、ブッパンに近い。すなわち彼自身の経験に——いいかえれば、自信にみちた彼自身の聞き方に——もとづいて、伝説的な鳴声にしたがわず、あえてわざわざブッパンと読ませて、ヅッパンニという写音を生かそうとしたのではあるまいか。あるいはまた次のようにも考えられる。

ヅッパンニは、彼が晩年ほとんど眼が見えなくなってから書いたものだから、彼自身の書きまちがいか、ないしは写本として伝写されてゆくあいだあいだにまちがって、もともとブッパンニとあったのが、またはあるべきであったのが、あやまってヅッパンニとなったのか。それならば、ブッパンニ、略してすなわちブッパンである。

いずれにしても、ブッポウソウ、ブッポウソウと鳴くと一般にいわれるが、自分が親しくこの耳で聞いたところではそうではなくて、ヅッパンニ、ヅッパンニとあったと主張しているのは、まことに興味ぶかい。これを要するに上田秋成説の、ヅッパンニ、または、ブッパンニ・ブッパンニは、上野末治氏説の、ブッポンソン・ブッポンソン、というのとよく似ているのが妙である。なお、秋成は、このブッポウソウ物語のうちに、ブッポウソウを化鳥《けちよう》といっているが、化鳥は怪鳥というのと同一の意味であろう。

化鳥といえば、『雨月物語』には、冒頭の「白峯」と題する物語のうちに、トビのような恰好をしたあやしい鳥が崇徳上皇の前にあらわれて、上皇の問に答え、いまから干支が一まわりすれば、すなわち十二年後には、重盛の命数もつきるであろう、との見透しをのべるところがある。

いまその一節の原文を示すと次のごとくである。

……空にむかひて、「相模〳〵」（相模とは、三井寺の僧であって、崇徳上皇の隠謀に味方した相模阿闍梨勝尊を指す）とよばせ給ふ。「あ」と答へて、鳶のごとくの化鳥翔来《かけきた》り、前に伏して詔をまつ。院（これは、崇徳上皇を新院と称したから、院といったのであろう）かの化鳥にむかひ給ひ、「何ぞはやく重盛が命を奪りて、雅仁清盛をくるしめざる」。化鳥こたへていふ、「上皇の幸福《さいはひ》いまだ尽きず、重盛が忠信ちかづきがたし。今より支干《えと》一周を待たば、重盛が命数《よはひ》既に尽きなん。他《かれ》死せば一族の幸福《さいはひ》此の時に亡ぶべし」。院、手を拍って怡《よろこ》ばせ給ひ、「かの讐敵《あたども》ことごとく此の前の海に尽すべし」と、御声谷峯に響きて、凄しさいふべくもあらず。

というのである。この「鳶のごとくのあやしき鳥」というのは、フクロウのことであろう。

さらに、『雨月物語』には、フクロウという言葉をつかっている個所もある。「浅茅が宿」と題する物語のなかに、次のごとき一節がある。

「……今は、京にのぼりて尋ねまゐらせんと思ひしかど、丈夫《ますらお》さへ宥《ゆる》さざる関の鎖を、いかで女の越ゆべき道もあらじと、軒端の松にかひなき宿に、狐、鵂鶹《ふくろう》を友として今日までは過しぬ。云々。」

ここでは、鵂鶹と書いて、フクロウと読ませている。

蜀山人のヅク引きの狂歌

大田南畝（蜀山人）の『四方のあか』（一八〇八年）に、ヅク引き賛と題して、次の狂歌がしるされている。もとこれは、浮世絵画家の鳥文斎栄之が、トマリギにミミヅクが頭巾をかぶってとまっていると、雀がからかいにきて、その上に舞っているところを軸物に描いた。それに、蜀山人が賛を書いたもので、「衆鳥きたりて、これを笑う。その智には及ぶべし。木兎居ながらにして、これを引く。その愚には及ぶべからず」という前書きがあって、

　小鳥ども笑わばわらへ　おおかたの
　　うき世のことはきかぬミミヅク

というのだが、「うき世のことはきかぬ」というのは、古歌に、

　足引きの山深くすむミミヅクは
　　うき世のことをきかじとやおもふ

というのからとったのではないかとおもわれる。

ミミヅクをヅク引きにつかうのに頭巾をかぶらせたばあいもあったことが、この鳥文斎の絵でわかるが、其角の句、

　ミミヅクの頭巾は人にぬわせけり

の頭巾は、このヅク引きのヅキンをいっているのであろう。しかし、ヅク引きのばあい、いつでも頭巾をかぶらせたというわけではなかったようである。

＊

ついでに、この蜀山人の狂歌についてだが、一九五四年四月六日の、『朝日新聞』の「記者席」欄に、「原副議長、蜀山人に心境を托す」という見出しで、次の如き記事がのっているのを、私は興味ぶかく読んだ。

原衆議院副議長、陸運汚職のことで、さき頃、事情をきかれたのが、表面化したのをハカなんでか、このほど、副議長室の掛軸を取りかえた。その軸にいう。

小鳥ども笑わば笑え、おおかたの
うき世のことは、きかぬ耳づく――蜀山人

これによると、衆議院の副議長原彪君――というのは、長い間、すっかり忘れてしまっていたが、かつて私は、一高英法科で彼と同級生だった時代がある――本物か、複製のものか知らぬが、とにかく、ヅク引きの歌の軸の所蔵者であり、愛蔵者でもあるらしい。（一九五四・七・二十五）

＊

蜀山人の『仮名世説』に、支唐禅師の博物学的知識を示すものとして、フクロウのあたため土のことと歌とを記録しているが、この「あたため土」とは、一体なんのことであろうか。

支唐禅師は、源子和が父の方外の友なり。諸国行脚のとき、出羽国より同宗の寺ある方へゆきて、その寺にしばし滞留ありしに、庭前に椎の木の大なるがくちて、なかばより折れのこりたり。一日、住持、この木を、人をして掘りとらせけるに、くちたるうつろの中より、雌雄の梟二羽いでてとびさりぬ。そのあとをひらきみるに、フクロウの形をもてつくりたるが、三つあり。その中に、一つは、早くも毛すこし生いて、クチバシ、足ともに、そなわれり。すこし生気もあるようなり。

三つとも、大いさは、親鳥ほどなり。住持ことにあやしみけるに、禅師のいわく、これは、ききおよびたることなりしが、まのあたりみるはいとめずらし。古歌に、「梟のあたため土にも毛がはえて、昔のなさけ、今のあだなり」と。このことをいいけるものなるべし。梟はみな土をつくねて、子とするものなりと。住持も禅師の持物を感ぜり。

というのであるが、私にはわからない。蜀山人はまじめに記録しているようであるから、ここに紹介して、専門家の検討に供したいとおもう。

馬琴とフクロウ

滝沢馬琴の考えは、きわめて古くさい。フクロウを不孝の鳥、親を食う悪鳥というふうに、中国流の見方にとらわれて、それを少しも脱却していない。さきにのべたように、フクロウについても、そんな考え方に少しもとらわれず、事実を事実として、自然のままに見ている近代的な西鶴とまったく対蹠的である。

『燕石雑志』のうちに、馬琴は、こうしるしている。

フクロウは不孝の鳥なり。雛にして、父母をくらわんとするの気ありといふ。和名フクロとは、父食《ふく》らふにて、父を食うの義ならんか。かかる悪鳥も、また、その子をおもうことは、衆鳥にいやましたり。いぬるころ、予、鶴見へおもむくに、みちに、茶店の軒に、フクロウの雛を架して、これを畜うものありけり。その母、軒をさること十歩ばかり、梅の樹の梢におり、茶博士がいふ、かの母鳥、終日こなたをうちまもりてさらず、夜はよもすがら、餌をはこびて、この雛をやしない、あくればまた、梅の樹にしりぞきて、暮るるをまつといへり。それフクロウの性の悪なるも、なお愛にその身を忘る。

馬琴のフクロウ観は、かように幼稚なものであった。しかも、彼は、西鶴よりはるかに後の人にして、なおかつかくのごとくであったのだから、お話にならぬ。

大隈言道のフクロウの歌一首

近世の歌人では、大隈言道の『草径集』に、フクロウの歌が一首あるのを見出した。言道は、寛政十（一七九八）年に生まれ、明治元（一八六八）年に七十一歳で死んだ。野村望東尼は、言道の高足の一人だといわれる。歌そのものはとりたてていうほどのものでもないが、

いとながき日をねくらしてフクロウの
ねざめにぞなく夕ぐれのころ

というのである。日の長い季節の夕ぐれに鳴く鳥であることが、これでよくわかる。

泉鏡花のフクロウ

明治の小説家では、泉鏡花が、もっとも好んでフクロウを取り扱った、珍しい、そしておそらく最初の作家であった。その点で、徳川時代の怪談小説家上田秋成に次ぐものは、明治時代ではまず鏡花だといっていいかもしれない。

鏡花は観念小説から、次第に怪談小説にかわった。明治三十(一八九七)年作の『化鳥《けちよう》』、翌三十一年の作『梟物語』などがその代表作で、前者では、終りの方にフクロウがあらわれるが、後者では、冒頭からフクロウが出てくる。化鳥は怪鳥とも書く。同じ意味でフクロウのことである。

しかし、鏡花は、怪談小説でつらぬいていったわけではなく、『梟物語』からやがて『照葉狂言』、『湯島詣』、『婦系図』のような写実風なものにおちついた。

国木田独歩の小説『春の鳥』のフクロウ

国木田独歩の小説に、『春の鳥』というのがある。六蔵という白痴の少年だが、鳥が好きで、鳥を見ると、両手を広げて、はばたきのまねをしたり、鳥の鳴声をまねるのが上手であった。ある日、城山の天主台の石垣の角に馬乗りにまたがって、両足をふらふら動かしながら、俗歌をうたっているうち、ふと鳥のように空をかけまわるつもりになって飛びおりて、とうとう死んでしまったという物語をつづった短篇だが、そのうちに、フクロウのことが出てくるイギリスの詩がひいてある。

英国の有名な詩人の詩に「童《わらべ》なりけり」といふがあります。それは一人の児童が夕毎《ゆうべ》に淋しい湖水の畔《ほとり》に立て、両手の指を組み合はして、梟の啼くまねをすると、湖水の向の山の梟がこれに返事をする、これを其童は楽《たのしみ》にして居ましたが遂に死にまして、静かな墓に葬られ、其霊《たま》は、自然の懐《ふところ》に返つたといふ意《こころ》を詠じたものであります。

というのである。この詩の作者は有名な詩人とあるが、それが誰であるか、私はまだ知らない。

若山牧水のフクロウの歌一首

つぎに、明治・大正の歌や俳句の方では、まず若山牧水に、

目さむれば雨はやみゐて春の夜の
　やや寒けきに梟きこゆ

という歌がある。さすがに自然主義の歌人だけに、なんらとらわれるところなく、ありのままにフクロウを見ている。いや、聞いているのはいいが、ただそれだけで、特別の関心をよせていたものとは思われない。歌としても平凡の作であろう。

だが、ひとり牧水にかぎらない。およそ万葉の昔から今日まで、フクロウをうたって、これは傑作だと愛誦するにたるような歌の一つもないこと、以上にわれわれの見てきたごとくである。

では、俳句の方はどうかというに、これもまた大体、大差ない。画家のピカソが、ニワトリを発見

し、フクロウを発見したように、これからわが日本の歌人も俳人も、フクロウを発見する必要がある。

自由律層雲派の俳人山頭火のフクロウの句三句

自由律俳句で、とくに私の好きなのは、尾崎放哉と種田山頭火の短律だが、放哉は私の郷里鳥取県の先輩であり、山頭火は、私が一年ばかり住んでいたことのある山口の中学を出て、晩年山口に近い小郡字矢足の山裾にながく庵住まいしていたというような関係もあって、特別の親しみを感ずる。

さて、放哉は別だが、山頭火の方は、その住まった地勢が多く山に接したところであったせいかもしれぬが、その風貌からしてもどこかフクロウに似ているところがあるように、ふと思いおよんだので、こんどあらためてその句集を読みかえしてみると、はたしてフクロウの句が、三句あることを見出した。

かたむいた月のふくろうとして

ふくろうはふくろうでわたしはわたしでねむれない

この二句は、句集『草木塔』に出ている。随筆集『愚を守る』にも次の句がある。

春の夜のふくろうとして二声三声は鳴いて

私の見出したのは、わずかにこの三句にすぎないが、放哉には――そして、北琅、秋紅蓼などにも――一句もないようだから、これでも俳人としては、フクロウを問題にした、珍しくまれな深みのある俳人のうちにかぞえてよかろう。それがまた、私をして、山頭火の風格と俳句に一層の親しみを感ぜしめる。

自由律海紅派の俳人碧童のフクロウの句

四月二十四日（一九五二年）に、私ははじめて、昭森社の森谷均氏に面談の機会をえた。私のフクロウ研究の話から、フクロウの俳句では、小沢碧童にいいフクロウの句が一句ありますが、とのこと。小沢碧童というのは、私はまだ聞いたことのない俳人だが、森谷氏の談によると、海紅派の俳人で、河東碧梧桐の門人の由。そのフクロウの句というのは、

炭火しろ、梟か

というういわゆる短律俳句であった。昔、海紅派句集を読んだのですが、そのうちで、碧童のこの一句だけが、妙にふかく印象にのこって、いまも忘れずにいますとのことであった。なるほど、フクロウの短歌や俳句のうちでは、これはまさに出色の句のようにおもわれる。

夜が次第にふけて、炭火もついに白うなってしまった。そうすると、鳥の鳴声が聞こえる。フクロウであろうか。こんな夜ふけに鳴くのはフクロウにちがいあるまい、というのであろう。

「炭火しろ」では、文法上正確にいえばおかしい文句だが、さればといって、「炭火白し、フクロウか」ではちがうし、「炭火白うなり、フクロウか」でもいかんし、やっぱり、「炭火しろ、フクロウか」のほかないようだ。

炭火しろ、梟か

たしかにいい句だ。これはいい話を聞いた。そして、森谷氏は話せる人だとおもった。

芥川龍之介の傑作『地獄変』のミミヅク

明治の泉鏡花についで、そののちに、フクロウを小説に取り入れて、もっとも成功したものは、大正の芥川龍之介であろう。大正七（一九一八）年四月作の『地獄変』がそれである。鏡花の、『化鳥』は明治三十（一八九七）年の作、『梟物語』は明治三十一年の作で、日清戦争直後のことだが、芥川の『地獄変』は、それよりおくれること二十一、二年、第一次世界大戦末期の作である。

これは、芥川の作品中でも、おそらく傑作中の傑作といってよかろう。ここには、芥川の才能と彼の生命とした芸術至上の情熱とが、渾然としてみごとに結晶している。聡明なる才人の単なる智恵と技巧との作品ではない。彼の私淑した漱石や鷗外にも、見ることのできなかった特異の境地を展開している。彼としては、珍しく相当に長篇の時代物的な小説である。

良秀という画家が、地獄変の屛風絵を画くに、炎熱地獄の大苦患を如実に感ぜしめるよう、「或は鉄の笞に打たれるもの、或は、千曳の磐石に押されるもの、或は怪鳥の嘴にかけられるもの、或は又、毒竜の顎《あぎと》に噛まれるもの」等々、罪人の種類に応じて、呵責の方法もまた幾通りもあることを、いきいきと表現しようと、そのために、蛇を飼ったり、ミミヅクを飼ったりしていたというので、地獄変屛風絵の一資料として、ミミヅクが出てくる。

そんなわけだから、ミミヅクは智恵の鳥というより、怪鳥としてここでは取り扱われている。した

がって、その見方はちょっと芥川にふさわしくもなく、古いといえば、古いといえないこともあるまい。しかし、

所が、最後にもう一つ、今度はまだ十三四の弟子が、やはり地獄変の屏風の御かげで、云はば命にも関はり兼ねない、恐ろしい目に出遇ひました。その弟子は生れつき色の白い女のやうな男でございましたが、或夜の事、何気なく師匠の部屋へ呼ばれて参りますと、良秀は燈台の火の下で掌に何やら腥い肉をのせながら、見慣れない一羽の鳥を養つてゐるのでございます。大きさは先《まづ》、世の常の猫ほどもございませうか。さう云へば、耳のやうに、両方へつき出た羽毛と云ひ、琥珀のやうな色をした、大きな円い眼と云ひ、見た所も何となく猫に似て居りました。

というあたりは、まことに生彩あるミミヅクの形態描写ではないか。琥珀色の目玉とあるから、このミミヅクは、いわゆる黄目のミミヅクであろう。橙色の目玉、すなわち赤い目玉のミミヅクでなかったことがわかる。黄目のミミヅクといえば、青葉ヅクか小耳ヅクかだが、耳があるというのだから、青葉ヅクではありえない。また、地方によっては、猫鳥とも呼ばれているミミヅクだから、「見た所も何となく猫に似て居りました」というのは、あたっている。さて、

そこで弟子は、机の上のその異様な鳥も、やはり地獄変の屏風を描くのに入用なのに違ひないと、から独り考へながら、師匠の前へ畏まつて、「何か御用でございますか」と、恭々しく申しますと、良秀はまるでそれが聞えないやうに、この赤い唇へ舌なめづりをして、「どうだ。よく馴れてゐるではないか。」と、鳥の方へ頤《あご》をやります。

フクロウは飼っても、なかなか馴れない鳥だといわれるが、これでみると、馴らし方いかんによっては、必ずしも一概にそうとはいえないようにみえる。はたしてどうであろうか。私にはまだよくわからない。

「これは何と云ふものでございませう。私はつひぞまだ、見た事がございませんが。」

弟子はかう申しながら、この耳のある、猫のやうな鳥を、気味悪さうにじろじろ眺めますと、良秀は不相変《あひかはらず》何時もの嘲笑ふやうな調子で、

「なに、見た事がない？　都育ちの人間はそれだから困る。これは二三日前に鞍馬の猟師がわしにくれた耳木兎《みみづく》と云ふ鳥だ。唯、こんなに馴れてゐるのは、沢山あるまい。」

かう云ひながらあの男は、徐《おもむろ》に手をあげて、丁度餌を食べてしまつた耳木兎の背中の毛を、そつと下から撫で上げました。するとその途端でございます。鳥は急に鋭い声で、短く一声啼いたと思ふと、忽ち机の上から飛び上つて、両脚の爪を張りながら、いきなり弟子の顔へとびかかりました。もしその時、弟子が袖をかざして、慌てて顔を隠さなかつたら、きつともう疵の一つや二つは負はされて居りましたらう。あつと云ひながら、その袖を振つて、逐ひ払はうとする所を、耳木兎は蓋《かさ》にかかつて、嘴《くちばし》を鳴らしながら、又一突き——弟子は師匠の前も忘れて、立つては防ぎ、坐つては逐ひ、思はず狭い部屋の中を、あちらこちらと逃げ惑ひました。怪鳥も元よりそれにつれて、高く低く翔《かけ》りながら、隙さへあれば驀地《まつしぐら》に眼を目がけて飛んで来ます。その度にばさばさと、凄じく翼を鳴すのが、落葉の匂だか、滝の飛沫《しぶき》だか、或は又猿酒の饐《す》ゑたいきれだか、

何やら怪しげなもののけはひを誘つて、気味の悪さと云つたらございません。

こうして、地獄変の呵責の幾通りもある方法の一つ――「罪人が怪鳥の嘴にかけられるところ」を如実に描くための資料を、画家の良秀は、つくりだしたわけであろう。一般には、フクロウは羽毛がやわらかで、飛翔するさい音をたてないのが特徴の一つとされるが、これでみると、ばあいによっては、ばさばさとすさまじく翼をならすこともあるらしい。これも事実は、はたしてどうであろうか。

弟子の恐怖感も尋常ではない。

……さう云へばその弟子も、うす暗い油火の光さへ朧げな月明りかと思はれて、師匠の部屋がその儘遠い山奥の、妖気に閉された谷のやうな、心細い気がしたとか申したさうでございます。

しかし弟子が恐しかつたのは、何も耳木兎に襲はれると云ふ、その事ばかりではございません。いや、それよりも一層身の毛がよだつたのは、師匠の良秀がその騒ぎを冷然と眺めながら、徐に紙を展《の》べ筆を舐《ねぶ》つて、女のやうな少年が異形な鳥に虐《さいな》まれる、物凄い有様を写してゐた事でございます。

画家良秀がミミヅクをその部屋に飼っていたのが、そもそも何の目的であったかが、いよいよここにはっきりしたわけである。こうして、画家は冷酷なまでに真を写し出すことを求めているのである。

……弟子は一目それを見ますと、忽ち云ひやうのない恐ろしさに脅かされて、実際一時は師匠の為に、殺されるのではないかとさへ、思つたと申して居りました。

実際師匠に殺されると云ふ事も、全くないとは申されません。現にその晩わざわざ弟子を呼びよせたのでさへ、実は耳木兎を唆《けし》かけて、弟子の逃げまはる有様を写さうと云ふ魂胆らしかつたのでございます。

ここに至って、われわれは、芥川龍之介が、なぜこういう物語を構想するにいたったかを、十分に理解できるように感ずる。それは、芥川の芸術至上主義が、この画家の真実を写しだすためには、弟子をも犠牲にしてもかまわぬ冷酷さに、満足と共鳴とを見出しうるからであろう。

物の倒れる音や破れる音が、けたたましく聞えるではございませんか。これには弟子も二度、度を失つて、思はず隠してゐた頭を上げて見ますと、部屋の中は何時かまつ暗になつてゐて、師匠の弟子たちを呼び立てる声が、その中で苛立しさうにして居ります。

やがて弟子の一人が、遠くの方で返事をして、それから灯をかざしながら、急いでやつて参りましたが、その煤《すす》臭い明りで眺めますと、結燈台《ゆひとうだい》が倒れたので、床も畳も一面に油だらけになつた所へ、さつきの耳木兎が片方の翼ばかり苦しさうにはためかしながら、転げまはつてゐるのでございます。良秀は机の向うで半ば体を起した儘、流石に呆気《あつけ》にとられたやうな顔をして、何やら人にはわからない事を、ぶつぶつ呟いて居りました。——それも無理ではございません。あの耳木兎の体には、まつ黒な蛇が一匹、頸から片方の翼へかけて、きりきりと捲きついてゐるのでございます。大方これは弟子が居ずくまる拍子に、そこにあつた壺をひつくり返して、その中の蛇が這ひ出したのを、耳木兎がなまじひに摑みかからうとしたばかりに、とうとうかう云ふ大騒が始まつたのでございませう。二人の弟子は互に眼と眼とを見合せて、暫くは唯、この不思議な光景をぼんやり眺めて居りましたが、やがて師匠に黙礼をして、こそこそ部屋へ引き下つてしまひました。蛇と耳木兎とがその後どうなつたか、それは誰も知つてゐるものはございません。――蛇とミミヅクはそれでいいとして、地獄変の屏風絵は、それからどうなったであろうか、良秀はどうなったであろうか。

地獄変の屏風はその後一ヵ月たってみごとに完成して、好評絶讃を博したが、その屏風のできあった次の夜に、良秀は自分の部屋でみずからくびれ死んでいた、というのである。

所がその後一月ばかり経つて、愈《いよいよ》地獄変の屏風が出来上りますと、良秀は早速それを御邸へ持つて出て、恭しく大殿様の御覧に供へました。丁度その時は僧都様も御居合せになりましたが、屏風の画を一目御覧になりますと、流石にあの一帖の天地に吹き荒《すさ》んでゐる火の嵐の恐しさに御驚きなすつたのでございませう。それまでは苦い顔をなさりながら、良秀の方をじろじろ睨《ね》めつけていらしつたのが、思はず知らず膝を打つて、「出かし居つた」と仰有《おつしや》いました。この語《ことば》を御聞になつて、大殿様が苦笑なすつた時の御容子も、未だに私は忘れません。

それ以来あの男を悪く云ふものは、少くとも御邸の中だけでは、殆んど一人もゐなくなりました。誰でもあの屏風を見るものは、如何に日頃良秀を憎く思つてゐるにせよ、不思議に厳かな心もちに打たれて、炎熱地獄の大苦艱を如実に感じるからでもございませうか。

と芸術至上主義の作者は、この小説の主人公をついに勝利せしめている。では、それから良秀はどうなったか。

しかしさうなつた時分には、良秀はもうこの世に無い人の数にはひつて居りました。それも屛風の出来上つた次の夜に、自分の部屋の梁へ縄をかけて、縊《くび》れ死んだのでございます。

これが、この小説の主人公の最期であり、この物語の最後でもある。いや、それのみではない。この小説の作家芥川龍之介の最期も、またこうではなかったか。その意味でもこの小説は興味ぶかい。

川端康成氏の小説『禽獣』のミミヅク

大正・昭和のわが小説家中、フクロウに特殊の関心をよせて、自分で飼っており、その観察を作品中に記録しているまれなる作家の一人に、川端康成氏がある。

『禽獣』と題する小説がそれで、昭和八（一九三三）年の作だ。伊藤整氏の解説によると、この作家の孤独な認識の極致を示すものとして、当時世評の高かったものだそうであるが、私はいままで川端氏の作品はほとんど読んだことがなく、こんどはじめて読んでみたのだが、これはちょっと珍しい作品で、私もすこぶる興味ぶかく読んだ。

作品の語るところによると、この主人公は、禽獣が好きで、いろいろ自分で飼っており、「客に会ふのにも、身辺から愛玩動物を放したことはなかつた。」

夏などは、客間のテエブルの上のガラス鉢に、緋目高や鯉の子を放して、（中略）彼はガラス鉢のなかの色とりどりの鯉の子が、その游泳につれて、鱗の光のいろいろに変るのをつくづく見ながら、こんな狭い水中にも、微妙な光の世界があると、客のことなど忘れてしまつてゐるのだつた。

鳥屋はなにか新しい鳥が手に入ると、黙つて彼のところへ持つて来る。彼の書斎の鳥が三十種にもなることがある。

「鳥屋さん、またですか」と、女中はいやがるが、

「いいじやないか、これで四五日、僕の機嫌がいいと思へば、こんな安いものありやしない。」

「でも、旦那さまがあんまり真面目なお顔で、鳥ばかりみていらつしやいますと。」

「薄気味悪いかね。きちがひにでもなりさうかね。家のなかがしんと寂しくなるかね。」

しかし、彼にしてみれば、新しい小鳥の来た二三日は、全く生活がみづみづしい思ひに満たされるのであつた。この天地のありがたさを感じるのであつた。多分彼自身が悪いせゐでもあらうが、人間からはなかなかそのやうなものを受け取ることが出来ない。貝殻や草花の美しさよりも、小鳥は生きて動くだけに、造化の妙が早分りであつた。籠の鳥となつても、小さい者達は、生きる喜びをいつぱいに見せてゐた。

こうして、この作家は、小鳥では、菊戴《きくいただき》、駒鳥、紅雀、百舌《もず》、黄鶺鴒《きせきれい》、ミミヅクなどをつぎつぎと飼っていたことをしるしている。

そして、小鳥にたいする主人公の好みについては、「西洋風な播餌《まきえ》鳥よりも、日本風な擂餌《すりえ》鳥の渋さを愛した。鳴鳥にしても、カナリヤとか、鶯とか、雲雀とか、鳴きの花やかなものは、気に入らなかつた」と語っている。だから、「元来、紅雀みたいな少女好みの鳥は嫌ひなのだつた。」「だのに、

紅雀などを飼つたのは、小鳥屋がくれて行つたからに過ぎなかつた。一羽が死んだから、後を買つたといふだけの話であつた。」とことわっている。

菊戴の番《つがい》を二組も長過ぎた水浴びで死なせてしまった主人公は、「菊戴とはもう縁切だ」と言って、今度はミミヅクを手元においたのも右のような好みと無縁ではない。次の描写はミミヅクの猛禽類としての特徴をよく表現している。

木菟は彼の顔を見ると、円い目を怒らせ、すくめた首をしきりに廻して、嘴を鳴らし、ふうふう吹いた。この木菟は彼が見てゐるところでは、決してなにも食はない。肉片を指に挟んで近づけると、憤然と噛みつくが、いつまでも嘴にだらりと肉をぶら下げたまま、呑みこまうとはしない。彼は夜の明けるまで、意地つ張りの根くらべをしたこともあつた。彼が傍にゐれば、摺餌を見向きもしない。体も動かさない。しかし夜が白みかかると、さすがに腹が空《す》く。止木を餌の方へ横ずりに近づく足音が聞える。彼が振り向く。頭の毛をすぼめ、目を細め、これほど陰険で狡猾な表情がまたとあらうかと思はれる風に、餌の方へ首を伸ばしてゐた鳥は、はつと頭を上げて、彼を憎しげに吹いてから、素知らん顔をする。彼がよそ見をする。そのうちにまた木菟の足音が聞える。両方の目が合つて、鳥はまた餌を離れる。それを繰り返すうちに、もう百舌が朝の喜びを、けたたましく歌ふ。

彼はこの木菟を憎むどころか、楽しい慰めとした。

内島北朗氏作のフクロウ笛と荻原井泉水氏の賛文

内島北朗氏は層雲派の自由律俳人だが、同時に陶工でもあって、フクロウの作がある。その素焼の作り方を、楽焼入門書のうちに、自ら図解されている。京都市今熊野日吉町という古い陶工町のお宅でお目にかかったところ、そのフクロウ笛を井泉水氏がもらって、それに賛を書かれた軸物一幅が床の間にかけてあったのを拝見した。それをあとで、北朗氏の筆で写し取って、おくって下さった。一九五一年十二月九日のことであった。その賛文は、次の如くである。

童のもてあそぶものには、はと笛あり、名所土産にうぐひす笛あり、芭蕉は水鶏笛を愛したりといへば、一茶には梟笛こそふさはしけれと、信濃の陶工なにがし戯れにこれを作りて、われに示せしものなり。　　井泉水記並写

井泉水氏がこれを書いて、北朗氏におくられたのは、「多分、信州に小生居りし昭和二十五、六年頃かと思われます。」と北朗氏からの私宛手紙には、附記してあった。

荻原さんは、「一茶には梟笛こそふさはしけれ」といっておられるが、まさにそのとおりと私もおもう。私が調べてみたところでは、一茶にはフクロウの俳句が八句ある。（一九六三・十・二十三）

宮沢賢治の童話「林の底」

フクロウが染物屋で、カラスがフクロウの染物屋に真っ黒に染められてしまったという民話が、各地におこなわれている。

ところが、東北の詩人宮沢賢治の童話集に「林の底」という題名の童話があるが、それには、梟がそしらぬ顔をして多くの鳥どもに、自分でなく、トビが染物屋で、その墨壺にカラスがざんぶとつけられて、真っ黒に染められたことにして、話してきかせる仕組みになっており、そのため民話よりも、一段と滑稽味豊かな童話が創作されている。

そして、その童話のうちにも、フクロウの生態と習性についての賢治の精細な観察がうかがわれ、さすがに科学者にして詩人であった賢治の面目躍如たるものが感ぜられる。

○ ちょっとみると、梟はいつでも、頬をふくらませて、めったにしゃべらず、たまにしゃべれば、声もどっしりしているし、……

○ もっともらしく、ふとった首をまげたりなんかすることは、……

○ 眼をすばやくぱちっとしましたが、

○ 梟の顔が猫に似ていることを、他の鳥に皮肉られて、梟が、俄かに機嫌をわるくし、ついにもぢもぢしてしまった、といっているのもおもしろい。鳥の色のことで、三毛だの、赤だの、煤けたのだの……私が三毛といいましたら、〔三毛というのは、猫の毛色の一つだから〕梟は、俄かに、機嫌をわるくしました。……「そいつは無理でさ、三毛というのは、猫の方です。鳥には、三毛なんていません」と梟。「そんなら、鳥の中には、猫がいなかったかね。」と私。すると、梟が少しきまりわるそうに、もぢもぢしました。……

といった類である。

北原白秋の木兎の家の跡を訪ねて

私が、拙著『唯物論者の見た梟』を刊行したのは、一九五二年十二月のことであった。その後まもなく私は、白秋が大正七（一九一八）年から八年間小田原早川口の伝肇寺《でんじょうじ》境内に住んでいて、その家をミミヅクの家と称していたことを知り、一九五三年二月、ミミヅクの家の跡を訪ねてみることにしたのであった。

伝肇寺の住職千葉林定氏は、ミミヅクの家にちなんでミミヅク幼稚園を経営されており、いろいろお話を聞き、参考資料をいただくこともできた。

ミミヅクの家は、竹の柱に、茅の屋根、麦藁の壁、そして正面に二つの窓が、いわゆるボロを着て、着ぶくれて、くるくると大きな丸い眼玉の、ミミヅクに似ているというので、ミミヅクの家と称したものらしい。この家ができたのが、大正九（一九二〇）年十二月三十一日のことであった、という。六畳四畳二間の小さな家で、その隣に、四畳半の茶室が同時に建てられた。それから、茶室の隣に、二階建赤瓦葺き三十坪の洋館を建増したのが大正十一（一九二二）年のことであった由。

大正十二年九月一日の関東大震災後、木兎の家をのぞきに訪れた折の白秋の詩に、

誰れもいぬのに、眼のような　こわれガラスが光ります
もといた家に、僕ひとり、今日ものぞきに来てみたる

などがある。「眼のようなこわれガラス」とは、ミミヅクの眼のような二つの窓のこわれガラスとい

う意味であろう。

木兎の家の棟上げの折、白秋はしるし半てんをつくって、関係の職人たちに着せたという。そのしるし半てんの趣向がふるっている。それは、襟に、北原白秋木兎の家とタテに書き、腰にローマ字で、ミミヅクの家とヨコに書き、背の紋所には、白秋下絵のミミヅクの――二羽のミミヅクが寄りそって、一羽は眼を閉じ、一羽は大きく眼を開いている絵をつけたものであった。

白秋が大正十一年増築した二階建赤瓦葺きの洋館のために、よく骨をおってやってくれた小田原在住の瓦職門松福太郎氏に、白秋が氏の顔を略画でえがいた上の方に、ミミヅクの詩賛を書いて与えたという一幅の軸物がのこっている。その詩賛というのは、次のようなものである。

木兎ミミヅク
春の仕度にかかりゃんせ
赤い瓦が葺けたぞなモシ

「木兎ミミヅク」というのは、おそらく赤い瓦ぶきの洋館に住まおうとする白秋自身を指して、いいかえれば、自分自身に呼びかけて、さいわい赤瓦の洋館も、もう出来上ったことだし、いよいよ春の仕事に取りかからなければという気持を、表現したものであろう。

木兎の家の跡を訪ねた契機に、それからポツポツと調べてみると、白秋にはミミヅクについての歌も俳句もあることがわかった。

一九四三年刊行の白秋短歌集『風隠集』にミミヅクの歌が一首あった。

花樫に月の大きくかがやけば
　眼ひらく木兎のホウホウと啼く

また、『竹林清興』という題名の白秋俳句集には、

　二方《ふたかた》に梟の啼く月なり

の句がある。「二方《ふたかた》に梟の啼く」は、斎藤茂吉の歌集『白き山』に見られる「二つ相よぼう梟の声」に似ているが、茂吉のばあいは、二羽がお互に呼びあう関係であるのに、白秋のは、二羽がバラバラである点がちがう。もっとも、二羽ともが一つの月に相対しているという関係ではあるが、二羽のフクロウ自体の間に、白秋のばあいは、直接の関係はない。

茂吉の「二つ相呼ぼう梟の声」に、もっともよく似ているのは、中唐の文豪韓退之の詩にある「双鳴して鵂鶹闘かう」であろう。もっとも、これもくわしく見ると、韓退之のばあいは二羽のミミヅクが、単に呼びあっているというのではなく、相互に鳴ききそっているというのだから、ちょっとちがう、というべきであろう。

さて、これで白秋もやはり、フクロウまたはミミヅクに関心を持っていたこと。フクロウまたはミミヅクについて、詩も歌も俳句もあるにはあるが、雀について『雀百首』『雀の卵』などの作品があるのと、とても比較にはならない。白秋は雀の詩人であった、と呼ばれるに値しようが、フクロウの詩人でも歌人でもなかったようにおもわれる。

木兎の家にしても、主として形の上からのことで、すなわち壁の代りに、藁がこいにしたのは、ミ

ミヅクの柔らかな羽毛をふくらませた恰好を思わせるし、それにまた大きな二つの窓が、ミミヅクの大きな眼玉に似ているところから、思いついたものであったにちがいない。

さすがに、官能派・感覚派の詩人にふさわしい感覚だとは、感心させられるが、それ以上のものではなかった。少なくとも思索的なものではなかったように、私にはおもわれる。（一九六九・五・五）

＊

追記——白秋の『桐の花』は、私が白秋の歌を読んだ最初の歌集だが、すっかり忘れていた。これに、フクロウの歌が二首あった。

市ケ谷の逢魔が時となりにけり
赤ん坊の泣く梟の啼く

梟は今か眼玉を開くらむ
ごろすけほうほうごろすけほうほう

これで、白秋はフクロウの鳴声を、ゴロスケ・ホウホウと聞いていることがわかるが、ゴロスケは純粋に客観的な写音ではない。半ば擬人法である。感覚の鋭いはずの詩人白秋としては、あまりにも幼稚な聞き方というのほかないのにおどろかされる。

（一九六九・五・八）

三宅華子氏の手記『人間ゾルゲ』とフクロウ

一九五二年の一月から二月にかけて、私は友人の鶴飼正男氏から見せてもらって、立野信之氏の小説『太陽はまた昇る』上中下三巻を興味ぶかく通読した。副題の示すとおり、公爵近衛文麿を主人公とした小説だが、そのうちにゾルゲ・尾崎事件がかなりくわしくおりこまれている。そして、それが公爵近衛と対照的におかれているところにこそ、むしろこの小説の主要な特色は見出されるといってもいいほどに、右事件の尾崎秀実氏のことに力をいれている。

そして、ちょうど中巻を読み終ったときに、鶴飼氏からまた、『人間ゾルゲ――愛人三宅華子の手記』という小冊子をすすめられて読んだ。

これは、一九四九年七月に出た本で、愛人の手記とは題されているが、その文章を通読した感じでは、前にのべた『太陽はまた昇る』ときわめてよく似ている点もあり、とうてい素人の筆になった手記とは思われない。おそらく材料を愛人からえて、誰か玄人の小説家が書いたものではあるまいか。元来ならばこのような手記を、日本文学というちにかぞえて、「フクロウと日本文学」との関係、いいかえれば日本文学にあらわれたフクロウを論ずるのは、ちとどうかとも考えないではないが、右の次第で、この手記をもここに取り上げることにした。

この手記を開いてみて、私が第一に驚いたのは、わずか数節からなる見出しのうちの第四節に、フクロウと題する一節のあることで、これはおもしろいと、まっさきにそこを読んでみたほどであった。しかし、それについてのべるまえに、ゾルゲとはどんな人物であったかを、簡単に紹介しておこう。

コミンテルン諜報部の一員として、さきの戦争中日本で活躍し、ついに捕えられて、日本で死刑に処せられたリヒャルト・ゾルゲは、昔マルクスやエンゲルスと親しい文通の関係にあったアドルフ・

ゾルゲの孫で、スターリンの信任あついコミュニストであったと伝えられる。

右手記の附録にそえられた「獄中のゾルゲ」という一篇によると、

法廷の審理にあたっては、ゾルゲは、ドイツ語で陳述し、通訳が日本語になおした。

コンミュニストになった動機を、裁判長からたずねられたとき、彼は昂然とこたえた。

「私は第一次大戦に従軍し、東部と西部に戦い、いくたびか負傷し、戦争の不幸を、身をもって体験しました。戦争——それは、結局は、資本主義社会の相剋に外なりません。この人類の不幸を除去するには、資本主義を否定するほかないと信じたのです」と。

彼は、一言も自己弁護を試みようとはせず、進んで全責任を自分でおい、他の被告達の助命を懇願しつづけた。

そしてゾルゲは一九四四年の三月、裁判の結果ついに死刑を宣告されたが、その日の光景を、右の文章はこうしるしている。

一九四四年三月十五日。制服憲兵を除いては、一人の傍聴人すらない、ガランとした東京地方裁判所第一法廷。

鼠色の背広に赤皮の靴。ズボンの筋も正しいゾルゲ。羽織、袴の尾崎。両被告に判決は下った。

「被告人を死刑に処す。」

裁判長は宣告した。

「トーデス・シュトラーフニ」

通訳がトランスレートする。

瞬間、両被告の顔色は、いささかもかわらなかった。時に午前十一時。一言もかわさず、尾崎は静かに法廷をでていった。ついで、ゾルゲの肩幅のひろい後姿が、扉のそとに消えていった。

さらにまた、右の文章によると、尾崎がゾルゲの人物における評判を関係弁護士から聞かされた感想を、家人への手紙に、次のように書きおくった由である。

堀川さんは、私に、私をゾルゲとくらべて、「ゾルゲの方が腹ができているとの批評だ」とずばりといわれました。これこそ私は自らかえりみて恥しいとおもいます。全く第三者がみてもそううつるほどの何ものかの心の弱さが、私のうちにあるのだとおもいます。この二年間の、殊に始めのころをかえりみて、思いあたるものが全くないとはいわれません。残念なことです。もちろんゾルゲが腹のできた珍しい人物だということには、異論ありませんが、私自身まだまだ精進の余地があるのでしょう。——

分離審だったので、判決の日を除いては一度もゾルゲと顔をあわせたことがなかった尾崎に、堀川弁護士が、巣鴨拘置所職員および法廷関係者が、ゾルゲに対していだいている称讃の念を、話のついでに伝えたのであろう。獄中でもおちつきと如才のない鷹揚さとを失わなかったゾルゲ。独英露仏華の五ヵ国語を自由にあやつり、スラブとゲルマンの血の交流する典型的なコスモポリタンであったとはいえ、異国の独房で、しかも死に対決しながら、口辺に微笑をたやさなかった彼。それは、一筋につながるひたむきな魂のもつ静謐であろう。

ゾルゲは、担当の弁護士に向って、手で頸をしめるまねをしてみせ、「いつ？　いつ？」と笑いながら、ジェスチュアたっぷりにきく余裕をもっていた。ゾルゲがいかにおちついた余裕ある人物であったかを、誰もが彷彿として眼の前に、想いうかべることができよう。

さて、そのゾルゲとフクロウのことだが、ゾルゲは忙しい命がけの仕事に飛びまわりながら、その東京のすまいには、フクロウを二羽飼って、それをかわいがり、楽しんでいたらしい。それについて、愛人の手記はこうしるされている。

わたしは家に小さい白犬を飼っていた。ロシヤマルチーズという毛の長い玩具のような犬だった。ゾルゲは大きなシェパードを飼いたいと思ったが、アマ（家政婦）さんが犬嫌いなのでよした。そのうち、ゾルゲはどこで手に入れたのかフクロウを二羽、階下の食堂で飼い始めた。フクロウは大きな金網に入れられ、木の枝をとまり木にして、うすぐらく遮光された中で、生肉をもらっていた。人間が側へゆくと、にらみつけて、いつも上段にとまっていた。珍しいので、ゾルゲのうしろへついてみにゆくと、ゾルゲは、

「かわいがってやりましょう」

といって、金網に手を入れ、フクロウの黒い頭をなでていた。フクロウはやっぱりにらみつけた顔で、わたし達をみつめていた。ゾルゲはかわいがるのをやめて、じっとフクロウをみていたが、

「りこうな顔ですねェ」

とわたしをふりかえって笑った。わたしもおかしくなって一緒にふきだした。フクロウのすましこんだきつい学者のような顔が、どこかゾルゲの顔と似てみえた。フクロウはくらい金網の奥で、大へんしずかにおちついていた。

ときどき夜おそくホウホウと深山のような深い寂しい声でないた。わたしはおそろしいような寂しい感じがおこるのだったが、ゾルゲはじっと耳をすませてきき入っていた。

フクロウは永くは生きなかった。むずかしい飼いものなのであろう。それからは、もう生きものは飼わないことになった。

愛人の方は、あまりフクロウに心からのふかい関心をもっていないようだが、ゾルゲは、「りこうな顔ですねエ」といい、「かわいがってやりましょう」と愛人をうながしているところに、フクロウによせていた愛情の深さがうかがわれて、対照の妙味を感ぜしめる。

このフクロウは、夜おそくホウホウと深山のような深い寂しい声で鳴いたといい、また、黒い頭をなでてとあって、頭が黒かったといっているから、厳密にいうならば、その鳴声と羽毛の黒味がちな点から判断して、これは、いわゆる狭い意味でのフクロウではなく、小柄で、羽毛の斑紋が黒味がちなために、地方によっては、黒フクロウとも小フクロウとも呼んでいる青葉ヅクであろう。

愛人の手記に、「フクロウのすましこんだきつい学者のような顔が、どこかゾルゲの顔と似てみえた」とあるが、ゾルゲは、たしかに性格的に、学者肌の一面をもっていたらしい。獄中手記のなかで、「私の生涯に波瀾がおこらなかったら、おそらく学者になっていたろう」と述懐しているとのことである。それだから、フクロウが好きであり、そのさいごの家に、フクロウを飼っていたのであろう。フクロウの家、それはいかにもゾルゲにふさわしい住居であったようにおもわれる。

二　フクロウをうたったアイヌの神謡

アイヌの神謡には、フクロウ神が自らを演じた歌――または、フクロウ神が所作しながらうたった歌と称せられるきわめて長篇の説話詩、物語詩が二種ある。これはフクロウの詩や歌のうちで、世界にも多くその例を見ない。まことに珍しい、しかもすこぶる興味に富む詩篇だとおもう。

すなわち、これらの神謡の中で、アイヌ人はフクロウをもってじかに、コタン・コル・カムイ（村を・守る・神）そのものとあがめている。フクロウをじかに神と考えているのは、アイヌ人だけで、ほかには世界にその例がないようである。もっともフクロウといっても、じつはいわゆる耳をもった縞フクロウと呼ばれる種類のもので、――鷲に近い大きさのミミヅクである。

その一つは、「銀のしずく降れ降れまわりに、金のしずく降れ降れまわりに」――アイヌ原語では、「シロカニペ　ランラン　ピシカン、コンカニペ　ランラン　ピシカン」というまことに金属の触れあうように美しい旋律の折返しをもった、そしてヒューマニズムの香気高い詩篇である。少々長くなるが、紹介しておこう。

「銀のしずく降れ降れまわりに

金のしずく降れ降れまわりに」
という歌を私は歌いながら、
川の流れに沿って下り、
人間の村の上空を通りながら、
自分の下の方を眺めると、
昔の貧乏人が今は長者になり、
昔の長者が今は貧乏人になっている様です。

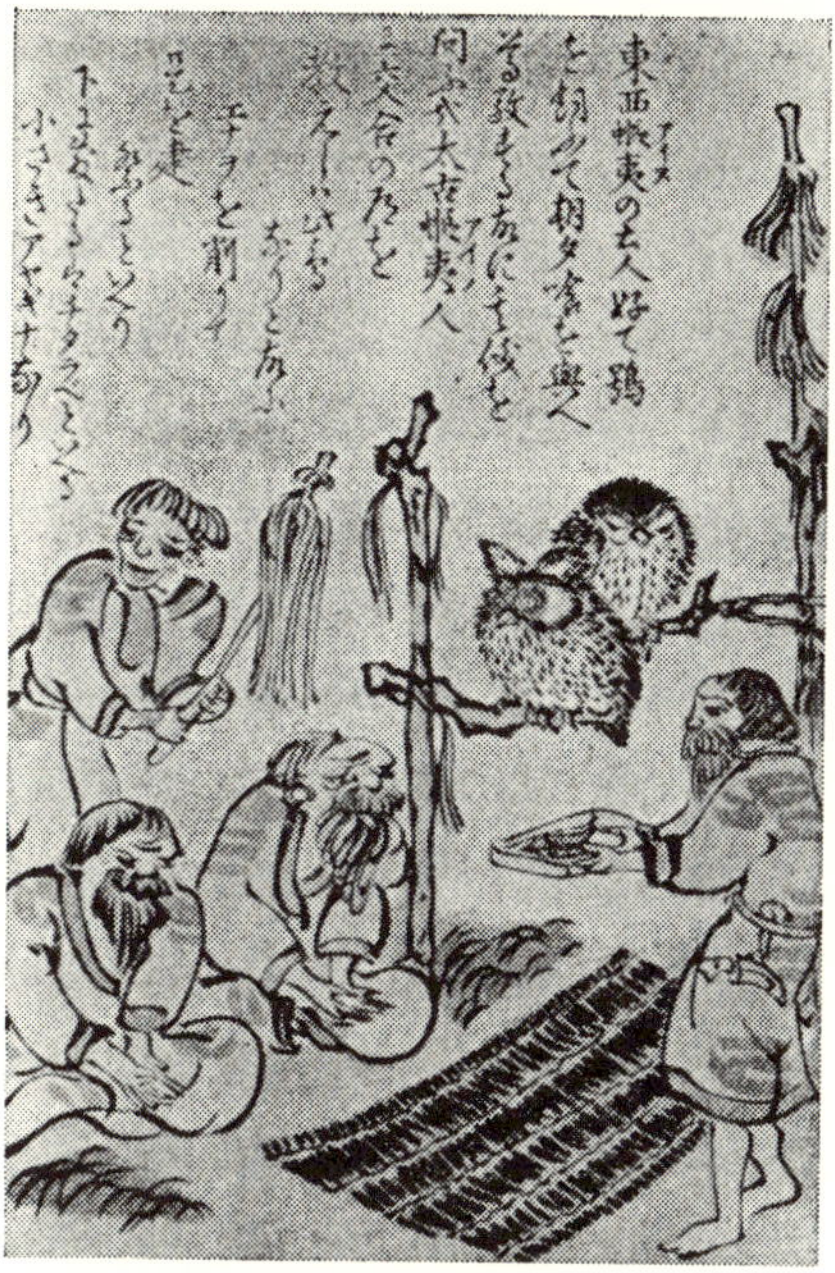

アイヌ人がフクロウを飼っている図

海辺で人間の子供たちが
おもちゃの小弓とおもちゃの小矢
を
持って遊んで居ります。
「金のしずく降れ降れまわりに
銀のしずく降れ降れまわりに」
という歌を私は歌いながら、
子供らの上を通りますと、
彼らは私の下を走りながら、
口々にこう云いました。

「美しい小鳥！　神様の小鳥！
さあさあ早く、
あの小鳥　神様の小鳥を
射当てた者、先に取った者は、
ほんとの勇者、まことの首領
なんだぞ！」
そう言いながら、昔は貧乏人、
今は長者になっている者の子供らは、
金の小弓に金の小矢をつがえて
私を射ましたが、金の小矢を、
私は自分の下を通らせ、
私は自分の上を通らせました。
ところで、子供らの中に
一人の男の子が
ただの小弓にただの小矢を持って、
仲間にはいっています。
見ると、貧乏人の子らしく、

着物からでもそれが分ります。
けれども、その目つきをよく見ると、
えらい人の子孫らしく、
種類のちがった鳥の様にまじっています。
彼もまた、
ただの小弓にただの小矢をつがえて、
私をねらいますと、昔の貧乏人で、
今は長者になっている者の子供らは、
せせら笑って、こう云いました。
「やれおかしや、貧乏人の子、
あの小鳥　神様の小鳥は、
俺たちの金の矢でさえ取らないのに、
お前みたいな貧乏な子の
ただの矢くされの木の矢を、
あの小鳥　神様の小鳥が、
さぞさぞお取りあそばすだろうて！」
そう云って、貧乏人の子を

よってたかって蹴ったりたたいたりしました。
けれども、貧乏な子は
ちっともかまわず私をねらっています。
そのさまを見ると、私はふびんになりました。
「銀のしずく降れ降れまわりに
金のしずく降れ降れまわりに」
という歌を歌いながら、
ゆうゆうと大空に
私は輪をえがいていました。
貧乏な子は、片足を遠く立て、
片足は近く立てて、
下の唇をぐっと呑みこみながら、
ねらいをつけていましたが、やがてひょうと射放しました。
その小さい矢の飛んでくる姿が
きらきらと光ります。
それを見ると、私は手をさしのべて、
その小さな矢をつかみ取り、

くるくる廻りながら舞い下りると、
私の耳もとで風がひょうひょうと鳴りつづけます。
すると、かの子供らはいっせいに走りだし、
はげしい砂ふぶきを立てながら、
私をめがけて競走しました。
土の上に私が落ちると同時に、
まっ先に貧乏な子がかけつけて
私を取りました。
すると、昔の貧乏人、
今は長者になっている者の子供らが
後から走って来て、
二十の悪口、三十の悪口をついて、
貧乏な子を皆で押したりたたいたりして、
「にくい子、貧乏人の子、
先に俺たちがやろうとしたことを
先がけしやがって!」
そう云いますと、貧乏な子は

私の上にかぶさり、かぶさり、
私を自分の腹でしっかりと押え、
ひと昔というほど永い間かかって、
人々の間からやっと飛び出すと、
それから駈け出す音、
たったたったっとひびきます。
昔貧乏人で今は長者になっている者の子供らは
石や木片を投げつけましたけれども、
貧乏な子はちっともかまわず、
はげしい砂ふぶきを立てながらかけて来て、
一軒の小さな家の表へ着きました。
子供は上座の窓から私を入れ、
それに言葉を添えて、
こうこういう次第だと物語りました。
家の中から老夫婦が、
小手をかざしかざし出て来ましたので、
見ると、ひどい貧乏人ではあるけれども、

長者らしい風貌長者の夫人らしい風貌をそなえています。
私を見ると、腰のまん中をぎくっと折って　びっくりしました。
老人はきちんと帯をしめて、
私を拝し、
「ふくろうの神様、重い神様、
私ども貧乏しておりますのに、
私どもの粗末な家へおいで下さいまして、
ありがとうございます。
昔は長者の中に自分を数え入れた者
でございましたけれども、
今ではこの様に
つまらぬ貧乏人になって居りますので、
国を守る神様、重い神様を、
お泊め申すも畏れ多いことながら、
今日はもう日も暮れましたので、
今夜は重い神様をお泊め申して、
明日はせめて木幣でだけでも

重い神様をお送り申し上げましょう」
ということを云いながら、
二十ぺんも三十ぺんも礼拝を重ねました。
老夫婦は上座の窓の下に
花茣蓙を敷いて、そこに私を座らせました。
それから一同床に就いたかと思うともう
いびきの音がぐうぐうと立ちます。
私の体の耳と耳との間に
私は坐っていましたが、やがて
ま夜中時分に起ち上り、
「銀のしずく降れ降れまわりに
金のしずく降れ降れまわりに」
という歌を低く歌いながら、
この小さな家を左座へ右座へ
私の飛ぶ音が金の触れ合うように美しく響くのでした。
私が羽ばたきをすると、私のまわりに
美しい宝物、神の宝物の降って来る音が

金属の触れ合う様に美しく響きます。
ちょっとの間に、この小さな家を
りっぱな宝物、神の宝物でいっぱいにしました。
「銀のしずく降れ降れまわりに
金のしずく降れ降れまわりに」
という歌を歌いながら、
この小さな家を、僅かの間に、
金の家、大きな家にしてしまいました。
家の中にりっぱな宝壇を作り、
りっぱな絹衣裳の美しいのを手早く作って、
家の中を飾りつけました。
長者の住居よりもずっとずっと立派に、
この大きな家の中を飾りつけました。
それを終えると、以前あった様子をそっくり真似て、
私の扮装の耳と耳との間に
私は坐っていました。
家の人たちに、私は夢を見せ、

人間の長者が、運が悪くて、
貧乏人になって、昔の貧乏人で
今は長者になっている人々から、
あざけられ、意地悪くされているのを、
私が見て、ふびんに思い、
そのために、はしたの神で
私はないのだけれども、
人間の家に泊って、
長者にしてやったのだということを、
私は知らせてやりました。それから、
少したって、あたりが明るくなると、
家の人々がいっせいに
起きて来て、目をこすりこすり、
あたりを見ると、みんな
床の上に尻餅をついてしまいました。
老婦人は声をあげて
泣き、老翁は

大粒の涙をぽとぽと
こぼしました。やがて、
老翁は起ちあがり、
私のいる所へ来て、幾十回も、
幾百回も、拝礼を重ねながら、
その間に言葉をさしはさんで、
「ただの夢を、ただの眠りを、
したのだと思ったのに、
驚いたなあ、本当にそれを見ようとは！
貧乏していますのに、落ちぶれていますのに、
私どもの粗末な小屋に来ていただいた、
それだけでさえ、有難く存じますものを、
村を守る神様、重い神様は、
私どもの不運なのに、あわれみを
たれて、み恵みの中でも
最も重いものを、私たちにお授け
くださったのですね！」ということを

泣きながら云い云い、拝礼するのでした。

（後略）

と、こういった詩である。そして、

……あの人間の村

の方を見ると、今は、

平穏無事で、人間たちは

みんな仲よくつきあい、

あの長者が村の頭目になっています。

という一節があって、これこそが神のねがいであり、のぞみであったことが、うたわれ、

私もまた、人間たちの

背後に、いつでも、

坐って、人間の国を、

守っているのです。

と、フクロウ神が物語りました――このようにしめくくられている（知里ゆきえ原訳・知里真志保編『アイヌ神謡・銀のしずく降れ降れまわりに――ふくろう神が自分を演じた歌』、北海道郷土研究会刊）。

もう一つの神謡は、一句ごとに頭に「コンクワ」という意味不明のきつい語調の折返しをもった素朴な力強い詩篇で、内容は、年老いたフクロウ神が、自分の後継者をきめるのに、そのテストとして、

誰か雄弁で、談判の使者として自信のあるものがあれば、天国へ五つ半の談判をもたせてやりたいものだが、という機知とユーモアに富んだ物語で、最初カラスが、つぎにカケスが、いずれも失敗して殺されてしまう。最後に川ガラスがみごとに成功する。それに今までは、自分の守護している人間の国に饑饉があって、人間たちが餓死しようとしているのに、そ知らぬ顔をしてゆくわけにもゆかないので、これまでいたのだけれど、今はもう何の気がかりもない。真の勇者で雄弁家で、みごとに談判に成功した若者を後継者として、人間の村を守らせ、自分は天の本国へ帰ってゆく、というのがむすびである。これは「銀のしずく」よりは、少し短いから、全文を次に引用することにしよう。

むかし、私の物いうときは、桜皮を巻いた弓の弓柄の中央がとおとおと鳴りわたるようにいったものであったが、われながら今は老い衰えてしまったことよ。

「それにしても、誰か雄弁で談判に自信をもっているものがあったら、天国へ五つ半の談判をいいつけてやりたいものだが！」

たが付きのほかい〔行器〕の上をたたきながら、私はそういった。

すると、入口で誰かが、

「誰が私いがいに、談判に際して雄弁で自信のあるものがあるでしょう？」

というので、みると、カラス男であった。
私は家に入れて、
それから
たが付きのほかい〔食物を盛って持ちはこぶに用いるうつわ〕の
蓋の上をたたいて拍子をとりながら
カラス男を使者にたてるために
その談判をいいきかせているうちに三日たった。
三つの談判しか話さないのにふとみると
カラス男は炉縁のうしろにこっくりこっくり居眠りをしている。
それをみると、
私はかっとなって、
カラス男を
羽ぐるみひっぱたいて殺してしまった。
それからまた、たが付きのほかいの蓋の上をたたいて拍子をとりながら
「誰か談判にかけて自信のあるものがあれば、
天国へ五つ半の
談判をいいつけてやりたいものだがなあ！」

というと、誰かがまた入口で
「誰が私いがいに雄弁で
天国へ談判の使者にたつほどのものがありましょう?」
というので、みると、山のカケスであった。
家へ入れて
それからまた
たが付きのほかいの蓋の上をたたいて拍子をとりながら
五つ半の談判を話して、四日たって、
四つ目の談判をいいきかせているとき、
山のカケスは炉縁の後でこっくりこっくり居眠りしている。
私は腹がたって、
山のカケスを羽ぐるみひっぱたいて殺してしまった。
それからまた、
たが付きのほかいの蓋の上をたたいて拍子をとりながら
「誰か雄弁で、談判の使者として
自信のあるものがあれば
天国へ五つ半の談判を持たせてやりたいものだが!」

というと、誰かが
つつしみ深い態度で入ってきたので、
みると、川ガラス男で、
神様のような美しい様子で左の座にすわった。
そこで私は
たが付きのほかいの蓋の上をたたいて拍子をとりながら
五つ半の談判を
夜となく昼となくいいつづけた。
みれば、川ガラス男は、何の疲れた様子もなく聞き耳をたてていて
昼の数、夜の数を、指折りかぞえて六日目に私がいいおわると
すぐ天窓からぬけ出て
天国へいってしまった。
その談判のおおむねは
人間の世界に
饑饉があって
人間たちは
今にも餓死しようとしている。

どういうわけでそうなったかとみると、
天国で鹿を司る神様と魚を司る神様とが
相談をして鹿を出さず魚も出さぬことに
申しあわせてあったために、
神様たちから
どんなに頼まれても、そ知らぬ顔をしている。
それで人間たちが
狩に山へいっても鹿もいない、
漁に川へいっても魚もいない。
私はそれをみて腹がたったので
天国の鹿の神様、魚の神様へ談判の使者をたてたのである。
それから何日もたって
空の方に羽ばたきの音がきこえていたが、やがて
誰かがはいってきた。
みると、川ガラス男、
今は前よりも美しさをまし
勇ましい気品をそなえて

返し談判をのべはじめた。
天国の鹿の神や魚の神が
今日まで鹿を出さず魚を出さなかった理由は、
人間たちが鹿をとると
木で鹿の頭をたたき、皮をはぐと
鹿の頭をそのまま木原にすてておき、
魚をとると
腐れ木で魚の頭をたたくので
鹿どもは、裸で泣きながら
鹿の神のもとへ帰り、
魚どもは
腐れ木をくわえて魚の神のもとへ帰る。
鹿の神、魚の神は怒って、
相談の上で、鹿を出さず、魚を出さなかったのだ。
けれども、このの ち人間たちが
鹿でも魚でも
ていねいに取扱うということなら

鹿も出す、魚も出すであろう。
と鹿の神、魚の神がいったということをくわしく申立てた。
私はそれをきいてから
川ガラス男にねぎらいの言葉をかけて
それから、改めて注意してみると、
なるほど
人間たちは鹿や魚を
粗末にあつかっているのであった。
そこで今後はけっしてそんなことはしないようにと
人間たちが眠っている時に
夢の中でおしえてやったら
人間たちも
悪かったということに気がつき
それからのちは木幣のように魚の頭を叩く棒を美しくつくり、
それで魚を捕る。
鹿をとったときは、
鹿の頭もきれいに飾って祭る。

それで魚たちはよろこんで木幣をくわえて
魚の神のもとにゆき、
鹿たちはよろこんであたらしくさかやきをして
鹿の神のもとへ立ちかえる。
それを魚の神や鹿の神はよろこんで
どっさり魚を出し、どっさり鹿を出した。
人間たちは
今はもう何のこまることも
ひもじいこともなく暮している。
私はそれをみて安心をした。
私はもう年老いて
体力も衰えたので
天国へゆこうと思っていたのだけれども
私が守護している人間の国に饑饉があって
人間たちが餓死しようとしているのに
そしらぬ顔をしてゆくこともできないので
これまで居たのだけれども

今はもう何の気がかりもないから
真の勇者、若い勇者を私のあとにおき
人間の世を守護させて
いま、天国へゆくところなのだ。

と、村の守護神である年老いたフクロウ神が体験を語って、それから天国へゆきました、とさ。

はじめに一言したごとく、この神謡には、「コンクワ」という折返しが用いられている。小田邦雄氏によると、これはフクロウの鳴声でもなく、意味不詳である。しいていえば、「その棍棒」あるいは「早く飲めよ」などの意味にとれなくもない。だが、このコンクワというリフレーンは、呪文の偈《げ》のようなひびきがある。低く、つぶやくときのように、彼、フクロウ神は、除魔の威力を、コンクワの言葉のなかに象徴したのであろうか、という意見である。なるほど、それはそうにちがいあるまいが、私おもうに、このコンクワという言葉は、やはりもとはフクロウの鳴声の一部、そのもっとも音調のかたく強くひびく部分をとったのではなかったか。それで本来、意味のあるアイヌ語ではなかったのではないか。ギリシャ語では、フクロウのことをグラウクスというが、鳴声からきている言葉とおもわれる。鳥取県や福岡県では、ゴロクト・ホッホとかゴロクト・ホーヤとか鳴くというので、その音調のかたく強い部分だけをとって、ゴロクトというのが方言名になっている。コンクワは、このゴロクトやグラウクスに似ているように私にはおもわれるのだが、どうであろうか。

それはとにかく、コンクワという折返しに、呪文の偈のようなひびきがあるといい、コンクワという言葉を、フクロウ神の除魔の威力の象徴とみる説には、私もまったく同感だが、それはコンクワの代りに、ゴロクトという言葉をおきかえても、かわりあるまい。いな、ゴロクトの方がむしろ低く、つぶやくようなひびきを、より多く感ぜしめるではないか。

（一九五六・九・四）

三　フクロウと中国文学

『説苑』のフクロウと鳩の対話

中国の漢の世には、フクロウの鳴声は、いみきらわれていたらしい。劉向が訓戒になるような説話を集めた『説苑』という書物に、フクロウと鳩の対話が出ている。

フクロウが鳩に出あった。君はどこに行くのかと鳩がたずねた。自分は、東の方に引越してしまうつもりだとフクロウが答えた。それはどうしたわけかと鳩が聞いた。村の人たちがみんな自分の鳴声をにくんでいるから、東の方に引越してしまいたいと思うのだとフクロウが答えた。君が、鳴声をかえさえすれば、引越さなくてもいいではないか。もし、鳴声をかえることができないのなら、東の方に引越していったって、人はやはり、君の声をにくむにちがいないであろうと鳩はいった。――こういう話である。

魯迅の散文詩とフクロウ

洋画家吉川清氏のところで、益子焼の陶工合田好道氏の個展を開くから見にこないかとの案内をうけたので、見に出かけた。合田氏にあっていろいろ陶器の話を聞いたあとで、私のフクロウ研究のことをお話したところ、「私は魯迅全集を愛読しているが、そのうちに、ミミヅクとヤマカガシの出てくる詩がありまして、その註に、たしか魯迅はミミヅクを飼っていたとあったように記憶します」とのこと。これは、いいことを聞いた。

魯迅はかねて私のもっとも敬愛する文豪の一人だが、それは知らなかった。しかし、魯迅がフクロウが好きであったという話は、十分にうなずけるような気がする。『魯迅全集』について、はやくその詩を調べてみたいとおもった。東京に出たおり、神田の古本屋に一、二軒立ち寄ってみたが、『魯迅全集』は、ちょっと見つかりそうになく、時間の都合もあったので、内山書店にいってみることにきめた。内山書店には、完造老人は不在で、弟さんの嘉吉氏夫妻がおられたが、『魯迅全集』は端本で第三巻が一冊しかありません。しかし、兄貴と私と共有の蔵書として一部はもっていますから、おゆずりはできないが、ごらんください、といって、随筆ののっている数冊を見せてもらった。私の求めていた詩は、第二巻の散文詩集『野草』のうちの一篇、「私の失恋」と題する詩であることがわかった。たしかにミミヅクのことと、ヤマカガシのことが出ている。「これです。見つかりましたよ」というと、嘉吉氏もそれをちょっと読んでみて、はたと手をうち、「これでわかりました」といいながら、居間にひっこんで、一枚の色紙をもってこられ、「これは、先日兄貴が山陰道を旅行のおり、鳥取県の知人が昔上海で魯迅さんからもらっていた肉筆の詩で、それを、兄貴が上海の魯迅記念館におさめるつもりで、ゆずりうけてきたのですが、このうちの赤練蛇というのが何かさっぱりわからず、十分読みきれないのでこまっていたところでした」とのこと。あまりのふしぎな因縁におどろきながら、「鳥取県といえば、私の郷里ですが、鳥取県のどこのどなたですか」と問うと、「津島ふみさんという産婆さんですが、昔、上海で産婆をしておられて知っているので、先日の旅行中、皆生《かいけ》温泉で兄貴がお会いしたのだそうですが」とのこと。どこに住んでいられるかは、名簿をさがして下さったが、ちょっとわからないとのことであった。

こうしてふしぎにも、私は、私の求めている詩を見出すと同時に、その詩の一節を、作者自ら肉筆で書いた色紙をも見ることができたしあわせをよろこばずにはいられなかった。そこで、私はよろこびにあふれながら、内山氏に紙をもらい、万年筆を借りて店頭に立ちながら、うつしとって帰った。

「私の失恋」は、『野草』の第五篇で、擬古的新戯態詩と副題し、次の四節から成る。

一

私の愛《いと》しい者は、山腹に。
君を訪れようとは思うが、山のあまり高いのに、
うなだれて術なく、涙に袖をぬらすのだ。
恋人は私に百蝶の巾を贈った。
何をか君に——みみづくを。

これより君は顔をそむけ、私に見向かない。
いわれを知らず、私はあきれ惑うのだ。

二

私の愛しい者は、賑いの市に。
君を訪れようとは思うが、こみあう雑踏に。
仰ぎみてすべなく、涙は耳をぬらすのだ。
恋人は私に雙燕の図を贈った。
何をか君に——氷糖の壺盧《ひょうたん》を。
これより君は顔をそむけ、私に見向かない。
いわれをしらず、私は茫じはてたのだ。

三

私の愛しい者は、河の浜べに。
君を訪れようとは思うが、河水が深いので、
首傾けてすべなく、涙が衣の胸を沾すのだ。
恋人は私に金くさりを贈った。
何をか君に——発汗剤を。
これより君は、顔をそむけ、私に見向かない。

いわれをしらず、私は神経衰弱になった。

四

私の愛しい者は、富豪の家庭に。
君を訪れようとは思うが、自動車がない。
頭を振ってすべなく、涙は麻のように乱れる。
恋人は私に玫瑰の花を贈った、
何をか君に——赤練蛇を。
これより君は、顔をそむけ、私に見向かない。
いわれをしらず、——勝手にしやがれ。
色紙には、最後の第四節が漢文で、次のように書いてあった。

我的所愛在豪家
欲往従之兮没有汽車
仰頭無法涙如麻
　愛人贈我玫瑰花
　何以贈之赤練蛇
　従此翻臉不理我
不知何故兮——由她去罷

魯迅

年月日の記入もなく、いわゆる為書きもない。款印は、魯迅の二字を横書きにした四角の印であった。

この詩の妙味は、第一節において、恋人からの百蝶の巾に対して、こちらはミミヅクを、第二節において、恋人からの雙燕の図に対して、こちらは氷糖の壺盧を、第三節において、恋人からの金くさりに対して、こちらは発汗剤を、第四節において、恋人からの玫瑰《バラ》花に対して、こちらはヤマカガシをおくる、というふうに、思いがけない対照をくりかえしてかさねていったところにあろう。

散文詩集『野草』の制作年代は、一九二四年から一九二六年にかけての、中国が革命と動乱とにみたされ、日に変化している激動の時代であり、魯迅自身についてみても、思想的成長のいちじるしい時期であった。

全篇に一つの暗い沈うつな思想が感ぜられる。だがそれは、いわゆる東洋的虚無の思想的停滞ではない。暗さとともに、全篇を赤い糸のごとく一貫しているものは、進歩と希望への激しい情熱である。

散文詩「私の失恋」のうちの氷糖の壺盧というのは、ふくべ型の氷糖菓で、一個が銅貨二枚足らずの駄菓子。赤練蛇は、ヤマカガシ。『言海』を見ると、蛇のきわめて大なるもので、林野にすみ、鼠、蛙、鳥の雛などを食とし、人を害せず、身に赤黒い斑紋あり、とある。「ミミヅクも赤練蛇も、共に魯迅の愛したものである、という」と散文詩集の訳註にしるされている。合田好道氏は、魯迅がフクロウを飼っていたとあったように記憶する、とのお話だったが、飼っていたのではないようだ。

ところで、右の訳註の中の「愛した」というのは、どういう意味においてであろうか。魯迅のばあいも、普通にいわゆる愛したというのと同一の意味においてであろうか。訳註者は、その点の疑問には、少しもふれていない。

魯迅の雑文集『墳』のあとがきをみると、次のような文章がある。「私が他人を駆除するときなお、私を見棄てぬものは、梟蛇鬼怪といえども、私の友である。それだけが、真の私の友である。万一それがないならば、自分一人でもかまわぬ。だが、いまはそうではない。私はまだ、それほど勇敢でない。云々」

これによると、魯迅は、フクロウや蛇を、いわゆる鬼怪の一種と考えていたもののように察せられる。フクロウや蛇が鬼怪の一種なら、ミミヅクや赤練蛇も、とうぜん魯迅にあっては、鬼怪の一種であることは、いうまでもないところであろう。

魯迅はまた、『随感録』の第四十で、フクロウを鷲と対照している。

われわれは大いに叫ぶことができる。鷲は鷲のように叫び、フクロウはフクロウのように叫ぶ。われわれは、あの私娼窟からでてきたばかりの口で、「中国は道徳第一だ」という人の声をまねる必要はない。われわれはなお、かなしみを叫び、愛すべきところのないかなしみを叫ばねばならない。云々。

「鷲は鷲のように叫び、フクロウはフクロウのように叫ぶ」とは、いい言葉である。そして、わが魯迅こそは、まさにフクロウのように叫ぼうと欲し、かつ叫んだものではなかったか。

周而復の小説『燕宿崖』とフクロウ

中国文学では、魯迅の詩と随筆のほかになお、同じく人民文学作家の周而復が、一九三九年から一九四二年における華北派遣軍の北平西方地区掃蕩に対する八路軍の反抗をえがいた中篇小説『燕宿崖』のうちに、フクロウが出てくる。

周而復は、江蘇の生まれで、もと新聞記者をしていた小説家である。小説には、『燕宿崖』のほかに、『子弟兵』その他があり、『新的起点』と題する随筆集もある。『燕宿崖』は、『八路軍』と題して、三一書房から翻訳が出版されている。

憑団長のひきいる一隊が、燕宿崖からのがれて、筆架山という高い山のなかに逃げこんで、山中をさまよい行くところに、フクロウが出てくる。

「同志諸君。」憑団長はみなをずーっとみわたして、言葉をちょっとやめ、口をとじた。彼の声に、白楊の樹上に巣くっている二、三羽のフクロウが、びっくりして、羽ばたきをして、ぐつぐつと飛び出した。

そして、この記述から二、三頁おいてさきにまた、こうある。

先刻飛びたったフクロウは、この夜空を何回となく飛びまわったので、疲れて巣へもどろうとしたとき、また、この人声をきいたので、ふたたび、まっくらな夜空に飛びさっていった。

こういった、まったくリアルに叙述描写されたフクロウである。

四　フクロウと西洋文学

シェイクスピアのフクロウ

イギリス文学では、有名なシェイクスピアの戯曲『マクベス』にフクロウが出てくる。夜番の鳥、または夜どおし鳴く鳥、ネズミを捕る鳥などといわれ、フクロウの翼は、コウモリの羽、犬の舌、毒蛇の針、トカゲの脚などとともに、妖女が大わずらいの呪いに、釜の中で煮る雑炊の一材料と見なされている。

『マクベス』の第二幕の第二場に、

マクベス夫人　……お聴き！　黙って。あれはフクロウ、不吉な夜番、鋭い声で、陰にこもった夜の挨拶。

マクベス　……やってしまった　……音がしなかったか？

マクベス夫人　フクロウの鳴く声が、それから蟋蟀の音と。……

第二幕第三場に――

レノクス　ゆうべは一晩中、不気味なことばかり続きましたな。われわれの泊った家では、煙突が吹き倒された、噂によると、悲しい声が空を蔽い、死を告げる苦悶の叫びも怪しげに、陰惨な調べが響きわたり、末世に現われる不吉の乱れ、不穏な椿事を告げ知らせたとか。あの夜の鳥（フクロウ）も、夜どおし鳴きつづけていたという。……

第二幕第四場――

老人　まことに不思議なこと、昨夜の事件といい。この前の火曜日、一羽の鷹が、空高く舞いあがり、誇らかにその高みを極めたかとおもうと、いきなり横から飛びだした鼠とりのフクロウめにあえなく殺されてしまいましたっけが。

さらに第四幕でも、第一場妖女の洞穴の場にでてくる。

第二の妖女　おつぎは沼蛇のぶつ切りだ、煮えろ、焼けろ。いもりの眼玉に蛙の指さき、蝙蝠《こうもり》の羽に犬のべろ、蝮《まむし》の舌に盲蛇の牙、とかげの脚にフクロウの翼、このまじないで、恐ろしい禍いが湧き起る、さあ、地獄の雑炊、ぶつぶつ煮えろ、ぐらぐら煮えろ。

そしてまた、同じく第四幕の第二場には、

マクベス夫人　……鳥のなかでも一番小さなあのミソサザイですら、巣のなかの雛を守るためには、フクロウに立ち向ってゆく。

とあって、東洋のいわゆる窮鼠却って猫を噛むのたとえに、ミソサザイとフクロウがつかわれている。

シェイクスピアのその他の作品に登場するフクロウには、次のような例がある。

『ハムレット』第四幕第五場。すでに狂気にとらえられているオフィーリアに対して、王が「ぐあいはどうか」とたずねる。

オフィーリア　ありがとうございます、おかげさまで！　フクロウは、もとパン屋の娘だったのですってね。イエス様をだましたものだから、その罰《ばち》で姿を変えられてしまったらしいの。でも、私はそうではなくてよ、こんな姿になってしまったけれど。……

次に、『リア王』第二幕第四場。次女リーガンが長姉ゴネリルの屋敷にもどったらどうかと勧めるのに対し、リア王は答える。

リア王　姉の屋敷にもどれって？……いや、それよりか、どんなに雨ざらしになってもかまわない。空じゅうのものを敵にまわしても、それがましだ。狼やフクロウの仲間になって、貧困の辛苦をつぶさに嘗めてもよい。その女と一緒に帰れるものか。

また、『ジュリアス・シーザー』第一幕第三場。

キャスカ　……また昨日は、夜の鳥フクロウが真昼間というのに広場に降り、しきりに啼いたそうです。……私の考えじゃ、なんとしてもこうした異象、それはこの国を指しての由々しい凶兆としか思えないのですが。

『夏の夜の夢』第五幕第一場。

パック　いよいよ真夜中、獅子も飢えて唸り、狼は月に吠える。……煖炉の残り火、ちらちら燃えて、不吉なフクロウの鋭い声に、瀕死の床の病人は経帷子を思いだす。さあ、いよいよ夜の世界だぞ。……

さらに、『リチャード三世』では、叛乱軍の様子を伝えてくる使者たちに向って、リチャード王は

「黙れ、フクロウども！　死の歌しかうたえぬのか？」と怒鳴りつける。シェイクスピアのフクロウは、さすがに多様な相貌をもつが、どうやらあまり善良な人間のシンボルにはなっていない。むしろ凶兆を告げる不吉な鳥として扱われている。

イギリス中世の詩「梟とナイチンゲール」

私の前の本（『唯物論者の見た梟』）を読んだので、といって、明治学院大学の英文学教授岡本栄一氏が、一九五二年の六月、名古屋大学で開かれた日本英文学会において発表された、イギリス中世の詩「梟とナイチンゲール」についての研究の別刷を送って下さった。

この詩は、フクロウとナイチンゲールとが、論争する形式の長詩で、創作年代は一二四六―一二五〇年の間であるとされており、種々のテーマをふくんでいるといわれている。この詩の研究者として知られるアトキンスの説によると、享楽的態度と審美的態度との闘争、年老いた白髪の老人と青春の血潮みなぎる青年との意見の衝突、すなわち重要さと華美との対立、あるいはまた、哲学に対する芸術、さらには生まじめな人生観と美的態度との論争等々、がふくまれている。いうまでもなく、前者の態度がフクロウ、後者がナイチンゲール（わがウグイスに似た鳥）によって象徴されているわけである。

岡本教授は、アトキンスの説に加えるに、さらに二つのテーマをもってしておられる。その一つは、宗教詩と恋愛詩との対立であり、もう一つは、経験の世界と無知無明の世界との対立である。

さて、この詩のうちで、さしあたり私にとって直接に関心の対象となるのは、フクロウの生態や習性が中世のイギリスで、どのように見られていたかの問題である。

ナイチンゲールは、フクロウのからだつきや頸の短いこと、眼が淡黒にギラギラきらめいていることなどを非難している。そして、フクロウの鳴声についても、君は夜歌って昼は歌わぬ。しかも、その歌は同情を装うて泣いているのだ。そして、その歌は、人々に恐怖心を呼びおこさせる。君は歌っているのではなく、歎いているのだ、と非難すると、フクロウは、君の批評はまったく見当はずれだ、と反論してから、私の声は大胆でくらべもののないほどはっきりしており、いわば大きな角笛の音だ。ところが、君の声は、小さな草でつくられた笛の音なのだ、と応酬している。

こんどは、フクロウがナイチンゲールを非難して、君は人間のために、なんら役立たず、ミソサザイ以下だ。君は美しくもなく、清純さもない。私は夜ごとネズミを捕えている間に、君はじっとすわったきりで歌っている。ところが、私は人々の住居を守っているのだ。私は納屋で、教会で、ネズミを捕える。また私は、冬になっても、すばらしいトリデ（巣のこと）を持っている、云々。といったふうな論争ぶりである。

ブレイクの「地獄の格言」におけるフクロウ

ブレイクはテニソンより五十年ばかり前の、やはりイギリスの詩人にして版画家だが、ブレイクの画や詩にはフクロウが出てきそうにおもわれるので、さがしてみたが、まだ私には見出せない。私がようやく見つけたのは、「地獄の格言」という長い詩のうちに、次のようにカラスと対照して、フクロウに一言した詩句のあることであった。

カラスは万物の黒からんことを欲し、フクロウは万物の白からんことを欲した。

みちあふれることは美である。

このフクロウは、次にのべるテニソンの詩にあるように、やはり白フクロウであろう。はたしてこれも白フクロウだとすれば、イギリスには白フクロウが多く住んでいるのではないか。白フクロウは日本の内地には見られない種類だが、北方の産で北海道以北には住んでいるというし、イギリスの緯度は、日本の内地よりはだいぶ北にあがっているわけだから、白フクロウがイギリスに多く住んでおり、したがってまたこれがイギリスの詩人にもっとも親しまれている種類のフクロウであるのも、理由あることにおもわれる。

テニソンの白フクロウの詩

シェイクスピアの「詩篇」をめくってみたが、フクロウのことは出ていないようであった。しかしイギリスの詩では、ヴィクトリア女王時代の代表的詩人といわれるテニソン（一八〇九―一八九二）にフクロウの詩があって、竹友藻風によってすでに訳されていることを知った。次のような二節から成っている詩である。

猫が帰って、夜はほのぼのと
露は地面にひややかに、

遠いかなたの流れがだまり、
船の白帆がくるくると
船の白帆がまわる時、
ひとり思いをこらしつつ
白いフクロウは鐘楼に。

これが第一節。

ミルク・メードが鐇《かけがね》はずし、
刈った飼草かぐわしく、
鶏は藁屋の軒の下、
二度も三度もその歌を
二度も三度もうたう時、
ひとり思いをこらしつつ
白いフクロウは鐘楼に。

これが第二節。格調はきちんとよく整った詩で、テニソンの風格を示してはいるが、フクロウの詩としてはべつに傑作とも思われない。しかし、とくに白フクロウをうたっている点で珍しいものといえよう。白フクロウは北方のものらしく、日本の内地では見られないフクロウだが、イギリスには、少なくともテニソンの住んでいたあたりには、白フクロウのいることが、この詩によって推察される。

ゲーテの戯曲『ファウスト』とフクロウ

つぎに、ドイツ文学でも、有名なゲーテの戯曲『ファウスト』の第一部に、フクロウが出てくる。ここでは、フクロウのまん丸い眼がえがかれ、フクロウのホウ・ホウ・ホウという鳴声が写音されているのがおもしろい。まず、森と洞窟の章に——

メフィストフェレス　何だって、また、こんな洞窟の巌の裂け目に、フクロウみたいに、じっとすわっているんです。

とある。これは、昼間のフクロウであろう。

つぎに、ワルプルギスの夜の章のファウスト、メフィストフェレス、鬼火が代るがわるうたう歌の第四節に、——

ホウ！　ホウホウ！　声近づきぬ、
フクロウも梟《けり》もカケスも、みなねむらざるか。云々。

また、

メフィストフェレス　……どうです、四方の森の鳴る音は！　ふるえあがって、フクロウまでが、とびだしてくる。……

「そこで魔女たち皆ついてゆく」の合唱につづいて、

声　どの道を来たんだい。

声　イルゼンシュタインを越してきたのさ！　あの天辺で、フクロウの巣の中をのぞいたらね、二つの眼玉をまるくしたよ！

フクロウの大きなまん丸い眼玉——月斗の句に、「眼を二つ大きくかけばフクロウかな」という眼玉が、ここにおどろいてわれわれをじっと見つめているではないか。

グスターフ・フレンセンの農民小説『フクロウ家のゲオルク』

ドイツの農民作家グスターフ・フレンセン（一八六三—一九四五）の一九〇一年の作、『ヨエルン・ウール』(Joern Uhl) は、フレンセンの名を一躍ドイツに高からしめたばかりでなく、津々浦々各階層の家庭に狂熱的な歓迎をうけて愛読された一大傑作だというが、この小説の主人公のヨエルンとは、ゲオルクの田舎なまりで、ウールとはドイツ語のオイレ、英語のアウルのなまりでフクロウのことである。「ヨエルン・ウール」、すなわち「フクロウ家のゲオルク」というわけである。

ところで、この主人公の性格が、フクロウに似ているからおもしろい。彼の性質にも、言葉つきにも、重苦しい瞑想癖の気性のものに特有な、あののろのろした落ちつきと重々しい固執とがあった。

ヨエルンが、フランスとの戦争がおこり、予備兵として召集され、グラヴロッドの激戦に参加したが、ついに熱病にかかり、除隊されて再び故郷にかえってみると、父は大酒の結果、半身不随となり、負債は山のようにつもっていた。……そのうえ、野ネズミが蕃殖して、畑のものを食ってしまう。その次には、落雷があって、家が焼けてしまう云々、という状況であった。

これでは、野ネズミ退治の大家、フクロウの出現が、どうしても必要だ。

これよりさき、ヨエルンは、十年の奮闘時代に、ひそかに数学と測量術と天文学とを研究して、そこに唯一の慰安を求めていたが、彼は、ある夜、彼の唯一の贅沢品である望遠鏡をとり出して、月をのぞく。その場面の彼と妻との対話がまた、すこぶるおもしろい。

空がバカによく晴れているから、また一つ星でも眺めようと思ってね。お前も、何なら、きてもいいよ。／しばらく、妻はじっとしていたが、やがて、彼女がついてくるのを、彼はきいた。彼は、三脚を芝地のまんなかに立てていった。／お前は、日曜日の昼ここにくればよかったのだ。月とそれから美しい星とがみえたのに――／まア、何ですって、昼に？ じゃア、何ですか、星は、昼間でも、やっぱり天にあるのですか？／無論だよ、お前、だって、他にどこに行くところがある？／あら！ それは、私も考えませんでしたわ。私はまた、夜番のように、夜中に出てきて、昼間は、寝床にいるのかとおもってました。

夜中に出てきて、昼間は寝床にいる――まさにフクロウのようだ、と言いかねない。

イギリスのエドワード・リアの詩「フクロウと猫のプッシィ」

イギリスの詩人エドワード・リアは、一八一二年に生まれ、一八八八年に死んだとあるから、日本でいえば、幕末から明治二十年ごろまでにかけての詩人だが、その傾向などについては私はよく知らない。ただその代表作に、「フクロウと猫のプッシィ」と題する詩があるので、私の興味をひく。

フクロウと猫のプッシィ

フクロウと猫のプッシィ（プッシィとは猫の呼名）とは、
うつくしいみどり色のボートにのって、
海へいった。
彼らは、いくらかの蜂蜜と
五ポンド紙幣につつんで、
沢山の貨幣をもっていた。
フクロウは、天上の空を眺め、
ちいさなギターにあわせてうたった。
おお、愛らしいプッシィ、おおプッシィ、私の恋人、
なんと、あなたは、うつくしいプッシィであることよ！
なんと、あなたは、うつくしいプッシィであることよ。あることよ！
プッシィはフクロウにいった。君はじつに風雅な鳥だ。
なんという魅惑的ないい声で、君はうたうのだ！
おお！　私たちは、結婚しよう。
あまりにもながいあいだ私たちはぐずぐずしていた。
しかし、結婚指環をどうしよう？

彼らは、ながいあいだ航海をつづけて、
ボングという木の生えている土地についた。
そしたら、そこの森のなかに、
ピッギイ君（ピッギイとは豚の呼名）が、かつらをかぶり、
鼻のさきに、指環をつけて、立っていた。
鼻のさきに、鼻のさきに、指環をつけていた。

親愛なる豚君、君の指環を一シリングで売ってくれまいか？
ピッギイはいった。売りましょう。
そこで、彼らは、指環を買いとって、
丘の上にすんでいる七面鳥のところで、
つぎの日に結婚した。
彼らは、こまかにきざんだ肉と、
マルメロをうすくきって、御馳走をつくり、
ランシイブルなスプーンでそれをたべた。
そして手に手をとって、
砂漠のきわで、

エドワード・リア画「フクロウと猫のプッシィ」

月の光に照らされながら、彼らはおどった。
月の光、月の光、月の光のもとで、
彼らはおどった。

猫と猫のような顔をしたフクロウ、どちらもともに、夜よく眼の見えるフクロウと猫とを組みあわせたところがおもしろいではないか。

この詩は、イギリスだけでなく、ヨーロッパでは広く一般に知られ、うたわれているものらしい。こんな話がある。第二次大戦のときだが、イギリスの首相チャーチルの密使として、ユーゴーのチトー工作に活躍したマックリーンが、チトー元帥との会食について語っているところで、

ディナーの席で、元帥は、非常に流暢な英語で会話をし、そして、彼は、「フクロウと猫のプッシィ」の詩を、元気よく吟誦することによって、相談を円満にすすめていったのに、私はおどろいた。それから、私たちは、甲板の上にでていった。云々。

チトーがこのイギリスの詩を吟誦したことが、しるされている。

『マザー・グース』とキャロルの世界

リアのうたったフクロウをはじめ、メルヘンやノンセンス文学の中で、フクロウはユニークな血統をもっている。すぐ思いうかぶ作品に『マザー・グース』がある。

「マザア・グウスのすむ家は、／一つ、ちんまり、森の中、／戸口にゃ一羽の梟《ごろすけ》が／みはりする

のでたっている。」(「マザア・グウスの歌」)『あれはふくろうだ』と一番さきのがいいだした。／『なんの、うそだ』と二番目のがうちけした。／『あれはじいさ』と三番目のがいいのけた。——(「すっとんきょうな南京さん」)「ふくろうはつうふう、／からすはかうかう、／めがもはくゎっくくゎっく、／うしはもうもう」(「いぬはぼうおう」)(以上、北原白秋訳)

ステファヌ・マラルメの『マザー・グース』にも、「小さな男の子／納屋へ入って枯草に寝たら／ふくろうが出て来て飛びまわり／小さな男の子／走って走って出ていった」(長谷川四郎訳)というのがある。

ルイス・キャロルの『不思議の国のアリス』の「海老のスクエアダンス」の章では、「彼の庭を通って横目で見たら、／フクロウと豹がミートパイを食べてた。／豹の分は皮と肉汁と中肉、／フクロウは皿をかじってた。／パイがかたづくとフクロウの土産は／スプーンをポケットへ突っ込んだ。……」という歌を、アリスがうたう。

ボオドレエルのフクロウの詩

フランス文学では、ボオドレエルの有名な『悪の華』に、フクロウの詩がある。フクロウが出てくる戯曲では、『マクベス』と『ファウスト』とが双璧であるように、フクロウの詩では、イギリスのテニソンと並べて愛誦すべきはフランスのボオドレエルであろう。古代ギリシャの詩人にフクロウの詩がありはしないかギリシャ文学の呉茂一教授にたずねてみたが、どうもなさそうである。

さて、ボオドレエルのフクロウの詩は十四行形式の小曲で、次の四節から成っている。

黒い水松《いちい》の葉がくれに、
梟たちは行儀よく竝んでゐる、
邪教の神々そつくりに、
赤い目玉をぢつと見張って。考えこんでゐるわけだ。

夕日押しやり
闇のひろがる
逢魔が時の来るまでは、
身動《みじろぎ》一つしはしない。

梟のふり見て賢人は
悟がひらけて思ひ知る、
あがきと動きは禁物だ、

通り魔の影追ふ者は
身のほど知らぬ咎ゆゑに

絶えず悩むと。

（堀口大学訳、新潮文庫版）

まことに愛誦にあたいする詩だと思う。「梟」とあるが、せまい意味でのフクロウ、いわゆるフクロウの目玉はうすい黒茶色である。しかるに、ここには明らかに赤い目玉をじっと見張って、とあるから、厳密にいうならば、橙色の目玉をしている大コノハヅクか、橙色と黄色との中間の目玉のコノハヅクと虎斑ヅクかのいずれかでなければなるまい。

なお、「アミナ・ボシェッテイの初舞台を歌ふ」の第三節では、ミミヅクがうたわれている。

象にはワルツ、木兎には陽気、
鶴には笑を教へ込まうと難儀する
軽快な空気の精の舞姫、あなたは知らない、

ボオドレエルのフクロウの詩が、日本にはじめて訳出紹介されたのは、有名な上田敏博士の訳詩集『海潮音』によってであった。明治三十八年すなわち一九〇五年、日露戦争のときであって、この訳詩集は、訳者から満州にあった森鷗外におくられたことが序文にしるされている。

これは名訳詩集として、一世を風靡した有名な翻訳だから、ついでにこれも紹介して、堀口氏の訳と併せて読んでもらうことにしよう。

黒葉水松《いちい》の木下闇に
並んでとまる梟は
昔の神をいきうつし、

赤眼むきだし思案顔。

体も崩さず、ぢつとして
なにを思ひに暮れがたの
傾く日脚推しこかす
大凶時《おおまがとき》となりにけり。

鳥のふりみて達人は
道の悟や開くらむ、
世に忌々《ゆゆ》しきは煩悩と。

色相界の妄執に
諸人のつねのくるしみは
居《きよ》に安んぜぬあだ心。

いま両氏の訳を対比してみると、堀口氏の方が時代が新しいだけに、訳し方が繊細になっているように思われる。それはとにかく、ボオドレエルのフクロウはいい詩で、たしかに傑作にはちがいないが、その内容は、ギリシャ以来伝統の西洋人のフクロウ観をうたったものにすぎない、といえないこともあるまい。赤い目玉をじっと見張って、考えこんでいるミミヅクは、なるほど昔の神々のごとく、また、哲学者のごとくであろう。

これに対して、青味をおびた茶目のフクロウ、どこかとぼけ顔のフクロウ、ぼろ着て着ぶくれているフクロウ、ホッホ・ゴロクト・ホッホと微笑するフクロウは、むしろ和光同塵の老子にも似た東洋の達人のおもむきが感ぜられる。東洋の詩人なら、かようなフクロウをうたうであろう。そういう詩人の出現を、私はのぞんでやまないものである。

ドストエフスキーの小説『死の家の記録』とフクロウ

ドストエフスキーの小説『死の家の記録』に、囚人たちがいろいろな歌をうたっている場面があるが、その歌の一つに、フクロウが屋根でホウホウと鳴いて、その鳴声が林にこだまする、という一節があって、この歌は囚人の作になったものらしいことがしるされている。

おらのこの眼には死ぬ日まで
生れ故郷はみえぬだろ。
むじつの罪のくるしみを、
うけるがおれの身の運命《さだめ》。
屋根じゃフクロウがポッポと鳴いて

声は林にこだまする。
二度と帰えれぬ故郷おもや
胸もはりさくうきおもい。

この歌は、随分うたわれたが、合唱ではなく独唱であった。よく散歩時間に、誰かが獄舎の階段へ出ていって、腰をおろして考えこんで頰杖をついて、高い裏声でこの歌をうたっていることがあった。それを聞いていると、ほんとうに何となく、胸がはり裂けるような気がした。私たちのうちには、なかなか声のいいものがあったのである。

フクロウの鳴声が、「屋根じゃフクロウがポッポと鳴いて、」とあるから、もしその写音が正確とすれば、フクロウとあるが、厳密にいうならば、これは大コノハヅクであろう。

アポリネールのミミヅクの詩

一九一六年、パリで死んだ詩人、アポリネールの『動物詩集』は、一九一四年にその初版を出したが、そのうちに、ミミヅクの詩がある。

かわいそうな私の心臓は一羽の木兎だ。
釘を打たれ、釘をぬかれ、
また釘を打たれる一羽の木兎だ。
血も力もたえはてて、

私を愛するものを、私は礼讃する。

これによると、西洋には、少なくともフランスには、ミミヅクが釘を打たれるという話、そういう故事があるようにおもわれるのだが、それが私にはまだよくわからない。

五　オイレンシュピーゲル物語

オイレンシュピーゲルのこと

ドイツ語の辞書をみると、オイレンシュピーゲルという語があって、いたずら者の名、通俗読本の名、ひょうきんもの、道化師、などと訳されているが、それとオイレンのフクロウ、シュピーゲルの鏡とどういう関係があるのかはいっこうに説明されていないので、なぜオイレンシュピーゲル（直訳すると、フクロウ・鏡）という語が、そういう意味になるのか、それとも、これは普通名詞ではなく、もとオイレンシュピーゲルという固有名詞で、人の名前でもあったろうか、それが私にはとけない疑問であった。

ところで、十七世紀オランダの有名な画家レンブラントの銅版画のうちに、これはあまり有名な作品ではないが、「オレインシュピーゲルと羊飼いの女」と題する図がある。——画面の右側には、羊の群。左側には、この羊の群を守る少女であろう、大きなツバの帽子をかぶっている少女が腰かけて、両手に小さな花環をいじっている。その前に、すなわち画面の中央に、ひょうきんな表情の男が横たわって横笛に六本の指をあてている――まだ口にはあてていないが。男の肩にはフクロウがとまっており、そのフクロウには首環がかけてあって、その首環から紐が、男の肩にたれている。

私は、少年のころ、山陰道の田舎に、四国の者だといって猿をせなに負うて村々をまわり、家に入っては猿におどらせたりして見せる猿まわしが、毎年のように訪れてきたのを、思い出した。あれに似たような風習が、つまり猿のかわりにフクロウを肩にのっけて、それになお、おそらくは鏡をもっておどけてまわる道化師が、少なくともレンブラントのころのオランダにはよく見られたのではなかったかと、こう想像したのであった。

その後『ドイツ文化史図説』をめくっているうち、おどけた顔の男が馬にまたがり、両手をひろげて右手にフクロウをとまらせ、左手に鏡をもっている図を見出した（左図）。その説明に、一五一五年に、ドイツのシュトラスブルクで出された『オイレンシュピーゲル』の第一版の表題頁とあるから、扉絵というわけであろう。これで「オイレンシュピーゲル」という表題の書物が、十六世紀のドイツで出ていることがわかった。

それでもなお、どうもすっきりしないので、ついに友人のもとドイツ駐在の外交官であったK・T君にたのんで、ドイツの百科辞典『ブロックハウス』を引いてもらうことにした。『ブロックハウス』によると、ティル・オイレンシュピーゲルという人名で、ドイツのブラウンシュワイクに生まれ、一三五〇年にリューベックの南方の町メールンで死んだ。同地の墓地には、彼の墓石は、十六世紀にたてられて、いまは名所の一つになっている。彼は、ドイツ国内いたるところを、冗談、諧謔、おどけの道化芝居をやってまわった。彼についていろいろな話が集められて、のちに多くの書物が出版された。それらは、ヨーロッパの各国語に翻訳されて、広く愛読されている。

なお同君の報告には、右の記述につけ加えて、ティル・オイレンシュピーゲルの話は、子どもたちのよろこんで読むもので、いろいろな子どもの本が出ており、また、リヒャルト・シュトラウスの作曲に、オイレンシュピーゲルを主題としたものがあり、しばしば演奏されている由。それほどドイツではポピュラーなものであるらしい。

しかし、彼のことが、フクロウとじっさい何か関係があるかどうか、『ブロックハウス』の説明をよく読んでみても、いっこうに見あたらない。ただそういう（筆者註、直訳すればフクロウ鏡という）名前の人物だったにすぎないようにおもわれます、とのことだが、単に名前がそうであるというばかりでなく、私は、前にのべたレンブラントの絵やオイレンシュピーゲルの第一版の扉絵などから察して、フクロウや鏡もじっさい、彼の名前にちなんで道化につかわれていたのではなかったか、少なくとも、オイレンシュピーゲルののちの亜流や模倣者などによっては、そうではなかったか、と考えるのである。そう考えて、私には日本の猿まわしが、連想されるのである。

右手にフクロウを掲げる
オイレンシュピーゲル

オイレンシュピーゲルの生涯とその墓

一生を、しゃれのめし、道化といたずらで、国王でも、領主でも、教会の牧師でも、大学の先生でも、病院の院長でも、職人の親方でも、宿の主人でも、誰でもかでもおかまいなしに、平気でからかったり、皮肉ったり、悪口をたたいたり、だましたりして憚るところなく、生気潑剌たる旺盛な気持で、鯉のようにぴちぴちとはねまわって、屈託することを知らぬいたずら者のオイレンシュピーゲルも、とうとう一三五〇年に、北ドイツで有名なリューベック港の南方の町メールンで、くたばってしまった。

ところが、埋葬の時に、ふしぎなことがおこった。みんなが墓場で、オイレンシュピーゲルの横たわっている棺のまわりに立ち、二本の綱をかけて、それをつるし、墓の中におろそうとすると、足の方の綱がぷつりと切れて、棺がどしんと墓穴におちたので、オイレンシュピーゲルは、棺に入ったまま、足でつっ立った格好になった。それで、居合わせた人たちは、みんな異口同音にいった。「この人を立たせておこうよ。この人は、この世では変り者でしたから、死んでからも、かわり者で押し通したいでしょう。」

そこで、彼をつっ立った姿勢のままにして、墓をとじ、石を墓の上にのせ、その表側に、フクロウ（オイレ）とフクロウが爪をかけている鏡（シュピーゲル）を彫りつけた。そして、その図の上に、次の如き文句がきざみつけられた。

なんぴとも、この石をおこしてはならない。ここにオイレンシュピーゲルは、埋められて、立っている。一三五〇年。

一五一五年に出版された『ティル・オイレンシュピーゲル』（いたずら先生一代記）の挿絵第十図と、一九二一年に刊行された『フリードリッヒ・アルベルト・マイヤーによって、ドイツ国民のために新たに語られたティル・オイレンシュピーゲルの諧謔（駄洒落―悪戯）』の扉絵とは、墓の上に彫りつけられたフクロウと鏡とを描いたものとおもわれる。前者の挿絵画家は不明だが、後者の挿絵画家は、パウル・ウェーバーである。（一九五四・一・二十八）

オイレンシュピーゲルとフクロウないしミミヅクとの関連

ティル・オイレンシュピーゲルは、もと人の姓名で、固有名詞だが、この語を分解してみると、オイレンはフクロウ、シュピーゲルは鏡という意味のことばである。

しかし、ティル・オイレンシュピーゲルは、元来はティル・ウーレンシュピーゲルであったらしい。ウーレンは、名詞では、長い柄のついた毛箒、または刷毛のことで、動詞では、拭うという意味のことばで、すなわち箒で拭うという北ドイツ語のようである。ゴヤの絵にも見られるように、西洋の魔法使いには、フクロウとともに長い柄のついた毛箒ウーレもなくてはならぬ道具のようである。その意味でも、あるいはフクロウと関係があるのかも知れない。

そして、そのウーレが、オイレとも綴られたところから、オイレンシュピーゲルと書かれるに至ったもので、元来はフクロウと鏡との合成語ではなかったとも考えられる。

先に見たグスターフ・フレンゼンの『ヨエルン・ウール』の「ウール」も「オイレ」のことであった。とすると、ティル・オイレンシュピーゲルが、元来は、ティル・ウーレンシュピーゲルであったとしても、そのウーレンシュピーゲルのウーレンも、あるいは最初からオイレンと同様、直接フクロウを意味したことばであったかも知れない。こうも考えられるように思うが、私はドイツ語にくわしいわけではないので、断定はさしひかえ、専門家のご教示を仰ぐことにしたいとおもう。

それはともあれ、ティル・オイレンシュピーゲル――正確にいうならば、そのもとのかたちでは、ティル・ウーレンシュピーゲルであったはずだが、そのティルのいたずらや道化物語を綴った民衆本で、現存しているもっとも古いものは、一五一五年シュトラスブルクで出版された版だが、その扉絵のティルの肖像を見ると、馬にまたがり、両手を広げて高くかかげた姿で右手にフクロウを、左手に鏡を持っているし、この本の末尾のティルの墓についての記述にも、その墓の表に、フクロウとフクロウが爪をかけている鏡をほりつけた、云々、とあるところを見ると、少なくとも、ティルが死んで一六五年たって、一五一五年のころには、フクロウと鏡との合成語とみられ、じっさいにもまた、ティルの亜流によっては、この肖像画に見られるように、フクロウと鏡とをもって道化が演ぜられるに至っていたものではなかったかと考えられる。フクロウに鏡をさしつけて、そのみにくさを見せる意味があってのことであったろうとの説もある。

一五一五年に出版された『オイレンシュピーゲル』初版の挿絵で見ると、オイレンシュピーゲルのかぶっている帽子は、普通のもので、いわゆるミミヅク頭巾ではない。

しかるに、明治三、四十年代に書かれた巌谷小波の『世界御伽噺全集』の第七十編の『木兎太郎』の挿絵で見ると、兎の耳より長い耳のついた頭巾をかぶっている。しかもこの挿絵は、ドイツのゲルラッハ版『ユーゲント・ビュッヘライ』という新御伽噺叢書によったものです、とことわってあるから、オイレンシュピーゲルは、ミミヅク頭巾をかぶっているのが、少なくとものちの姿ではなかったか、と察せられる。

知恵者のティル・オイレンシュピーゲルが、古代ギリシャ以来西洋では知恵のすぐれた鳥ということになっている、そのフクロウと関係があるというのは、注目に値する。（一九五四・二・十）

いたずら者・ひょうきん者・道化師

オイレンシュピーゲルは、いうまでもなく、元来固有名詞である。姓がオイレンシュピーゲルで、名はティルといった。ティルの父親は、クラウス・オイレンシュピーゲルといった。それだのに、ドイツ語の辞書で、オイレンシュピーゲルを引いてみると、いたずら者、道化師という普通名詞にもなっている。これは、ティル・オイレンシュピーゲルが、いたずら者、ひょうきん者、道化師の代表的人物であったところから、いいかえれば、画時代的な、あるいは新しい時代を反映するいたずら者であったところから、オイレンシュピーゲルという固有名詞が、いつのまにかいたずら者、ひょうきん者、道化師そのものを指す普通名詞にも用いられるに至ったことを意味する。

いや、それればかりではない。ドイツの国境をこえたフランスにさえ、オイレンシュピーゲルからきた言葉で、いたずら者、いたずら小僧を意味するエスピエーグル（espiègle）という普通名詞、いたずら、ひょうきん、を意味するエスピエーグラリ（espièglerie）という普通名詞ができたほどである。

巌谷小波の世界御伽噺『木兎太郎』

オイレンシュピーゲルの物語――『いたずら先生一代記』のあらましを、日本の少年少女にはじめて紹介したのは、巌谷小波『世界御伽噺全集』の第七十編『木兎太郎』であろう。明治三十年から四十年のあいだのことであった。

『木兎太郎』のはしがきには、「これは、原名を、『オイレンシュピーゲル』といって、ドイツの口碑になっている名高い滑稽談なのです。その原文によると、なかなか長いものですが、省略したり、また、日本風にかき改めたところもあります。また挿絵は、ゲルラッハで出版した『ユーゲント・ビュッヘライ』という新御伽噺編によったものです」と書いてある。

そして、本文は、次のように、みみづく太郎の素性と特色を、のべることからはじめられている。

みみづく太郎は、ドイツのザクゼン州の、片田舎の生れでありました。お父さんは、早く亡くなって、お母さんの手一つで育って、はや十六という年になりましたが、生れついてのなまけ者で、学問にも少しも身を入れません。ただそのかわりには、とぼけたまねをしたり、人をかつぐことが大好きで、また頓智が大得意という、世にも珍しいかわり者であったのです。

私は少年時代に、小波主筆の雑誌『少年世界』を購読し、『日本御伽噺全集』も愛読したが、『世界御伽噺全集』の方は飛びとびにしか読まなかったので、『木兎太郎』のことは、一両年前にフクロウの研究をはじめて、前の本を(『唯物論者の見た梟』)を書きあげるまで、ちっとも知らなかった。『世界御伽噺全集』は昨年(一九五三年)八月、河出書房から装いを新たにした美本で復刊されることになり、八月二十六日に私は河出書房の編集者柳沢棟三郎氏から、同全集第三巻として出た『みみづく太郎』一冊を贈られたが、その編者代表者名は小波先生の令息と思われる巌谷栄二氏で、その解説がつけられている。それによると、小波先生は、このみみづく頭巾の、いたずら小僧がよほど好きであったらしく、挿絵の入った原書を晩年まで座右におかれていた、とある。

そしてまた、大正十三(一九二四)年の初夏から十四年春へかけて、『東京日々新聞』に連載の童話「みみづく小僧一代記」(岡本帰一挿絵)も、この『木兎太郎』をもとにして、小波先生が、機智と空想を駆って作り上げられたものであったとのことである。

「みみづく小僧一代記」の方は私はまだ読んでいないが、おそらく内容も『木兎太郎』よりはずっとくわしく、したがってまた、ドイツ語原本の『ティル・オイレンシュピーゲル』にあるいはより近いものかと察せられるが、小波流に書きおろされた一種の創作で、単なる翻訳ではない点で、注目に値しよう。

ともあれ、小波先生、オイレンシュピーゲルがいかに好きであったか、それをこの連載童話「みみづく小僧一代記」は示して余りある、といってよかろう。

(一九五四・一・二十八)

オイレンシュピーゲル本第一版の内容と性格

私は、前の本で、一五一五年にシュトラスブルクで刊行されたオイレンシュピーゲル本の第一版――これが、『世界文学全集』古典篇、中世物語篇中の『いたずら先生一代記』では、一番最初の、したがってまた、現存しているもっとも古いものとされている――の扉絵を、『ドイツ文化史図説』から採って紹介しておいたが、『いたずら先生一代記』の原本も、この訳書の河出版も、ともにまだ見ていなかった。（ちなみに、十七世紀末までに各地で出版されたオイレンシュピーゲル本は、手塚富雄教授の研究によると、二十種以上にのぼり、外国語に翻訳されたものも、数かぎりない。オランダ語訳、フランス語訳、英語訳はもちろんのこと、ラテン語訳まで出ている。そして、フランス語訳だけでも三十種以上の訳があるとのことである。）

一九五三年五月はじめのことであった。偶然に、東京駅でギリシャ文学の呉茂一教授と、帰りの湘南電車に一緒に乗りあわせた。

フクロウの研究で、いろいろお世話になったお礼をのべているうちに、話がオイレンシュピーゲルのことに及ぶと、こんど河出書房から出ました『世界文学全集』の中世物語篇に、『オイレンシュピーゲル』の全訳が収録されております、とのこと。

それで、早速いろいろとさがしてみたが、なかなか見つからなかった。そこに、河出書房の柳沢氏が、編集室でようやく一冊見つかったからといって、寄贈して下さった。

まず、扉に、私が前の本で、紹介しておいたのと同じ絵、すなわち馬にまたがって、両手を高く広げて、右手にフクロウを、左手に鏡を持ったオイレンシュピーゲルの肖像が出ている。それから、章毎に、長い文句の小見出しがついていて、その上に、挿絵がそえられている。

一、ティル・オイレンシュピーゲルの誕生、一日に三度洗礼をうけたこと、並に洗礼立会人のこと。

二、村の人々が、オイレンシュピーゲルのいたずらにあきれて、あくたれ、あくたれといったこと、それからかれが、馬上、父の後ろにくっついて、黙って、人々に自分のお尻をおがましたこと。

といった長い見出しが、二十八ついており、これらの見出しを通読すれば、それだけでも内容がざっとわかるといった仕組みになっている。

さて、この『いたずら先生一代記』の性格だが、これを簡単に「中世物語」とか、「中世文学」といって片づけてしまうのは、当をえたものではあるまい。私は、その内容からしても、またその時代からしても、ルネッサンス文学の先駆、またはルネッサンスを切り開いた市民的文学、人文的文学のはじまりであった、と見るべきではないかと思う。

オイレンシュピーゲルの没年は一三五〇年というが、これを各国ルネッサンス先駆者の没年と対照してみれば、イタリア・ルネッサンスのダンテが一三二一年、ジョットーが一三三七年、ペトラルカが一三七四年、ボッカッチョが一三七五年。イギリス・ルネッサンスのロージャー・ベーコンが一二九四年、「イギリスのダンテ」と称せられたチョーサーが一四〇〇年。ドイツ・ルネッサンスでは、鉛活字による印刷術を発明して、民衆本の大量普及を可能ならしめるみちを開いたグーテンベルクの没したのが一四六八年である。以上の簡単な没年対照をみても、思い半ばにすぎるはずだ。オイレンシュピーゲル本の第一版の出たのが、一五一五年であった。グーテンベルクが鉛活字による近代印刷術を発明した一四四五年より七十年ののちにあたる。

一九三六年に、日本ルネッサンス史論を着想して以来、その大成に心血を注いでいる私が、オイレンシュピーゲルに特殊の関心を寄せるのは、またじつに、この物語の性格をルネッサンス的なもの、いいかえれば中世から近世への過渡の段階に位置するもの、そして中世的な封建思想、文学に対する抵抗・批判の立場からした新興の思想・文学であると見るがためであって、オイレンシュピーゲルの名称が、フクロウないしミミヅクと関係があるという点からしてだけのことではない。

元遺山の詩句「自己飢腸出奇策」と軌を一にした『いたずら先生一代記』の言葉

中国金王朝の世の詩人で歴史家でもあった元遺山の詩「女几山避兵送李長源帰関中」という詩のうちに、「いにしえより飢腸奇策を出す」ということばがある。

これについては、拙著『回顧録霧笛篇』（一九五二年）をはじめ、『日本ルネッサンス史論』（一九六八年）にもくわしくのべているので、それらをご参照ねがうことにして、ここには省略したいとおもうが、これとまさに軌を一にすることばを、私ははからずも『いたずら先生一代記』のうちに見出して、感無量であった。

それは、第十二章の「オイレンシュピーゲルが、フォン・アンハルト伯爵の城に見張りの塔のラッパ手としてやとわれたこと。そして、敵がきても、ラッパを吹かず、敵がいないとき、ラッパを吹いたこと」のうちに見出した、次のことばである。

伯爵は、お前は「気が狂ったのか」と叫びました。オイレンシュピーゲルは答えました。「けっして、わる気ではございません。けれども、空腹と難儀は、よく計略を生み出すものでございます。云々。」

日本のオイレンシュピーゲルと『いたずら先生一代記』

封建的な権威は、国王であろうと、領主であろうと、教会の牧師であろうと、大学の教授であろうと、病院の院長であろうと、職人の親方であろうと、いっさいおかまいなしに、手あたり次第にからかったり、皮肉ったり、茶化したり、悪口を叩いたり、だましたり、いたずらをしたりして、無茶苦茶に愚弄して憚らず、何一つ屈託するところなく、明朗闊達に振舞って一生を終ったティル・オイレンシュピーゲルの態度は、中世封建制度の殻の中に、やがて生まれ出るべき次の時代の勢力として、徐々にではあるが、次第にはぐくまれ、生長しつつあった諸都市の商工業に従事して、増大しつつあった富力とともに、人間性にめざめ、新しい文化のにない手となって行きつつあった市民層（町人層とも呼ばれる）を代表するものであり、『いたずら先生一代記』は、武士と教会中心の中世文学とはその本質を異にする庶民文学であり、のちの市民文学（町人文学とも呼ばれる）の、したがってまた、ルネッサンス文学の先駆として、新しい精神と旺盛な気分と、人間的な感情にみちみちたものであったといってよかろう。

それゆえ、本質的な中世文学とは、べつなものであることを知らなければならぬ。中世の封建的なものに対する根本的な革命の文学とまではいえぬが、中世の封建的な支配と権威に対する一種の批判というか、抵抗というか、そういった精神を持った文学とはいっていいであろう。

日本で、ティル・オイレンシュピーゲルなる人物と、『いたずら先生一代記』にあたるものは、誰であり、その作品のいずれがこれであろうか。

まっとうな意味でこれに当るもの、あるいは、これに対比すべきものを、私は見出しえないが、浅学寡聞の私の知る限りでは、日本ルネッサンス期の奇才平賀源内と、源内の戯作『風流志道軒伝』『天狗髑髏鑑定縁起』『力婦伝』などが、ある意味では、ややこれに近くはないか。

もっとも時代からいえば、ティル・オイレンシュピーゲルは、ルネッサンスの先駆と見るべき存在なのに、わが平賀源内（一七二六―一七七九）の『風流志道軒伝』は、宝暦十三（一七六三）年の作だから、日本ルネッサンスが、はじまってまさに百年ののち、ルネッサンスが終る八十七年前にあたる。いいかえれば、日本ルネッサンスのまさに中期を飾った存在である。

『風流志道軒伝』は、世の僧侶の愚と時世とを非難したものだし、『天狗髑髏鑑定縁起』は、薬種家の無学にして、世人を欺くものを痛罵したもの、『力婦伝』は、こんな力婦があらわれたのは、世上の無気力な男に見せて、勇気を引き入れんとした神慮であるといって、時世を諷刺した作品である。

もちろん、源内のみには限らない。源内についでは、『狂歌馬鹿集』の蜀山人四方赤良なども多少似ていよう。そのほか、日本ルネッサンス期の諷刺詩であった川柳や、いわゆる戯作者の戯作文学なども、そのうち、わけても『東海道膝栗毛』の弥次・喜多なども、オイレンシュピーゲルと、ある意味では多分の共通性を持つものと見てよくはなかろうか。

しかし、以上にあげた例のほかになお、日本ルネッサンス期でもとくに異色の人物であり、そしてまたすこぶる異彩を放つ作品として注目すべきものがある。

安藤昌益と、彼が宝暦五（一七五五）年にあらわした主著『自然真営道』百巻中、第二十四巻の、あらゆる鳥類を総動員しての「法世論評会議物語」なるものが、すなわちこれである。

前にも紹介しておいたように、じつに驚くばかり多種多様の鳥類を召集し、「古今にこれなき一大事の評定」を開催させ、これらの鳥をして、それぞれ思いおもいに、当時の世の中、すなわち昌益がその独特の用語で「法世」とよんでいる封建制度の生態に、あらゆる角度から、あますところなく完膚なきまでに痛烈きわまる批判を展開している。

しかもその手法は、骨をさすような辛辣な皮肉に、余裕綽々たる諧謔をまじえた、それに加えるに、しばしば天外の奇想と新機軸の用語をもってして、抱腹絶倒せしめずにはやまない興味津々たる物語である。

動物をして語らせる趣向の点においては、オイレンシュピーゲルとはちがうが、外国文学では、これと軌を一にしているものに、イギリスのジョナサン・スウィフトの『ガリヴァー旅行記』（一七二六年）や、ドイツのエルンスト・テオドール・ホフマンの『牡猫ムルの人生観』（一八二〇—二二年）などがある。

昌益は、前記の源内と同時代人で、やはり日本ルネッサンス中期の人物だが、当時すでに男女同権の一夫一婦制論者であったことをみても、いかに昌益が人間主義に徹した人物であったかがわかる。ところで、われわれが、いまとくにここで関心を寄せるのは、昌益がフクロウをどのように見ていたかであるが、さすがにルネッサンス人であった昌益である。彼のフクロウは、衆鳥にすぐれた知恵があり、権威をもって衆鳥の会議にのぞみ、これをリードしている。『本草綱目』流のフクロウ観にはとらわれていない。いや、明らかにそれから脱却しているのである。その点、馬琴などとはその識見において、まさに雲泥の相違である。

（一九六三・十・二十三）

ソ連におけるオイレンシュピーゲルの上演

西欧諸国でのオイレンシュピーゲルの人気は前述のように根強いものがあるが、ロシヤではどうであろうか、とくに十月大革命後のソヴィエト・ロシヤではどうであろうか。われわれの興味をひかれる問題だが、これについては、しかし、いままでわれわれは何も知ることができなかった。

ところで、ブドウ・スワニーゼの最近あらわした『叔父スターリン』によって、私ははからずもオイレンシュピーゲルの道化が、革命後三十年のソ同盟でも、ルナチャルスキーの未亡人が経営にあたっているモスクワの児童劇場で、上演されていることを知ることができた。

ある日、スターリンの三番目の夫人ローザにさそわれて、このスターリンのおいのブドウ・スワニーゼが、児童劇場に、スターリンの子どもと三人づれで見物に出かけたわけだが、そのおり上演されていたのが、なんとオイレンシュピーゲル劇であった。

スワニーゼは次のように語っている。

私たち一同は、ロビイに入った。背が高くて美しいローザよりも、もっと美しい婦人が、私たちをまちうけていた。彼女は、公共人民委員同志ルナチャルスキーの未亡人で、芸術劇場のすぐれた俳優ロザネルその人であった。彼女は一身をささげて、児童劇場の経営に努力していたのである。

同志ルナチャルスカヤ・ロザネルは、私たちを大きな事務所に案内してくれた。三つの肖像画が壁にかかっていた。一つは、彼女の亡き夫、ルナチャルスキーのもの。一つは、公共教育人民委員ブブノフのもの。他の一つは、ソッソウ叔父（スターリンのこと）のものであった。

「もちろん、あなた方は、劇をごらんになりたいのでしょう?」と彼女はきいた。

「いま、何をやっているんです?」と、私はたずねた。

「きょうは、ティル・オイレンシュピーゲルです。」

私はそれについては、何も知らないと白状した。

そんなわけだから、この一行が、オイレンシュピーゲルの道化に目をつけて、とくにそれを見にきたわけではなかったことがわかる。しかし、それはとにかく、オイレンシュピーゲルが、この日、児童劇場で上演されていたことは、これでたしかであろう。

さて、話をもとにもどして、スワニーゼとローザの対話を聞くことにしよう。

「ブドウ、恥しくないの！」と、叔母が顔をしかめて叫んだ。

「ティル・オイレンシュピーゲルは、ベルギーのナツァールケキアですよ。」

私は、ローザ叔母が、少くとも博学な人であることを認めざるをえなかった。

「私たちおとなは、ここで劇をみたくはないわね。」とローザがいった。「でも、パジール（スターリンの子ども）は、あなたにおあずけするわ。この子をみてやってくださらない？　私はお友だちと、ゴルキイ名称の文化と休息公園に散歩にゆきますわ。三時間ほどしたら、パジールをつれに戻ります。」

ナツァールケキアというのは、スターリンの故郷グルジアの民話に出てくるヒロインの名前だそうだから、ローザ夫人が、ティル・オイレンシュピーゲルは、ベルギーのナツァールケキアですよ、といったのは、簡単にいってしまえば、ベルギーの英雄だというわけである。

なるほど、たいした博学には相違ないかもしれぬが、どうしてベルギーということになるのか、われわれにはさっぱりわからぬ。第一、ベルギー語は、フランス語に近い系統の言葉であるはずなのに、オイレンシュピーゲルは、誰が聞いても一点うたがう余地のないほどに、明瞭なドイツ語だからである。それゆえ、ローザ夫人の性格を知る上にも、これはすこぶる興味ぶかい挿話のようにおもわれる。

ドイツ近代の文豪ハウプトマンの長篇叙事詩

ドイツの文豪ハウプトマンに、『ティル・オイレンシュピーゲル』という長篇の叙事詩があって、一九二八年の作であり、一九三〇年作の『情熱の書』とともに、六十歳代のハウプトマンの作中、この二つがもっとも重要なるものとされている。

前者は、前後十年間もかかった力作で、ハウプトマンの『ファウスト』とさえ称される。ティル・オイレンシュピーゲルとはいっても、中世の有名な道化者、悪戯者を取り扱ったものではなく、その無類に長ったらしいフルタイトルの、「偉大なる飛行旅行家、手品師兼魔術師なるティル・オイレンシュピーゲルの冒険と悪戯と瞞着および幻と夢」というので明らかなごとく、第一次世界大戦における飛行機の勇士ティルが、いまや一人の道化師となって、ヨーロッパ諸国を遍歴してまわり、古今のあらゆる種類の人間や非人間に遭遇して、いたるところに、孫悟空以上の奇抜な冒険と神変不可思議の体験をかさねるという夢まぼろしの奇抜な物語を、詩の形で綴った一大長篇である。それゆえ、いわば『ティル・オイレンシュピーゲル』の現代版とも見るべきものだが、ゲーテの『ファウスト』第二部にくらべられるだけあって、注釈なしにはとうてい理解できないむずかしいものだそうである。そのせいでもあろうか、まだ日本訳が出ていないようである。

(一九五四・一・二十七)

ドイツでは『オイレンシュピーゲル』という漫画雑誌が出ている

ドイツで、ルネッサンス期の道化師オイレンシュピーゲルが、今日でもいかにもてはやされているかは、現在、漫画雑誌として、『オイレンシュピーゲル』というのが発行されているのを見てもおもいなかばにすぎよう。

イギリスの『パンチ』に匹敵するのは、もちろん『クラデラダッチ』であろう。日本でいまはあまりいわないが、明治から大正にかけてポンチ絵といったのは、イギリスの漫画雑誌『パンチ』からきている。クラデラダッチということばは、もとは、ガタガタピシャンといったような音をうつしたものであろうが、ドイツで一八四八年以来つづいている漫画雑誌である。それについで『ローテル・プフェッフェル』(赤い胡椒)という漫画新聞があり、それらと並んで、『オイレンシュピーゲル』誌もあるというわけである。

(一九五四・七・二十五)

追記——先に、国木田独歩の『春の鳥』を引いたさい、「英国の有名な詩人の詩に『童なりけり』といふがあります」とある、この「有名な詩人」がわからない旨書いたが、その後、これはワーズワースであることがわかった。「童なりけり」は There was a Boy. 田部重治氏の訳(岩波文庫版)では「一人の少年」と題されている。

一人の少年がいた。

ウィナンダーの断岸と島々よ、

お前たちは彼をよく知っている。
幾度となく、黄昏れどき、
一番早い星々が山の端《は》に見えつ隠れつ動きそめるころ、
樹の下に、あるは、うすひかる湖水のほとりに、
少年はただひとり佇んでいた。
彼は指と指とを組み合せ、
掌と掌とをしっかり合せ、
口につけては笛のように、
沈黙せる梟が答えるために、
ホーホーと真似声を立てた。
すると梟は湿っぽい谷を越えて叫び、
彼が呼べは梟も、また、叫んだ。
ふるえる音、長い声、鋭い叫び、
そして声高き反響がくり返された。
陽気な騒ぎの狂える混乱！
やがて声がと切れて沈黙が来り、
少年の巧妙な誘引も無駄だった。

そして時々、その静けさの中に耳をすますと、
心を静かにゆする滝の音が、
思いがけなく優しく彼を驚かした。
……
この子供はまだ満十二歳にもならぬうちに、
友だちと別れ、若くして死んだ。
……

〔一九八一・九・十二〕

Ⅵ　絵画・彫刻等のなかのフクロウ

ビュッフェ「小さなフクロウ」（リトグラフ）

一　フクロウの画家を求めて

鍬形蕙斎の「鳥獣略画式」にはフクロウとミミヅクが、葛飾北斎の「北斎漫画」三編にもフクロウが描かれている。とくに蕙斎のは、フクロウもミミヅクもなかなかおもしろく描かれているとはおもうが、しかし、どちらも特別にフクロウに関心をもっていて描いたものとはおもわれぬ。

北斎は「日新除魔帖」によって、獅子の画家と呼ぶにあたいするが、鳥類については、特別な力作も傑作もないようである。河鍋暁斎と富岡鉄斎とは、ともにカラスに熱意を傾けており、カラスの画家と呼んでよかろう。蕙斎の「略画式」は、雀三十三態をおもしろく描いている。あるいは雀の画家と称していいかもしれぬ。これに比して、雀踊り三十三態を「北斎漫画」に描いている北斎は、雀踊りの画家とはいっていいかもしれぬが、とうてい雀の画家ではないようである。

私はまだ日本でフクロウに特殊の関心をよせた画家のあるを知らない。フクロウのいい画もまだ見たことがない。

雀の歌人としては『雀の生活』、『雀百首』の著者、北原白秋があり、雀の俳人としては、三百八十句ことごとく雀の句から成る句集『雀』の著者、木村緑平氏がある。しかし、日本にフクロウの詩人あることを、私はまだ聞かない。

一九五一年八月のピカソ展のころ、ピカソ画集のどれか一つにフクロウの略画とおもわれるものが

フランスの洞窟に描かれた白フクロウの図
(おそらくヨーロッパでは最古のフクロウ図)

一図のっているのを見出して、これは珍しいとおもった。図案画家の田村宗太郎氏にあった折、このピカソのフクロウの話をしたところ、ピカソはフクロウを沢山描いており、アメリカで出版されたピカソのフクロウ画集があるとのことであった。はたしてそうだとすれば、ピカソこそは、まさに私の期待していたフクロウの画家と呼ばれるにあたいしよう。ピカソなら、フクロウに真実熱意を傾けて描いていそうに、私にも十分想像できる。とにかくこれは私にはおもしろい話であった。

二　日本の造型美術の中で

尾形光琳の「鳥獣写生帖」のミミヅク

徳川時代の画家では、装飾画派の尾形光琳の「鳥獣写生帖」が注目すべきものであろう。そのうちに、ミミヅクの写生図が三図のっている。

光琳は、写生画派としてもっとも知られる円山応挙より八十年ばかりも前である。しかも、応挙の「鳥獣写生帖」には、フクロウもミミヅクもおさめられていないのだから、ミミヅクの写生図としては、日本では、おそらくこの光琳が最初と見てまちがいあるまい。

一九五〇年四月号の雑誌『三彩』に転載されたものによると、右方に鷺《う》、左方には琉球鳩の写生図があって、まんなかにミミヅクが三図だ。それに、足と足指の写生がついている。

三図のうち、上の二図は正面図、下の一図は側面図であり、さらに上の二図のうち、左方のは眼をつむっていて、からだの一部は木の葉にかくれている。木の葉がくれの眼をつむったミミヅク。右方のは眼をくるくるとさせた、きわめて克明丹念に描かれた写生図で、鳥類標本図みたいなミミヅクである。ソロバン絣のミミヅクで、古径や大観のミミヅクと同じ種類のものである。

下方の側面図のミミヅクの眼が、正面に二つ並んでいる眼を、側面から見て描いたもののように見えないで、普通一般の鳥のように、側面についた眼の側面図のようにしか見えないのは、どうしたものか。

さらに、この側面図の足と足指も、またべつに描かれた足と足指の部分図を見ても、普通の鳥の足指で、フクロウ科の足指の特徴は把握されていないようにおもわれるが、はたして上の左方の図を見ると、ハッキリと足指が三本ずつ前に出て、木の枝をつかんでいるのであって、じっさいにミミヅクを直接自分の眼で仔細に観察した上での写生図であるかどうかを、私にうたがわしめる。もっとも、上の右方の眼をつむっているミミヅクでは、前に出ている足指は二本ずつになっている。

しかし、さような細部の吟味はとにかく、全体として、私にはなんら迫ってくるものが感ぜられない。その点、デューラーのフクロウの写生図を見た感じと同様である。応挙の「鳥獣写生帖」には、フクロウもミミヅクも描かれていないこと、さきに一言しておいたとおりだが、全体としての感じは、光琳の写生図も、応挙のそれとほとんどえらぶところがないように見える。要するに、どちらも生物標本図みたいにしか思われないことに、私はひどく失望した。

解説者の洋画家岡本太郎氏によると、光琳の「鳥獣写生帖」は、光琳の後裔小西家にのこされていたものであり、「精確周到な鳥類の写生帖」だとあるが、ミミヅクの三図から見て、私にははたしてそう評していいものかどうか、疑問のようにおもわれる。なお、岡本氏の解説では、光琳は、「後年、鞍馬に花園をつくり、草花の写生に意をそそいだとつたえられる」というのだが、鳥類についても同様であったかどうか、それについてはなんとも書かれていない。

俵屋宗達のミミヅク

尾形光琳のミミヅクの素描よりさきに、少なくともいま一人、ミミヅクを描いた装飾派の画家が、光琳の先輩にあることがわかった。俵屋宗達がそれで、うす墨の粗画らしい。

このことを、私は、高安月郊氏の文章ではじめて知った。それにはこうある。

宗達は、桃山の単純を、複雑にして、煩わしくなく、その強い光と色を収めて、平和にした寛永の象徴家である。

高安氏は、装飾派画家とでもいうべきところに、象徴家という文字をつかっておられるようである。さて、高安氏は、そのあとにこうつづけている。

しかし、宗達にはまた、うす墨の粗画がある。沢潟、蓮による喉の白い鳰《にお》は、花の色に飽きたのか。竹に飜える雀は塵もたてず、木兎は微笑、兎は光悦のより淡く、狗の児は噛みそうもない。

云々。

これで宗達には豪華な装飾画のほかに、うす墨の粗画で、おもがた、蓮に鳰の絵、竹に雀の絵、微笑しているミミヅクの絵、兎の絵、狗の児の絵などがあるらしいことがわかる。

宗達の画集は、まとまったものが、かつて高見沢版画店から出版されているから、この画集を見たら、これらの粗画ももれなくきっと載っているであろうとおもわれる。

なお、私はこの高安氏の文章をまだ知らずに、さきに、「フクロウは微笑する」という言葉をつかったが、いまここに高安氏が、ミミヅクは何を微笑しているのか、といっておられるのを知って、大いにうれしく、ひそかに微笑をとどめえなかった。読者にもこれで、フクロウは微笑するといった私の表現が、けっして奇矯の言葉でなかったことを、十分にわかってもらえたろうとおもう。

その後、私はとうとう神田の古本屋で、高見沢版画店発行の画集『宗達』を見つけて、ちょっと見せてもらった。竹の枝にとまっている耳の突っ立ったミミヅクで、ちょっとユーモラスな表情をしている。高安月郊氏が、微笑しているミミヅクといっているのが、なるほどとうなずかれる。しかし写真版が悪くて、斑紋の模様もぼやけているし、前の足指が二本か三本かもはっきりわからないが、画としては、光琳の写生帖のミミヅクよりおもしろい。光琳のミミヅクへの私の期待ははずれたが、その不満をやや宗達によってみたされた感じだ。

高安氏によると、「蓮に鳰」の画などと一連の水墨の粗画のようで、縦の軸物かと想像していたが、そうではなくて、紙本の淡彩画で、タテ一尺三寸七分（四一・五センチメートル）、ヨコ二尺五寸一分（七六センチメートル）とある。

宗達としては、べつにどうというほどの作品ではあるまいが、日本の画家の手になったミミヅクの画としては、いまのところ、私の知るかぎりでは、とにかくこれが一番古いもののようである。その意味において、注目にあたいするとおもう。そして、それを私はついにきのう見ることができたのである。なおその後、もっと大判の宗達画集も見たが、それにものっていた。それで見ると、両眼がなかばとじて、細ながく描かれているのが、ほほえましい。

鳥獣戯画絵巻のミミヅク

私は、前の本で、装飾画派の一人である尾形光琳の「鳥獣写生帖」のミミヅクについて、これがはたしてほんとうの写生図であるかどうかはうたがわしいが、少なくとも写生図的に描かれていることはたしかであり、すなわちミミヅクの写生図的なものとしては、日本では、おそらくこの光琳が最初と見て、まちがいあるまいと書いた。

写生画派としてもっとも知られる円山応挙の鳥獣写生帖より八十年ばかり前のものだからである。

そして、さらに私は次のように書いた。――尾形光琳のミミヅクの素描三図よりさきに、少なくともいま一人、ミミヅクを描いた装飾派の画家が、光琳の先輩にあることがわかった。俵屋宗達がそれである。だがしかし、宗達のミミヅクも、豪華な装飾画ではないが、さればといって単なる写生図でもなく、これは、うす墨に淡彩をほどこした粗画で、竹にとまって微笑している愛すべきミミヅクである。

徳川時代に描かれたミミヅクの絵としては、これらがもっとも古い部類に属するようにおもわれる。ところで、さらにだんだん調べてみると、有名な鳥羽僧正覚猷の筆とつたえられる「鳥獣戯画絵巻」のうちに、やはり、ミミヅクが描かれていることがわかった。いうまでもなく、これは、戯画的な線画で、光琳写生帖のミミヅクや宗達の淡彩紙本のミミヅクとは、おのずから別種のものである。

宗達は、寛永年間(一六二四―一六四三)の画家であるのに、鳥羽僧正は、平安朝の白河法皇から鳥羽法皇にかけての時代、すなわち、陸奥では、藤原清衡が中尊寺を建立し、京都では、平清盛の先祖が、西海の海賊平定の功によってようやくおもきをなしはじめたころで、藤原期の末葉にあたる。正確にいうと、一〇五三年から一一四〇年の人だから、宗達より五百年の前にあたる。

それゆえ、いま私の知るかぎりでは、日本のミミヅクの絵としては、これが一番古い。これ以上古いものを、私は考えおよばない。その意味でも、これは注目にあたいするミミヅクの絵である。

鳥羽僧正は、天台宗の僧侶で、諱《いみな》は覚猷といった。その素生は、宇治大納言源隆国の子だとある。三井の園城寺に住したので、その寺内住房の名によって、法輪院僧正とも呼ばれる。それが一般に鳥羽僧正と称されるのは、鳥羽離宮の壇所に護持僧として、伺候していたことがあったのによる。性格きわめて酒脱で、ことに絵にたくみであった。僧正は、本格的な絵巻にも、その大手腕をふるったが、同時にまた、諷刺、皮肉、諧謔、滑稽の漫画にも、すこぶる秀でていた。前者の代表的なものとしては、朝護孫子寺所蔵の「信貴山縁起絵巻」があげられ、後者の代表的なものが、栂尾高山寺所蔵の「鳥獣戯画絵巻」として、知られるものである。

徳川時代に、鳥羽絵と称する一種のおどけた粗画が流行した。飯島虚心の『葛飾北斎伝』に、この鳥羽絵は、宝永（すなわち五代将軍綱吉のころ）以来、大いに世におこなわれて、『鳥羽絵車』、『鳥羽絵三国志』、『扇の的』、『あくび留』などの絵本が刊行された。豊広、北斎なども、たくさん書いて、おのずから、浮世絵画家の仕事の一部ともなった。河鍋暁斎は狂画ともいうものを描いたが、これもまた鳥羽絵の一種である、という意味のことを書いている。この鳥羽絵という名称は、「鳥獣戯画」の鳥羽僧正にはじまる、というところからおこったものである。

「信貴山縁起絵巻」は、おそらく数多いわが絵巻中でも最大傑作の一つであろう。とくに驚嘆にあたいするのは、今日からおよそ八百年も以前の昔において、今日の映画的手法によって、いいかえれば、さながら今日の映画を見るごとく、画面が連続して、回転し展開してゆくように、この絵巻は、描かれている。その点でも、多くのわが絵巻中、他に一、二しかその例を見ないほど珍しいものである。もう一度いいかえるならば、多くの絵巻では、画面の回転展開が、いわば幻燈式であるのにとどまるに反して、「信貴山縁起絵巻」のそれは、まったく映画式である、ということである。

しかし、「信貴山縁起絵巻」を論ずるのが、いま私の目的ではないから、これ以上立ち入ることはさしひかえることにしたい。ここで私の問題としているのは、「鳥獣戯画絵巻」の方だが、これは、四巻から成る絵巻物で、その内容は、第一に、蛙、兎、猿などの擬人的な嬉戯のさまを描いた甲巻。第二に、鳥獣野生のさまを描いた乙巻。第三に、法師らが囲碁・双六・首引など遊戯するさまを前半に、猿、兎などの擬人的な嬉戯のさまを後半に描いた丙巻。第四に、流鏑馬、打毬等行事・遊戯の人物戯画が丁巻。――以上の四巻である。（一九五四・二・十二）

ミミヅクの画面は、第一の蛙、兎、猿などの擬人的な嬉戯のさまを描いた巻の最後の方で、猿の僧が蛙の仏像に橘かとおもわれる果物をささげている画面の次に出てくる。すなわち、つぎの画面では、同じ猿らしい僧が、前の机に桃や橘のような果物をおいて、兎が西瓜のようなものを籠にもって、左から僧の前にもちはこんでいる、そこに、ミミヅクが樹の上にとまって、大きな目をあけて前の方を見つめている。

ところが、その見ひらいた眼は、丸の中に点をうって、瞳を表現しており、まっ黒に描いた眼ではないから、これは、ミミヅクで、狭い意味でのフクロウではないはずである。耳の形が一風変わっているが、足指は、前に二本ずつに描かれている。現代の油絵画家の多くとちがって、足指を正確に描いているのは、平素よく動物を視察していたことを示すものといってよかろう。

一九五六年は、雪舟が日本の室町時代画家の代表として、世界的にいわれることに世界平和会議で決定されたのを契機に、四月二十八日から五月二十七日にかけて、上野の東京国立博物館で、雪舟四百五十年記念大展覧会が開催された。

私は五月九日の午前にいってみたが、そのうちに、ミミヅクの絵が二つあることをはじめて知った。鳥羽僧正の「鳥獣戯画絵巻」のミミヅクについでは、この雪舟のミミヅクが古いであろう。その意味において、私は注意をひかれた。

その一つは、ボストン美術館所蔵、備陽雪舟七十二夏作之とある「猿猴鷹図屛風」で、その右端の上方に、ミミヅクが一羽描かれていた。

その二つは、狩野常信が模写した「花鳥図巻」の一つで、一枚絵のミミヅクの絵があった。そして、それには、延宝三年七月二日、舟越百明殿、鵰、の文字が記入されており、舟越百明のために雪舟が延宝三年に描いておくったものであることがわかる。

羽の模様は、ソロバン絣が鮮明に描かれているから、大コノハヅクを描いたものにちがいない。顔盤がクッキリと表現されており、眼は黄色で、なかなかリアルな作品であった。(一九五六・九・三)

利休庵の手水鉢に彫刻されたフクロウ

茶人千利休の不審庵の跡は、いまも山崎駅の近くにのこっているが、この茶室の手水鉢には、フクロウが彫刻してあって、フクロウの手水鉢と呼ばれていた。

利休不審庵の手水鉢を、フクロウの手水鉢という。四方にして、四角にフクロウを切付けたり。水溜さしわたし八寸ほど、深さも八寸余に丸掘なり。

右フクロウの手水鉢、この石は、京清水寺手水石船の台柱なり、右より四方にして、四角にフクロウを切付けたり。清水寺修覆のころ、秀吉公へ利休申上げ、その石拝領なり。すなわち、水溜を掘り、わが宅不審庵手水鉢に用いしなり。今も清水寺の手水鉢の台柱は、その形をもって造るゆえ、四角にフクロウの形を切付けたり。古よりここの手水鉢をフクロウの水と云いつたえり。

と、『茶譜』という書物にしるされているということが、最近、『茶道全集』巻七、茶室茶庭篇の「茶室と茶庭の組み立て」と題する堀口捨己博士の文章のうちに、紹介されているのを、私はきのう長谷川三郎氏の宅で、はじめて読んでノートして帰った。

＊

私は前の本に、山崎にある千利休庵の手水鉢にフクロウが彫刻されていることを、堀口捨己博士の研究から引用して紹介しておいたが、それが機縁になって、一九五三年の十一月、昭森社の森谷均氏から、このあいだ三越で開かれた秋季国画展を見にいきましたら、平塚運一画伯の「寂境童顔」という画題の絵が出ていましたが、その画中に、ミミヅクの手水鉢が描かれておりましたから、お知らせします。調べてごらんになったら、その写真も手に入るかもしれませんよ、との話。

それで、平塚画伯に電話で問い合せてもらうと、山口県の岩国にある吉川家の墓地の手水鉢で、昔、秀吉から拝領したものだそうです。それを研究してきた資料もありますし、そのほか京都辺のこともいろいろ調べていまして、福本さんのフクロウ研究にきっと参考になるものがあろうと思いますし、私の方でもまた福本さんの御研究もいろいろうかがいたいと思いますので、一度ゆっくりお話できるようおいで願えませんか、との御返事であったとのことであった。

山崎にある利休庵（不審庵）のフクロウの手水鉢は、もと京都の清水寺にあったのを、秀吉が利休に与えたものだとつたえられる。岩国にある吉川家の墓地の手水鉢は、ミミヅクの手水鉢のようだが、これも同じく秀吉からたまわったものだという以上、もしはたしてそれが事実とすれば、この二つの手水鉢自体の間にも、おそらく何か特殊の関係があるように、私にはおもわれてならない。

それともう一つたしかめてみたいのは、吉川家の墓地の手水鉢にきざまれているのが、たしかにミミヅクだとすれば、利休庵の手水鉢のフクロウというのも、じつは正確にいうならば、ミミヅクであるかもしれないではないか。ミミヅクか、狭い意味でのフクロウか、はたしてそのどちらであろうか、ということである。それらを調べてみることにも、私は興味をひかれるのである。

以上の諸点からして、私は、こんど平塚画伯が吉川家墓地のミミヅクの手水鉢を、「寂境童顔」の画中に描かれたことに、特別の関心を寄せるとともに、私が前の本で山崎不審庵のフクロウの手水鉢を紹介しておいたことを知っておられた関係から、私の研究にはきっと参考になるであろうと考えて、わざわざ私に、平塚画伯の絵のことを知らされた上、電話をかけたり、私の前の本を、平塚画伯に一部差上げたらといって、自ら郵送して下さったりした森谷均氏の好意にふかく感謝する次第である。

（一九五四・二・九）

森谷氏と私が一諸に、平塚画伯を訪ねたのは、それから約八十日たった四月二十八日の夕方のことであった。

西落合の平塚画伯のアトリエにも、そのとなりの書斎にも、国府国分寺都府楼などの古瓦の断片が蒐集されて並べられており、氏が多芸多趣味の人であるのを、一見して知ることができた。

岩国の手水鉢に彫刻してあるのは、フクロウでなくミミヅクで、その写真二枚と拓本と、その上にまた、ミミヅクの手水鉢の写真と記事とが載っている『岩国郷土誌稿』上巻とを見せていただいた。『郷土誌稿』は一九五三年九月に印刷されたもので、著者は、上田純雄氏。岩国の郷土史家として知られる人である。

画伯の話によると、手水鉢のある場所は、錦帯橋を渡って高等学校のさきに吉川家の墓地があり、元春の三男広家（これが、安芸の国から、岩国に移封されたので、すなわち岩国時代吉川家の初代にあたる）の墓

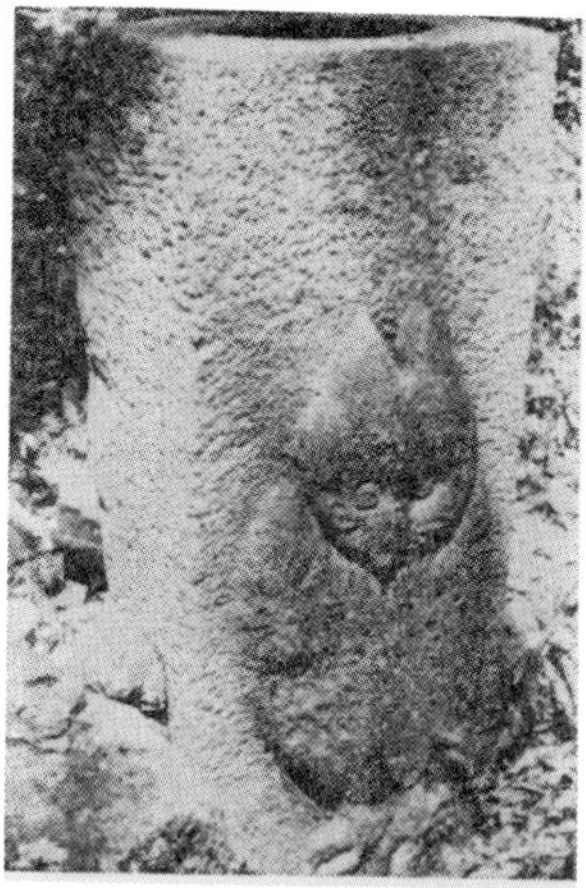

左　吉川広家墓のミミヅクの手水鉢
右　金沢市尾山神社のフクロウの手水鉢

の前の入口の右手におかれている。

山のかげのきわめてものさびたところで、訪う人も稀なせいか、あまりきずつけられないで、苔蒸したまま原形を保存している。

つぎに、この手水鉢の由来は、『岩国郷土誌稿』のしるすところによると、これを贈ったのは秀吉ではなく、豊臣時代末期の茶人で、広家と親しかった上田宗古が、広家から桜の木を贈られた返礼に、よこしたもので、一・五メートルほどの橋杭型の手水鉢の正面にミミヅクを半肉彫にきざんでいる。ミミヅクの全長約一メートル、顔の長さ約四十センチメートル強、おそらくミミヅクの彫刻としては、他にあまり類のない大きさであろう。

前に二本ある足指の表現も正確だし、うつむきかげんな形もおもしろく、ミミヅクの感じはよく出ているが、眼の下の嘴の左右にすっと横にきざまれた四つの線が、猫のひげのようにおもわれるのが、少々気にかかる。わざと、できるだけ、猫鳥の連想から、鉢に似せようとつとめたわけでもあろうか。


（一九五四・五・二）

さて、このミミヅクのポーズだが、平塚画伯は、これを、「くるくる眼もて微笑をたたえて」といい、また「童顔のミミヅク」ともいっておられる。画家で歌人でもある氏の眼にくるいはないはずだが、素人の凡眼のせいか、私にはむしろ全身の力を凝集し、両眼をすえてじっと見つめている姿に見える。それはちょうど、猫が人間と視線のパッタリあったときによくとるポーズを思わせる。あるいは、世間に流布されている東郷元帥の写真のうつむきかげんの顔に似ているといってもいいかとおもう。要するに、寸分すきまのないかまえである。古代中国の俑として用いられた素焼泥像のフクロウは、眼をむいてにらみつけているが、これはにらみつけているのではなく、それゆえアゴを張ってではなく、むしろぐっとひいて、じっと瞳をこらしている姿である。ほころばせている顔でなく、思いつめている顔である。遠心的でなく、求心的なポーズである。どうしても私には微笑をたたえた童顔とは思えないのだが、どうであろうか。

（一九五四・五・五）

*

その後私は、森谷氏から、これにもフクロウの手水鉢がありますが、といって、著者村松定孝氏から氏に贈られた河出文庫の『泉鏡花――生涯と芸術』を見せられた。

それによると、泉鏡花は、加賀の金沢の生まれで、その父は政光といって、彫刻、象嵌細工を家業としたとあって、第一章の第一節、家系と生地金沢の美的伝統のところに、三代前田利常と後藤程乗らのことが、大要次のように書かれている。

利常は、美術工芸にもふかく心を用い、もと豊臣氏に仕えた名ある工人達を京都や伏見から招聘して、金銀細工の制作にあたらしめたのであった。利常の時に、後藤覚乗、程乗、四代綱紀の代、覚乗の子演乗がそれぞれ招かれて入国しているが、なかでも程乗の技がもっともすぐれていて、彼は金銀銅器を作ると共に、また石彫をもよくした。現在の兼六園内の夕顔亭および尾山神社（金沢市）の鴟の手水鉢は、いずれもその作だといわれる。程乗の門弟からは、加賀象嵌や金銀箔の職人が輩出した云々、とある。

それで、これは作者がはっきりわかっている。鴟の手水鉢とあるから、これは、ミミヅクではなくフクロウの手水鉢であろうとおもわれる。それに、程乗の作だというから、おもしろいものであろう。またこれは寺院や茶室ではなく、神社にあるのも、この種の手水鉢としては珍しい。

泉鏡花の小説には、『高野聖』と『化鳥』とにフクロウが出てくること、前の本に紹介したとおりだが、その芸術上のヒントはおそらく徳川時代の上田秋成の怪談小説にえたものであろう。しかしそれのみではなく、少年時代に郷里金沢で、この鴟の手水鉢などを見ていたことも関係ないとはいえないであろう。

（一九五四・八・二十）

一九五六年の四月下旬か五月上旬のことであった。東洋経済新報社の記者H氏Y氏の二人が金沢方面へ旅行の由聞いたので、これはさいわいとおもい、私は尾山神社にあるという鴟の手水鉢の写真をおねがいした。

『日刊東洋経済』六月十二日号と十三日号に、その記者の一人が執筆した「加賀紀行」によると、尾山神社は加賀藩祖前田利家をまつってある。その神門は、オランダ人の設計という珍しいもので、明治八年に落成した。三階建の塔のような、先端には高く避雷針を立てた和洋折衷の神門だそうである。

さて、記者が尾山神社の社務所を訪れ、鴟の手水鉢の有無を尋ねると、応接に出た神官はケゲンな顔つきである。神社の境内には、それらしいものは見あたらない。何度か説明すると、かの神官はやっと思いあたったらしく、他の神官と打合せしていたが、それは裏庭の涸《か》れ池の中においてあるが、いま結婚式の披露宴があるので取り込んでいるから遠慮してくれという。ほんの二、三分写真をとらせてもらえば結構だとかなんとか、やっとおがみたおして見てきたのが、これです、といっていろんな角度から写した数枚の写真をもらった。

手水鉢の大きさは、縦・横六十センチメートルぐらい、四面中央は仏像で、四隅にフクロウが彫刻されている。これは、ミミヅクではなくて、まさにフクロウである。

（一九五六・九・三）

徳川秀忠廟前のミミヅクの涅槃石

上田純雄氏の『岩国郷土誌稿』によって、岩国の吉川家墓地のミミヅクの手水鉢のほかになお、これは手水鉢ではないが、芝の増上寺境内の徳川二代将軍秀忠の廟前にある涅槃石――というのは、釈迦の臨終の光景を描いたものをネハン像というから、ネハン像に似た形の自然石のことであろう――にも、これと同型のミミヅクの彫刻のあったことを私ははじめて知った。

そして、ミミヅクの涅槃石には、「寛永二十一年甲申正月二十四日御彫物師吉岡豊前介重継七十三歳刻之」と、彫刻師の名と彫刻の年月日とがきざまれていたそうだが、平塚画伯のお話によると、この増上寺のミミヅクの涅槃石は、第二次大戦の戦災で破壊されて、いまはもう見られないとのことである。

（一九五四・五・二）

道元の母の宝篋印塔に彫刻されたフクロウ

私は前の本で、京都府乙訓郡久我町字久我、妙真寺境内の宝篋印塔の塔身の四隅に、怪鳥が彫り出してあって、フクロウではないかとのことで論戦があったことを、京都の須田国太郎画伯からうかがったままにしるしておいたが、こんど岩国の吉川家墓地のミミヅクの手水鉢のことから、上田純雄氏の『岩国郷土誌稿』を、平塚運一画伯から見せられて読んでみると、この宝篋印塔は、日本曹洞宗の開祖道元禅師の母のためのもので、塔身の四隅にあるのは、フクロウの彫刻だとあり、そしてこの宝篋印塔は、俗に鶴の塔と呼ばれているとしるされているが、なぜ鶴の塔と呼ばれているのか、その理由は私にはまだ不明である。しかし、怪鳥というのがフクロウであることには、まちがいあるまい。

（一九五四・五・二）

京都東福寺のフクロウの燈籠

四月二十八日、森谷氏と平塚画伯のアトリエを訪ねたさい、フクロウを石にきざんだものとしてはなお、京都の東福寺内にフクロウの燈籠のあったことが、「都林泉名勝図会」にのっていますが……とのことであった。

「都林泉名勝図会」は、主として法橋中和の描いたもので、この画家、本姓は西村氏で、あざなは士達、梅溪と号した。法橋中和というのは、法橋に叙したからで、「住吉名勝図会」を描いた石田尚友が、やはり法橋に叙したので、法橋玉山ともいわれていたようなものである。中和は、寛政から文政ごろの京都の画家で、「都林泉名勝図会」は、彼と佐久間草偃とで描いている。草偃もやはり、京都の画家で、法橋に叙したが、これは松村呉春に学んだとあるから、四条派の系統に属するであろう。

「都林泉名勝図会」を昔ちょっと見たことはあるが、くわしくも見なかったし、現在手もとにもないので、上野図書館で借りて見ると、第三巻の第十八枚の全面がこれで、なるほど石燈籠火袋のところに、木にとまったフクロウが彫刻してあって、珍しげに旅人が立ちどまってじっとながめている。画面の上欄に、東福寺中、三聖寺梟燈籠と題し、それについで、次のような説明書がそえられている。「もとこの地は、悪七兵衛景清の旧屋にして、此の燈籠は、そのころよりありしとかや、この梟、夜々啼きしにより、夜啼燈籠ともいう」とある。

そしてまた、本文の方には、次のごとく解説されている。ついでに、これも引用すると、「梟の燈籠。近年三聖寺の林泉に移す。古作、火袋に梟の形を彫刻す。伝にいう、もとこの地は、悪七兵衛景清のやかた也。そのときよりここにありしとぞ」とある。景清といえば、源頼朝の時代である。そして、なお右の記述によると、もと景清の屋敷内にあったのが、この図会のつくられたころに、東福寺内に移されたものであるらしい。

（一九五四・六・一）

宮本武蔵筆の梢にミミヅクの軸物

一九五五年の一月、高島屋で開かれた「武蔵と沢庵展」に、武蔵筆の軸物で、ミミヅクを描いたのがあり、足の前指もちゃんと二本ずつになっていますよ、などと二人の友人から知らされたので、十八日上京のついでにいってみた。

武蔵の有名な傑作、枯木にモズの画は知っていたが、武蔵が雁や鵜や鳩など野鳥をいろいろ描いているのにおどろいた。しかも雁には、屏風のすばらしい大作があり、鵜の大幅もなかなかおもしろいものであった。

それらの中に、なるほどミミヅクの一幅もあった。私はとくにそれをあかず見いった。タテ百八十センチ、ヨコ四十五センチばかりの幅で、ミミヅクの寸法は二十二、三センチぐらい。画面の左側に楢の枝が一本、その中ほどにミミヅクが一羽正面を向いてとまっている。上に楢の葉が二枚ずつ二組、下に二組、これには葉が四枚と三枚描かれていて、ミミヅクの耳は横につんと張っており、目はじっとややうつむき加減にみひらいていて、足の前指はハッキリ二本ずつしっかりと枝をつかんでいる。武蔵らしい寸分隙のない構えだが、楢の葉が上下に大きく広がっているせいか、夏の夜といったおもむきが感ぜられ、秋のモズの枯木寒厳のような一徹のきびしさではなく、どこかとぼけたユーモラスなところがあるのがおもしろい。

ミミヅクといえば、桃か竹か、そうでなければ何かわからぬ枯枝にとまらせているのが普通だのに、大きく葉を広げた楢の枝にとまらせているのは、他にその例を見ないところで、さすがに武蔵だと感心せしめる。というのは、つねに人の意表に出て勝を制することを、その兵法の主眼とした武蔵だったからである。その意味において、突っ立った枯木の尖端にとまったモズの絵はもちろんだが、この葉を広げた楢の枝にとまったミミヅクの絵も、ぴったりと武蔵の兵法に一致して、まさに武蔵の兵法画法一如の境地をうかがうに足る好個の二幅対といってよかろう。もっとも絵としての出来ばえからいうならば、ミミヅクはとうていモズにおよばないこともちろんだが。所蔵者は熊本市の坂本基三郎とあった。

（一九五五・一・三十）

三代将軍家光のフクロウ図

私が家光のフクロウについて不思議におもうのは、初代家康にしても二代秀忠にしても、絵のことなどには全然無関心であったにちがいないと考えられるのに、三代家光に至って、それが一変していること。「売物と唐様でかく三代目」という諺があるが、家光は三代目でも、徳川の天下を売物に出したのではなく、むしろそれをガッチリとかため、強大にした三代目であって、しかも絵心もあったというのだから、驚嘆に値する。私が家光のフクロウをはじめて知ったのは、私のフクロウ研究のことをよく知っている友人が、たまたま久能山の宝物殿で、これを見て知らせてくれた。それがもとで、私はやがて鎌倉で有名な小説家の所蔵する家光のミミヅクを見ることができた。ついで藤沢の友人がまた別のミミヅクを見せてくれた。四、五年前のことである（これらはフクロウでなくミミヅクであった）。これはまだ目にしていないが、高橋箒庵の随筆『箒のあと』で、家光のミミヅクに沢庵和尚の賛した軸物のあることを知った。大正年代アインシュタイン博士夫妻が日本に来たおり、箒庵が茶席に夫妻を招いたが、そのとき茶室にかけて、アインシュタイン夫妻に見せた軸物が家光のミミヅクに沢庵が賛を書きそえたものであったとある。家光のミミヅクで、私のもっとも関心をひかれるのはこの一軸だが、私はまだ見ていない。ごらんになっている読者があったら、くわしいことを御教示いただきたい。

大磯に住んでおられる安田靫彦画伯も、家光のフクロウかミミヅクかを所蔵されている由で、「シロウト絵かきの中でも、北条高時と三代将軍家光は、ズバぬけています。宮本武蔵はクロウト以上ですが、お手本を見て、型通りに描いた大石良雄や水戸光圀の絵はじつにつまらない」と新聞記者に語られた話が、数年前、『朝日新聞』に出ていた。しかし、安田さん御愛蔵の家光はまだ見ていない。私が昨年末、藤沢の好事家に見せてもらった家光は、羽のもようを丹念に描いたミミヅクで、それを小鳥が下から見上げている変わった図柄のものであった。

こうして、私が今までに見聞したところによると、家光のフクロウないしミミヅクは、少なくとも六、七図あることはたしかで、そのうち鎌倉から藤沢、大磯にかけてのいわゆる湘南地方で、三、四図も見られるのだから、それがまた私には不思議におもわれる。徳川幕府の御用画家であった狩野派でフクロウを描いているのは、私の寡聞にして知る所では常信一人である。家光のフクロウは、誰に手ほどきをえたものであろうか。それとも、いわゆる無師独立というわけであろうか。

安田さんや箒庵所蔵の家光の出来ばえはどうか知らぬが、私が藤沢と鎌倉で見たミミヅク三図と比較してみると、久能山のフクロウがもっとも上出来のようにおもわれる。画面の大きさは、タテ五十五センチ、ヨコ三十八センチ。それがタテ一メートル三十三センチ、ヨコ五十センチの軸物に仕立てられ、表装天地の絹地には葵の紋章があざやかに織り出されている。署名落款はない。徳川の紋章が、

日光東照宮透彫欄間のミミヅク（上）
と同廻廊蛙股のミミヅク（下）

署名落款のかわりであろうか。曲りくねった枯枝の上にポツネンととまっているフクロウ。その羽毛が、雑司ケ谷の鬼子母神で売っているススキの穂のミミヅクに似て、フンワリした感じに描かれているせいか、ユーモラスな風貌に見えて、すこぶる愛敬がある。諸侯制御の策として、参勤交代制度をはじめた家光、図南《となん》の雄志に燃えた梟雄伊達政宗をもたくみに奥州に封じこんでしまった家光であったことをもおいあわせると、このフクロウのユーモラスな風貌は、ちょっと意外の感がないでもない。しかし、そこにかえって無限の妙味があるように、私にはおもわれるのである。

（一九六二・二・六）

こう書いてから五年を経て、一九六七年四月十二日に至って、私はついに沢庵和尚賛文つきの家光のフクロウの軸物の写真を見ることができた。家光の描いているのは、ミミヅクではなくフクロウで、久能山に彼の奉納したフクロウとよく似ている。

ところで、その上の方に六行書きにしるされている沢庵の賛文だが、惜しいかな私には読みきれない。

古王閑夢更応驚　（古王、閑夢さらにまさに驚くべし）
此鳥錯学鸚鵡鳴　（此の鳥あやまってオームを学んで鳴く）
唯愛時人所其□　（ただ時人、その□する所を愛す）
千鈞筆力羽毛軽　（千鈞の筆力羽毛軽し）
叨染毫汚台筆了　（みだりに毫を染め台筆を汚しおわる）
　　東海比丘沢庵叟

「東海比丘」といっているのは、品川東海寺の住職和尚だったからであろう。

なお、箒庵高橋義雄著の『箒のあと』は一九三六年七月の刊行で、それに、「アインシュタイン博士の来庵」と題する一項があり、こうしるしている。

大正十一（一九二二）年十一月二十九日午前十時、アインシュタイン博士が、茶式見学のため、夫人同道で、わが伽藍洞一木庵を訪われたのは本庵にとりて、誠に光栄の至であった。

狭いにじり口より、三畳半の一木庵に導き入れ、床に掛けた三代将軍筆木兎に、沢庵和尚の讃ある一軸の由来を説明し、云々。

右に「木兎」とあるが、写真で見るとこれは明らかにまちがいで、ミミヅクではなくフクロウである。

この一木庵主自身、ミミヅクとフクロウとを、区別して考えていなかったものといえる。沢庵の賛文を、どう読み、どう解釈してアインシュタイン博士に説明されたものか、興味のあるところだが、それについてはなにものべられていない。

（一九六九・五・七）

北斎筆のフクロウとミミヅク

徳川時代の浮世絵画家では、葛飾北斎が、「卍翁草筆画譜」に、ヅク引きのフクロウを、また「花鳥画伝」に、昼間のフクロウに小鳥の集まってからかうところと、同じく昼間のミミヅクに小鳥の集まってからかうところとを、大写しに、そしてきわめてリアルな筆致で描いている。

ヅク引きの図は、普通ミミヅクだが、北斎のは、山鴞と書いてフクロウと振りがながふってあるから、フクロウを描いたものにちがいない。撞木の上にとまって、頭巾をかぶせられたフクロウが、眼をつぶっている。顔盤が薄墨の地色に白の放射線で、克明に表現されている。写真版にしてはハッキリ出にくいであろうが、木版刷ではよくわかる。足指は、ちゃんと前に二本ずつである。ミミヅクやフクロウが、ヅク引きに用いられたさい、頭に頭巾をかぶらされたばあいのあったことが、この図でよくわかる。

昼間のフクロウに小鳥が集まってからかっている図では、フクロウの羽毛の斑紋が精細に描かれている。目はつむっている。ひるまのミミヅクに小鳥が集まってからかっている図でも、ミミヅクはやはり目をつぶっている。足指はハッキリ前に二本になっている。

この二図は、つづきになっており、同じ一本の枝の左方に、ミミヅクが、右方にフクロウがとまっており、それに小鳥五羽が上下にとんでいる。

北斎漫画のフクロウは、簡単な絵だが、さすがに北斎である。フクロウもミミヅクも、こまかに観察してその特徴をよくとらえ、そして、それをリアルに描いている。おしいことに、「卍翁草筆画譜」も「花鳥画伝」も、北斎の絵本としては有名でないため、このフクロウもミミヅクもあまり知られていない。

広重のミミヅク

一九五四年九月十七日から銀座の白木屋で開かれた広重展に、むかし鬼子母神の土産品店で売っていたススキの穂のミミヅクを、広重がスケッチの小さな手帳に描いていたのが出品されていて、ちょっとおもしろくおもいましたと、私のフクロウの本を読んでくれている友人の本吉久夫氏からお知らせがあったが、展覧会が終ってしまったのちのことであったので、残念ながら見ることができなかった。

一昨日（十一月二日）幸尾隆太郎さんから、野口米次郎のかわった形の墓が藤沢市の常行寺内にあることをはじめて聞いた。ところが昨日は文化の日で休日のため、本吉久夫氏が来訪されたので、ちょうど珍しい秋晴れの好天気でもあったし、また一昨日は聶耳《ニエ・アル》記念碑の除幕式で、私は提案者としての挨拶をやったりして、少々つかれてもいたので、一緒に散歩かたがた常行寺の詩人の墓を訪ねることにした。

それでまず、部屋に案内されて、野口氏の浮世絵に関する数冊の著書を見せてもらった。ススキの穂のミミヅクのスケッチがありはしないかとおもって、私は第一に「広重」を一枚一枚めくってみた。ところが、それは見出せなかったが、松の枝にミミヅクがとまって眼をつむっている、枝の下の方には三日月が淡くかかっている絵があったのはうれしかった。

中短冊の肉筆で、よく描けているとおもった。ミミヅクの顔盤が精細に表現されているのは、こまかによく観察していると感心した。三日月が出ているのに、両眼をとじてねむっているのは、まだ宵の口だからであろうか。

画面の右側上方に、短歌がしるされていた。それは、

三日月の船　遊山して　みみづくの耳に入れたき松風の琴

（その下に三字、作者名とおもわれたが、私には読みきれなかった）

というのであった。船の字と山の字の間が一字くずしてあって、自信がないが、遊の字で遊山してというのではないかとおもった。ちょっとユーモラスに描かれたミミヅクであった。

なお余談になるが、野口氏の墓は、糠目御影石をみがいて、ちょうど品という字の形に矩形の石を三つおいた墓で、上にかさねた一つの矩形に、ローマ字で　Yone Noguchi　としるされ、その裏面に、碑文が和文で彫ってあった。

この墓地には、カヤとクスの大木があって、どちらも子生えがいくらでもありますとのことで、そ

れを沢山もらって帰った。カヤの子生えを所望される方なんかはじめてです、いくらでもさし上げますからというので、ひきぬいて下さった。小田原の伝肇寺に白秋のミミヅクの家を訪ねて、若い住職で、幼稚園を経営されている千葉林定氏にいただく約束であったカヤの子生えが、こうしてはからずも九カ月たって、とうとう手に入ったのはうれしかった。

（一九五四・十一・四）

柏にミミヅク螺鈿の鞍

一九五六年の一月五日から二十日にかけて、「新平家物語展」が、高島屋八階で開催された。それに、ミミヅクが彫刻されているラデンの鞍が陳列されているからいってごらんになっては、と一月二十四日に藤沢遊行外科の森義一院長から、ついでまた二十五日には小田原の図書館長の石井富之助さんから、お知らせがあったので、二十六日にいってみた。珍しくこの日は東京に一泊したので、翌二十七日に、もう一度見にいって、よく見た。

前面に二羽、背面にも二羽、都合四羽、柏の木にミミヅクというこった意匠で、豪華なラデンの鞍。国宝に指定されている珍品で、解説には、『保元物語』や『平家物語』中に、「柏に木兎摺りたる鞍」というのが見えるが、これはまさに源平時代におけるそうした意匠を如実に示す貴重な遺品。柏にミミヅクの図がいかにも自由に、そしてのびのびと描きだされており、螺鈿の技法も効果的であると、解説されている。

『保元物語』や『平家物語』を、通読してみたら、あるいは、この柏に木兎摺りたる鞍に跨って、駈けまわった武士の名前が出ていはしないかともおもうのであるが、今のところまだ、私には不明である。それはとにかく、ミミヅクが馬の鞍に彫刻されているのは、まことに珍しいことだとおもう。

（一九五六・九・三）

舞楽面の崑崙八仙と河内作狂言面の鵄天狗

能面にフクロウはないかしらとおもって、野上豊一郎氏の『能面論考』をめくってみたら、狂言面の一つに鵄天狗の図が見つかった。河内作とある。河内は、近江井関家の第四代で、近江の海津から江戸に移住し、そのすぐれた能面作者としての技倆によって、天下一と称せられ、ことにその彩色は巧緻であったといわれる。江戸時代の作者である。図は簡単な線描きのものだから、おしいかなその彩色はうかがうに由がない。

さて、記事を読んでみると、「鵄天狗」とも書いてあり、「鳶天狗」とも書いてあり、図を見ても一概にきめがたいが、私には気のせいか、トビよりはフクロウに近いように思われてならない。「鵄天狗」とあるが、元来鵄の字も、フクロウとも読めれば、トビとも読めるようだからこまる。よっておもうに、あるいはときによって、フクロウにもつかい、あるいはトビにもつかい、両方につかわれるのではあるまいか。

野間清六氏は、狂言面には動物の面もあり、そのうちに狆、猩、猿、トビをあげているが、フクロウはあげてないところをみると、この河内作の鳥の面は、トビにもフクロウにも両方に用いられるとしてもどちらかといえば、フクロウでなくトビの面と考えられているのではないかとおもわれる。

それで、私にはなお疑問のままだが、その疑問を解くべくいろいろ調べているうちに、『日本美術大系』の彫刻篇をめくってみたら、こんどは舞楽面のうちの河内作の狂言面鵄天狗にほとんどそっくりのものがあることがわかった。

崑崙八仙とむずかしい名前のついたもので、熱田神宮の所蔵。治承二年ごろの作だというから、西暦でいえば一一七八年にあたり、今から七七〇年も以前で、平安朝時代のころだから、すこぶる古い。河内の狂言面はこれにまねたものにちがいあるまい。多少の相違はないではないが、ほとんど同じだから、これと無関係だとは、絶対にいえないであろう。

崑崙八仙はコロパセと読むらしい。野間氏の解説によると、高麗楽中の舞楽に用いられる鳥の形をした緑色の面で、四人組で緑色の衣をまとって輪をつくって舞うので、あたかも鳥があそんでいる感じをあたえるものだそうである。

その後、野間清六氏の『日本の面』を見たら、コロパセにも四、五種あるらしいが、そのうち旧手向山神社所蔵のものに、もっともよく似ている。そのほかのは、額のしわが三、四本横に波状をなしている点で、ちがっている。

それはとにかく、舞楽面のコロパセは十一世紀から十四世紀にかけてつくられたもののようだが、それによく似たやはり鳥形の面が、なお伎楽面にもあることがわかった。カルラ（迦楼羅）面がそれで、これはずっと古く、七世紀から八世紀にかけてのもので、東大寺に三種、国立博物館に一種所蔵されている。

それらをよく比較してみると、手向山神社型のコロパセが東大寺所蔵のカルラ面三種中、頭にトサカみたいなものの全然ついていない一種にもっともよく似ている。この両者にすこぶる類似している。これですっかりわかった。このインド伎楽のカルラ面が鳥形面のもと、つまりおこりで、それから高麗舞楽のコロパセができ、それが最後に、日本狂言面の鵄天狗になったものではないか。よってきたるところははなはだ遠く、すこぶる古い伝統をひいていることたしかのようにおもわれるのが興味ぶかい。

ところで、カルラというのは、インドでむかしから尊ばれている霊鳥で、仏教でも、法を守る神の一つに数えている鳥だというから、そんな点から考えると、河内の狂言面は、どちらかといえばトビではなくて、やはりフクロウと考えた方がよくはないか。私にはそうおもわれる。

というのは、フクロウは、日本でも足利時代に仏教徒等は神通力をもった怪鳥と見ており、アイヌ人にいたっては、部落の守護神として尊んでいるほどだが、トビについては全然そんなことはないからである。

もっとも舞楽面として用いられるコロパセのばあいは、四人が緑の衣をまとって、輪をつくって舞うのだから、フクロウよりはトビないしトビに近い鳥と考える方が適切であろう。トビはよく舞う鳥だが、フクロウは全然そうでないからである。

しかし狂言面のばあいは、歌ったり舞ったりするわけではなく、もっぱら会話と身振りとでゆくのだから、よく舞う鳥を考える必要は少しもないはずである。

もちろんトビの狂言にも用いられるであろうし、用いられて少しも差つかえないが、江戸時代に河内がはじめてつくったトビの面だというように限定してしまったのでは、これがインドのカルラ面からきたことに、思いおよびえないであろう。

ところで、私は怪鳥のフクロウからインドの霊鳥にまで幻想を馳せうるところに無限の妙味があるのだといいたい。それには、トビと限定してしまってはだめで、むしろフクロウと考えた方がよくはないかというのである。

（一九五四・八・八）

小林古径の「春宵図」

現代の日本画家では、小林古径の「春宵図」が、桃にミミヅクの愛すべき作品である。このミミヅクは、第一に、眼が生きている。これならば、トビの眼でも鷹の眼でもなく、まさにミミヅクの眼だと思って、つくづく感心した。第二に、耳の形もよく、また羽毛の斑点が、白地に絣のような美しさである。第三に、前の足指も、正確に二本である。蛇足はない。第四に、画面の右側下方に、一部分墨のぼかしがつけられているだけで、春の宵のおもむきが、十分に感ぜられるあたり、さすがに凡手でない。まったく心にくきまでの技巧のさえを見せている。

ほのかに桃の
花咲いて、

ミミヅク鳴いて
画伯小林古径の
「春の宵」こそ
一刻まさに、
あたい千金。

このミミヅクは、ソロバン絣の斑点からみて、大コノバヅクかコノハヅクかのどちらかであろう。

横山大観のミミヅク

古径のミミヅクの前には、大観のミミヅクがある。古径は「春宵図」と題し、大観は「夜」と題している。これは、三日月の竹林にとまったミミヅクで、大正十一（一九二二）年の作である。

図柄は、上方の左側に三日月が白くかかっており、図画のほとんど全部は、刷毛でうす黒くぼかされている上に、数本の竹の幹と無数の葉とが、黒くこまかに描かれており、中央の上の方の竹の幹に、一羽のミミヅクがとまって、そのからだが月光に白く照らしだされている。画面のほとんど全部は、うす黒くぼかされているが、三日月とミミヅクの顔と腹部と、それからさらに下方左側の画面とが白く、月光をあびている。

私は大観の画はあまり好きではないが、この画には、ちょっと心をひかれる。ミミヅクの画としても、異色あるもののようにおもわれる。

古径のミミヅクと同様、からだの、といってくわしくいうならば腹部のであるが、斑紋がソロバン絣だから、大コノハヅクかコノハヅクのいずれかだ。いわゆる耳を見ると、古径のミミヅクでは、つんと突っ立っているが、大観のこれでは、横に水平に出っぱった耳をしている。しかし耳は自由に立てたり伏せたりできるから、それでは区別できない。色彩で区別できるはずだが、写真版で見ているのでそれもできない。

足指が、古径と同様、前に二本ずつに描かれているのも、正確といえる。前指二本ずつの間にちょっと見ると、もう一本、足指が出ているかのようにも見えないではないが、これは竹の葉であることが、肉眼でもじっとよく見るとわかる。虫眼鏡で見ると、それが一層ハッキリわかる。

私はミミヅクよりフクロウの方が好きだが、古径にしても、大観にしても、日本画家は、なぜかフクロウよりミミヅクが好きらしい。形や斑紋が美しくおもわれるからであろうか。

文豪森鷗外の陶器図案のミミヅク

『漱石遺墨集』には、良寛に倣った書のほかに、水墨や淡彩の絵も少なくないが、私は、鷗外の書も絵も見たことはなかった。ところが、赤表紙本の『鷗外全集』第十一巻の巻頭口絵に、珍しくも、鷗外の絵が一図のっているのを知った。鷗外が陶器に図案したミミヅクの絵である。

鷗外は、『ファウスト』の訳者として知られるが、『マクベス』の完訳もやっていたようである。どちらも、フクロウの出てくる戯曲であることは、べつにくわしくのべたとおりである。そればかりではない。鷗外は、ギリシャ語ができ、ギリシャ文学にもくわしかったということだし、それにまた、上田敏の訳詩集『海潮音』は、ボオドレエルの「フクロウ」を訳して、日本に広く紹介した最初のものだが、その序文を見ると、訳者は、当時満州にあった鷗外のもとに、この訳詩集を送ったことがしるされているから、鷗外は、少なくとも、そのときすでにボオドレエルのフクロウの詩を読んでいるはずである。

鷗外のミミヅクは、これらの西洋文学の影響によって、生まれたものと見なして差しつかえあるまい。制作の年時は明記されていない。

鷗外の絵は、この図案を描いたのが、ただ一つではないにしても、きわめて珍しいものであることだけは、まちがいあるまい。

鷗外のミミヅクは、まず足指が正確に前に二本ずつである。第二に、顔盤と大きな眼球と顎の方に引いた嘴とが、きわめて印象的におもしろく表現されている。第三に、瞳が縦の一線ですっと描かれている。こういう猫の眼の瞳のように、縦の一線にとじたフクロウの絵は、見たことがない。これがまったくはじめてである。だが、私が大コノハヅクの雛を飼って観察したところでは、ミミヅクの瞳はまん丸いままで、その円が自由自在に大きくもなり、小さくもなるのであった。専門の学者にたずねてもみたし、フクロウをアトリエに飼っている彫刻家にも聞いてみたが、みな異口同音に、猫の瞳の変化とはちがうという。それが、どうして縦の一線に描かれているのか、この点は私の了解に苦しむところである。ミミヅクのうち、あるいは、種類によっては、そんな種類もあるのであろうか。そんなことがありうるとは、私にはちょっと考えられない。

三　フクロウと西洋の絵画

古代ギリシャの壺絵のフクロウ

私は一九六四年一月元旦に揮毫した大幅の冒頭に、次のようにしるした。

　昨冬十一月二十八日、梟第二巻の原稿整理を了って、十二月十七日に、孫子兵法物語攻守論の追加一章を書き、二十四日に詭道論四章を書きおわった。二十五日から道部博士の力作、ゲーテの生活と詩の鑑賞全三巻を読みはじめた。二十六日に、白沙村荘橋本画伯愛蔵の古代ギリシャの壺（絵）の梟のカラープリントが出来上った。ようこそ！　この石鶚山房に、ミネルヴァのグラウクス智恵と美の使節よ、云々

グラウクスとは、ギリシャ語で、フクロウのことの由、私はギリシャ語専門の呉茂一教授からはじめて聞いて知っているただ一語の普通名詞だが、おそらく鳴声を写音した名称であろう。

私の郷里鳥取県の中央部地方では、フクロウの方言を、その鳴声の写音から、ゴロクトといっているが、そのゴロクトによく似ているので、すぐにおぼえてしまったというわけである。

壺の高さ五十八センチ、フクロウの高さ十九・五センチの大きさで、よく見ると、壺の口あたりは、いくつもの破片となっていたのをつぎ合わせたあとが、明瞭にうかがわれるから、後世の模造品など

古代ギリシャの壺（右）と描かれたフクロウ（左）
（橋本関雪画伯所蔵）

ではなく、古代のものであることはたしかとおもわれる。

さて、そのフクロウだが、頭も顔も大きな二つの眼も、ことごとくが楕円形に描かれているのが、きわめて印象的である。これに対し、嘴が大きく三角形に描かれているのも、おもしろい対照をなしている。ただし、三角形といっても、きつくとんがった三角形ではなく、弧線で描かれた正三角形であるためであろう。顔全体が、おどけてユーモラスな表情をしている。

ここで、読者は、エジプト中部のルクソールの神殿に浮彫りされている直線的で、すこぶる鋭角的な感じの古代エジプトのフクロウ、Mの象形文字として、顔面描写に歴然とMの字を示しているフクロウの彫刻を、おもいあわせていただきたい。

（一九六四・四・六）

オランダの画家ボッシュのミミヅク

ヒエロニムス・ボッシュは、ピーテル・ブリューゲルより少し前のオランダの画家である。その生まれたのは一四五〇年頃で、死んだのが一五一六年だといわれる。

「ラストフル・ライダース」（好色の乗手）と題する大がかりな彩色画で、その画面の左端下方に、ミミヅクが描かれている。

ボッシュ『悦楽の園』の一部

構想は、異端的信仰に対するボッシュの嘲笑をあらわした奇怪な絵画だが、木の枝にとまったミミヅクの姿態は、きわめて写実的で、しかも大写しに描かれているので、その部分だけを切りはなして、ミミヅクの画として見ることができ、たしかにミミヅクの画の一つとして、注目にあたいするおもしろいものである。

しかし、足指が前に二本でなく、三

本出ているのは、一本だけ余計である。
英文の解説文によると、この踊るフクロウでもってボッシュは、異端者に対する別の嘲罵をねらっている。オーガスティンによると、フクロウは往々、キリストの象徴と考えられている。ボッシュはこのアイデアをとり、そしてそれをキリストのように、完全な存在と自分自身を装うところの異端者の行動と思想とを、諷刺するために用いた。キリストの象徴のフクロウの面をつけて、この異端者は、ボッシュによって四つ足の道化者として描かれ、罪悪のいばらにとりまかれながら、滑稽な急速調のおどりをほこらしげにおどっているのである、云々。——これによって、ヨーロッパでは、フクロウは時として、キリストの象徴としてさえ考えられていたことがわかる。

その後私は、ボッシュの描いた「手品師」と題する油絵を見たが、この絵では、手品師が自分の帯《バン》紐《ド》につるしている籠の中から、フクロウが——といっても、実物のフクロウではなく、おもちゃのフクロウとおもわれるが、——顔を出している。当時オランダでは、こんなことにもフクロウは用いられたらしい。「手品師」は、ボッシュの作品中でも傑作の一つであろう。ボッシュは人間の悪徳を描くことに病的といっていいほどの悦びを見出した諷刺家であったといわれる変人であっただけに、画面のなかにはスリさえ描かれていて、風俗画としてもまことに興味ぶかい絵である。

ボッシュには、この他に「樹にとまるフクロウと風景」と題するペン画もあり、さらに「愚者の船」では、船のマストの上が葉のしげる樹になっていて、葉の間にフクロウの顔がみえている。

フランスの銅版画家グールモンのミミヅク

フランスでは、十五世紀の八〇年代から十六世紀の六〇年代にかけての銅版画家ジャン・ド・グールモンにミミヅクの画がある。といっても、ミミヅクを主要な対象としたものではなく、「キリスト降誕」の図のうちにミミヅクが描かれているのである。聖母子の上部には、二個のエンジェルが飛んでおり、牛舎になっている上部の板に、一羽のミミヅクがじっととまっている。

「キリスト降誕」の図は、枚挙にいとまないほどで、いろんな画家が描いていることは誰でもがよく知っているところだが、グールモンのように、キリストの降誕にミミヅクを配したものは、他におそらく例があるまい。その意味で、これは珍しい作品だと思う。石井柏亭画伯の解説には、これをフクロウといっておられるが、大きな耳がはっきり見られるから、厳密にいうならば、ミミヅクであろう。

オランダの画家フランス・ハルスのフクロウ

ボッシュのほかになおオランダ画家には、フランス・ハルスの油絵に、フクロウの佳作がある。ボッシュのミミヅクは、きわめて写実的であったが、ハルスのフクロウ――これはいわゆる普通のフクロウで、耳がなく大きさもずっと大きいもので、――それが、あらいタッチでおおまかに描かれているが、じつに生きいきとして、迫ってくるものがある。ボッシュのミミヅクよりはるかにおもしろい。顔盤、眼、嘴、からだの羽毛の斑紋、ことごとくがじつに簡単なタッチだが、心にくいまでによく

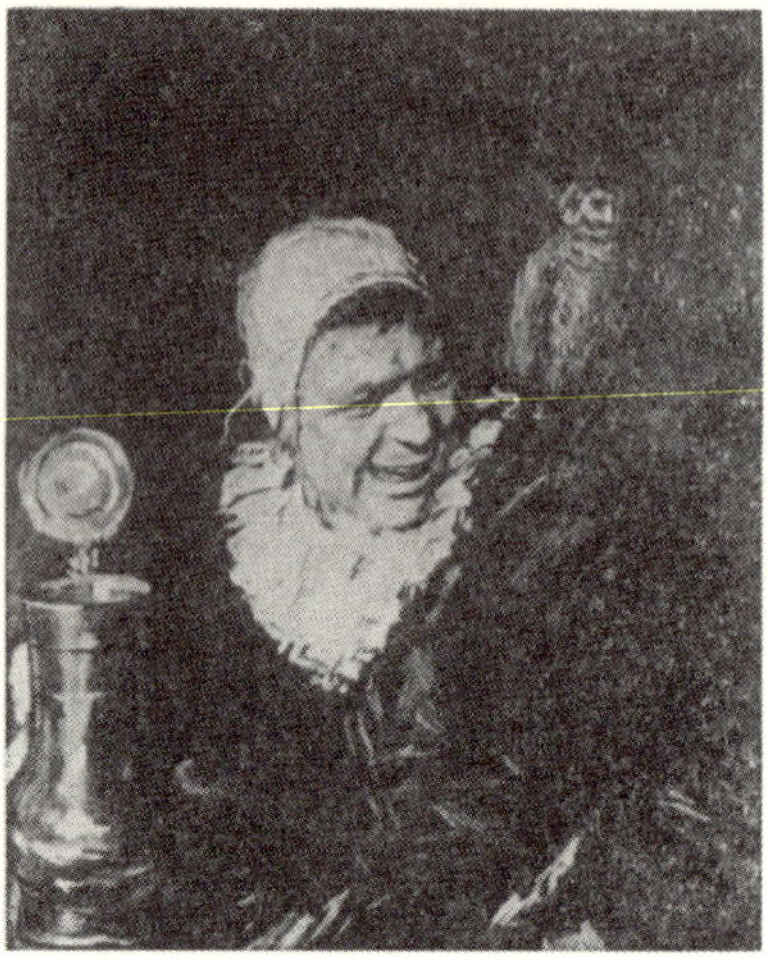

F.ハルス「マルレ・バッペ」

フクロウのフクロウたるところをとらえて、生きいきと描いている。茶褐色な全体の色調もよく、おどけた顔の表情もよろしい。フクロウ絵画中の一傑作たるを失わないであろう。

おしいかな、この「マルレ・バッペ」画は、フクロウを主題にしたものではなく、主題は「ハーレムの魔女」で、フクロウは、その魔女の左肩の上にとまっているのである。フクロウを肩の上に配しているのは、この女が魔法使いであることを示すためであろう。

この画家の名は、日本にはあまり有名ではないが、レンブラントの同時代のオランダの大画家で、彼は、刷毛の一なすりで糊つけされた着物のヒダをたくみに表現することができた。この「ハーレムの魔女」は、彼の作品中でももっともすぐれたものの一つといわれる。この画家は、窮乏のうちに死んで、死後も永くその真価を知られないでいたが、十七世紀におけるオランダの誇るべき一大画家であった。

この「ハーレムの魔女」は、その名をバッペといって、当時占いをやったり、魔法を使うので、この画家の住んでいたハーレムの町で、有名な老婆であったといわれる。

歯のあいだに、うすい舌をのぞかせている底気味わるい哄笑の表現は、この絵を見る人に、一目見て、いつまでも忘れがたい印象をきざみつけずにはおかないであろう。

ハルスの作品としては、有名なものになお、フランスの哲学者デカルトの肖像画があるという。女魔法使いとフクロウを描いた画家が、哲学者にして数学者でもあったデカルトの肖像を描いていることに、私はまた一層の興味を感ずる。それはきっとすぐれた肖像画にちがいない。はやく見たいものだが、まだその機会をえない。

＊

レンブラントに「オイレンシュピーゲルと羊飼の女」の銅版画があることについては、すでにのべたので繰り返さない。ただ、レンブラントのこのオイレンシュピーゲルの絵を見て、私がレンブラントの絵で思い出したのは、「鼠をとる毒売り」の絵であった。

そこで、画集を開いて、その絵を見ると、以前にこの絵を見たおりには気にとめなかったが、なんとこの異様な風俗の人物（鼠の毒売り）の左肩に、一匹のネズミがとまっているではないか。そして、それがまたふしぎに、女魔法使いの左肩やオイレンシュピーゲルの左肩に、フクロウがとまっているのに似ているではないか。

スペインの画家ゴヤのミミヅク

私は、ヨーロッパの画家ではスペインのゴヤ、あの『ロス・カプリチョス』や『ロス・ディスパラ

ゴヤ「理性が眠れば怪物が現われる」(左)と「美しい女教師！」(右)

ーテス』のような銅版画集を描いたゴヤ(一七四六—一八二八)こそ、フクロウに関心をよせて、きっと描いているにちがいないとにらんでいた。

ところが、きのう(十二月十一日)辻堂の書芸術家長谷川三郎氏を訪ねたところ、スペイン版のゴヤをもっておられたので、さっそく書棚からひきだして、うしろの方(すなわち銅版画の方)からめくってみると、はたしてミミヅクの描かれているのが二図見つかった。

いずれもミミヅクだけを主題にしたものではないが、ミミヅクが大きく描かれている。二図とも『ロス・カプリチョス』からとったものである。そして、どちらも飛んでいるところを描いたものであるのが珍しい。いままでの画家は、フクロウもミミヅクもたいていはとまったところを描いているからだ。

ゴヤ「ありがたい説教！」（左）と「おれたちを自由にして く れるものはいないのか」（右）

さて、その一つは、『ロス・カプリチョス』の第四十三図で、机に頭をうつぶせにしている人間の背後は、コウモリとミミヅクが羽を広げて飛び、その下に猫が目をひからせている。コウモリの顔はネズミに似ており、ミミヅクの顔は猫に似ており、コウモリとミミヅクとは、その羽を広げたところが似ている。そして、コウモリもミミヅクも夜に飛ぶものであり、猫の目も夜かがやく。この三者を並べたところに妙味がある。机の前面には「理性が眠れば怪物が現われる」という意味の文字がしるされている。ゴヤはいう、「理性にすてられた想像は、ありえない怪物を生むが、理性と結合すれば、想像こそは、すべての芸術の母であり、驚異の源である」。

もう一つは、『ロス・カプリチョス』の第六十八図で、髪をふりみだした裸体の魔女が、長い柄の箒にまたがって、空中を飛んでいる。年老いた魔法使いが若い魔法使いを教えているのであろうか。その上に、ミミヅクが羽を一杯に広げ、この男女の方を見おろしながら飛んでいる。画面の下のふちに Linda maestra! の二字が大きく書いてある。画題であろう。「美しい女教師」という意味だそうである。

ちなみに、この『ロス・カプリチョス』と題する銅版画集は、八十二図からなるもので、ゴヤが周辺の日常生活中に見出した迷信、無智、蒙昧、虚栄、恋愛、不信、不実、貪欲等々を、諷刺的に描写しており、当時のスペインの世相を、いかにゴヤが辛辣な眼で見ていたかを知ることのできる画集である。カプリチョスとは、英語のカプリシャスで、気まぐれというような意味であろう。

これを要するに、第四十三図では、フクロウを怪物の一つとして、理性に対置しているし、第六十八図では魔法使いに配していること、オランダのフランス・ハルスと同様であって、ゴヤはハルスとともに、フクロウをいわゆる怪鳥と見ていたもののようである。おそらくヨーロッパでも、十七、八世紀ごろは、古代ギリシャ時代と多少ちがって、智恵の鳥というより、むしろ怪鳥と見るのが、支配的な見方であったためであろう。

*

ところで、この春（一九五四年四月）上野博物館で開かれたゴヤのエッチング展で、右のほかになお、次のような二図を見ることができた。

その一つは、「母親はどこへ行くのか」と題するもので、母親をかついでつれ去ろうとしている男

（悪魔か）の股の下に、ミミヅクが羽を広げている図であった。

その二つは、「猫のような所作事師」と題するもので、これにもミミヅクが大写しにされていた。原語の題名は、Galesca pantomim とあった。

はじめの三つは、いずれも『ロス・カプリチョス』のうちにあり、「猫のような所作事師」だけは、『ロス・デサストレス・ド・ラ・ゲルラ』からとったものであった。これで、ゴヤの描いたミミヅクは少なくとも四図あることがわかった。

しかし、これだけでも、すでにピカソの前に同じスペインの生んだ偉大な先人として、ピカソがよく知っているはずのゴヤが、いかにミミヅクにふかい関心をよせていたかは、十分に確認できよう。それをピカソが全然知らなかったと考えるわけにはゆくまい。

もちろんゴヤはミミヅクを猫やコウモリなどと一緒に怪物として、もっぱら魔法妖術との関係において見ているのに、ピカソにはそんな中世的な点は少しもみとめられない。ピカソの見方はまったく現実的であり、現代的である。しかしこれは百数十年をへだてる時代の相違というもので、当然のことであろう（ピカソについては後にくわしくのべる）。

（一九五四・六・十九）

イギリスの画家ブレイクのフクロウ

イギリスの詩人で画家でもあったウィリアム・ブレイク（一七五七―一八二七）には、詩にも画にもフクロウがありそうにおもって、注意してさがしているが、私にはまだ見出せない。ブレイクは、白昼しきりにまぼろしを見る異常素質の人であり、その点で、わが高井鴻山、中国では羅両峰、ヨーロッパの画家では、ゴヤなどと同じ系列に属する特異な存在であった。ようやく「地獄の格言」という長い詩のうちに、フクロウがカラスと対照されて出ていること見つけた旨を、洋画家の吉川氏にお話したところ、ブレイクの画に一つ、フクロウを描いてあるのがあったように思いますがといって、世界美術全集を調べて下さった。ブレイクの「地獄の卑怯者」と題する水彩画がそれで、三本の大きな木の上に、それぞれフクロウがとまっている。足指が前に三本で、よくふとった顔のフクロウで、ウォルト・ディズニイの漫画『バンビ』(仔鹿物語)に出てくるフクロウを思わせるものであった。これは、ブレイクが一八二四年にダンテの『神曲』の挿絵として描いた百二枚の水彩画のうち地獄篇の第十三歌の挿絵だそうである。『神曲』の地獄篇を調べてみると、正しくはフクロウではなくて、「トロイア人に悲惨な未来を予言して彼らをストロパデスの島から追い払った」といわれる鳥身女面の怪物パルピュイアイのようである。しかし、フクロウによく似ているものであることはたしかである。

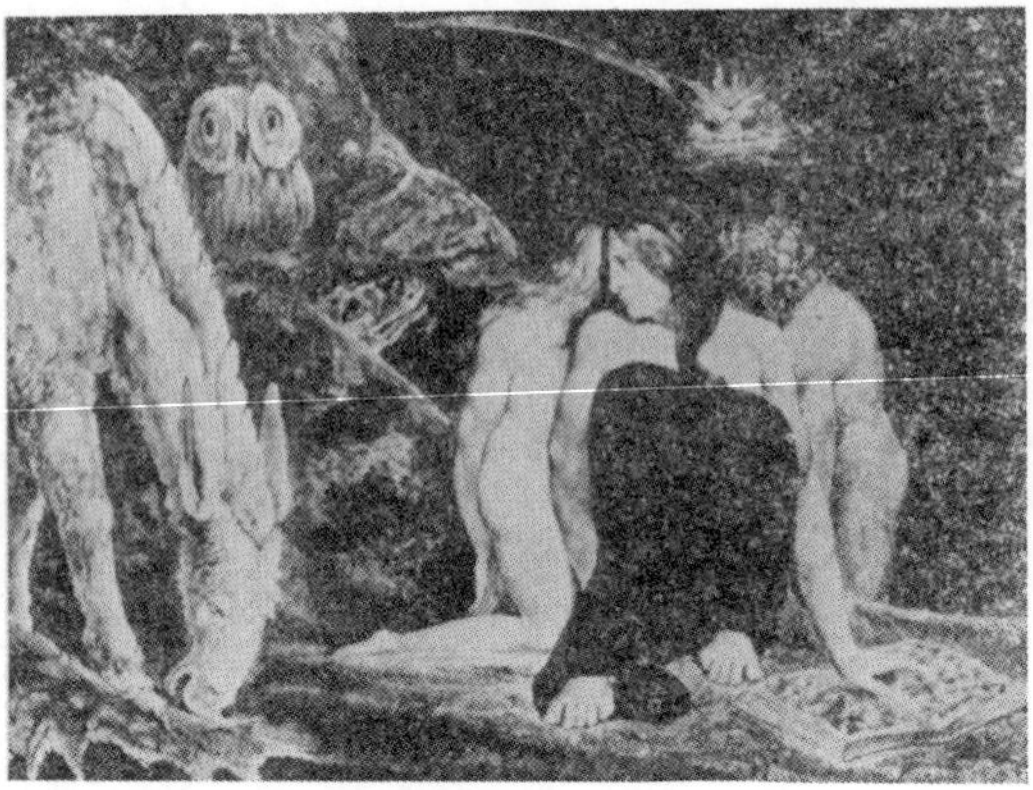

W. ブレイク「ヘカテ」(フクロウの下にワニのような顔が見える)

ところで、昔ヨーロッパ留学中に蒐集した絵ハガキ類を、丹念にめくってみたら、はからずもここに、ロンドンの国立美術館を見てまわったおり、買い求めたブレイク筆「ローン・ヘカテ」と題する絵ハガキ版があって、画面左側の上方に、怪奇なフクロウの全身像が描かれているではないか。

高井鴻山の梟図

フクロウのいわゆる顔盤の特徴を、極端に誇張したフクロウが、岩の上にとまっており、その左側下方には、顔を下にのべた馬の首が、右側下方には、ワニかと思われる怪獣の顔が、ぶきみに岩の間からのぞいている。画面の右側半面には、裸体の三人物が、寄りそってうずくまり、その上に、奇怪な風貌のものが、両翼を広げ、こちらに向って飛んでいる。

このようなぶきみさはどこから来るか。それには、ブレイクが、フクロウをいったいどのように見ていたかを知るのもまた、一つの早道であるまいか。「無心の占卜」と題する詩の一節に、ブレイクは、コウモリとフクロウを並べて、次のようにうたっている。「暮天に飛行するコウモリは、不信と冒瀆の脳裡に出生す。鴟梟は、暗夜に啼泣して、不信の恐怖を語らん。」このように見ているのだから、ブレイクの白昼まぼろしに、ユーモラスなフクロウの風貌などあらわれてこようはずはない。

ここで読者は、北斎の門人で、妖怪画家として知られた信州高井郡小布施村の高井鴻山の怪奇なフクロウ図と見くらべていただきたい。これは、一九六〇年の四月下旬、小布施におもむき、鴻山の旧宅に隣接の鴻山の一族市村氏を訪ね、同氏が軸物に仕立てて所蔵されているのを、写真にとってもらったものである。

顔と頭部はフクロウで、とくにフクロウの顔盤の特徴は如実に描かれているが、嘴は下向きに長く突出して、形もすでにグロテスクである。それに左右の手があり、左足を折り曲げて、奇怪な二足の動物の背中に腰かけて、こちらをじっとにらんでいる。二足の動物は、足指も二本ずつで、その上背中はくぼんで、木の洞穴になっているようである。このフクロウの妖怪画は、織田一磨氏の報告されている北斎の浮世絵新版百物語のフクロウに示唆をうけたものかも知れぬが、これほどの異常な怪物化は、幻想による以外普通正常の神経をもってしては、とうてい構想不可能であろう。ブレイクのフクロウとまさに東西の好一対をなす異色のフクロウ図といってよかろう。しかし、ぶきみさにおいては、鴻山の方が一段上のようにおもわれる。

（一九六三・十・二十）

クールベのミミヅクが鹿をおそう図

フランスの近代画家では、写実派のクールベ（一八一九―一八七七）にフクロウの絵が一図ある。くわしくいえば、ミミヅクであろうとおもわれるが、どの種類のミミヅクかは、内田博士にでも聞いてみないことには、私にはわかりかねる。普通のフクロウよりも、むしろ大型のミミヅクのようだが、こんな大きなミミヅクがいるのか。フランスには、きっといるからにちがいないが、ちょっと異様に感ぜられる。いわゆる耳が二つハッキリ見えているから、ミミヅクのある種にちがいあるまい。

それが、森の中で鹿を襲って、鹿を倒し、それにくいついているところを、きわめて写実的に描いたもので、両翼を半ば広げたミミヅクの大きさは、ほとんど鹿ぐらいある。

クールベは、森の中で相争っている鹿も描いているし、二人の男がはだかで、すもうをとっている絵も描いているほどだから、ミミヅクに襲われた鹿を描いたのも、ふしぎではあるまい。すもうは一八五三年の作だが、争う鹿は一八六二年の作だというから、ミミヅクにおそわれた鹿は、おそらく一八六二年前後ごろの作であろう。

カール・エーラーの木彫のフクロウ

東京から帰りの湘南電車で、ひょっこり三橋行夫君に出会った。藤沢商業の学生のころ、時おりあそびに来た友人だが、今は日本テレビ放送なんとかいう会社に通勤の由。「先生のフクロウの本を拝見しましたが、この雑誌に、フクロウのいい木彫の写真がのっていますので、お知らせしようかと思っていたところ、ちょうどいいところでお会いしました」、といって見せられたのが、『美術手帳』の一九五四年十月号であった。

みると、なるほどおもしろいかわった作風の木彫で、思いきって単純化されたものだが、フクロウの感じがよく出ている。丸木舟のように木をえぐりぬいた構想の奇抜さ。眼は二つ突きぬけの穴をうがっただけ、しかもそれと鼻のようにまんなかに高くのびている嘴とでもって、フクロウの顔の特徴が心にくきまでにたくみに表現されているのが印象的である。

作者はドイツのカール・エーラーといって、一九〇四年（日露戦争のはじめの年）生まれの彫刻家で、このフクロウは一九五〇年の作。題名は「みみずく」と訳されているが、「耳」は全然ないからフクロウと見た方がよかろう。

それから数ヵ月たって、十二月の三日に、銀座の和光で開催の鋳金工芸家の「対象」と称するグループの作品展で、染川鉄之助氏の「青銅のコノハヅク」を見たが、これも頭部は円くて、「耳」は全然ないので、コノハヅクではなく、「青銅のフクロウ」と題した方が適切ではないかと思った。それはともかく、この作品を見たとき、私はカール・エーラーの木彫のフクロウを思い出さずにはいられなかった。青銅の方は、なかがうつろにえぐりぬいてはなく、その点はちがっているが、全体の形はすこぶるよく似ている。カール・エーラーに少なくとも構想上のヒントはえたものに相違あるまい。それだけに、これは迫真の力がとぼしい。エーラーの木彫とは段ちがいである。

（一九五五・十二・十二）

四　ピカソとフクロウ

ピカソ展のフクロウとハト

昨（一九五二）年十一月十七日に、私ははじめてピカソ展を見た。

その前に、入口前の、絵葉書や書物や雑誌特集号から首飾、ハンカチーフ、ネクタイなどに至るまで並べて売っているところまでは、二回ばかりいってみたが、なかに入って見たのは、こんどがはじめてであった。

私の第一に見たいのは、ピカソのフクロウで、あるいは陶器のフクロウも見られはしないかと期待していたが、陶器には、ワシとヤギはあったが、フクロウはなく、フクロウは石版刷の画が一種あるだけであるのは、少し物足らなかった。左側の羽を少し広げて羽の内側を見せて、立っているフクロウを描いたもので、私にはそう感心できなかった。

私が書物で、はじめてピカソにフクロウの絵があることを知りえた機縁となった一図は、椅子の上にとまったフクロウで、ダブル・フェースに描かれており、この方が、私にははるかにおもしろく思われる。この方は、雑誌特集号にも、書物にもよく掲載されているが、展覧会には出ていなかった。

展覧会場で、私がもっとも心をひかれたのは、ハトの絵であった。まっ黒の背景に、まっ白のハト。ただ黒と白との二色で、きわめてむぞうさに描かれたもののように見えるが、じつによくできている。

生きいきと迫ってくる。ことに首のあたりのぼかしの効果など、心にくいまでのうまさに感心させられる。首のうしろに突っ立った白の毛と、脚のふんばりとに、しっかりした力強さがすこぶるたのもしく感ぜられるのも、まことにうれしい。二、三メートルへだててじっと見ていると、この一羽のハトがこの展覧会場のすべての中心であり、象徴でさえあるかのように思われてくるのであった。

展覧会目録には、このハトの写真版が見つからなかったが、さいわい絵葉書版の写真があったので、それを求めてかえった。そして私は、それをあかずながめているのである。

このハトの写真版と一緒に買ってきた、サバルテ著、益田義信氏訳の『親友ピカソ』を読んでみると、次のような一節があって、ピカソの父が、昔、百合とハトとを熱心に描いていた。それについて、ピカソが秘書のサバルテに語った思い出がしるされているのに、私は、なるほどなるほどと、ふかく感じいった。

父は百合や鳩、野兎や家兎のような、「食堂用の絵」を描いていた。「鳥の羽毛や毛皮」だね。ピカソは、それらをみな、心の眼にみているように話した。彼のお得意は花鳥だった。とくに鳩と百合。百合と鳩。他の動物も、たとえば、牝狐なども描いた。私はいまでもおぼえている。一度は、鳩のむらがる鳩小屋の大作を描いた。五十年以上もたってから、想いおこし、しかも数千キロメートルをはなれたところから、この絵を想いだしているのだが、当時そんなに大きな絵ではなかったその絵も、ピカソには大作におもえ、彼の記憶では、じつに巨大で、すばらしく大きなものとしてのこっていた。数百羽の鳩のいる籠を想像してみたまえ。数千羽、数万羽の鳩がいる……。

数千、数万と彼はいう。話に熱中して、彼は数を誇張する。鳩も鳩小屋もみな、彼のしたしい幻想の世界にあるのだ。私は、彼がこの話をするのを、数千回、数万回もきいたといってもいいだろう。彼がこの絵を語る時は、これらの鳥を数えているようにみえた。それは、彼の父が非常にしたしんだもので、彼の記憶の中でもじつにいきいきとしていた。

彼の幻想がこの大げさな数字をつくりあげるまで、彼は、一つ一つを数えているようにみえた。数千数万というのは、彼の記憶から暗示をうけてできた彼のアイディアなのだから。数百、数千、数万のアイディア、影像、記憶が、彼の幼少のころから、今日にいたるまで蓄積されたのである。

それらは、ちょうど鳩小屋の上にいるように列をつくっていた。……大きな鳩小屋の上に。この絵はマラガの美術館にある。その後、私は二度とみたことはないが、これは、彼の幼少時代の幻影の鳩小屋である。この幻影は、年月をへて、こんにちまで生長し、彼の追憶の焔を熱情の燃料でもやしながら、その話のつづくかぎり生長してゆくのである。ある日、彼は人からもらった一把の百合をながめつつ、彼の父が描いた百合のことを語り、またそれを、どんなに愛しうつしたか、細部まで忠実に描いたかを語った。それは父の専門だった。もちろん、他のものも描いたけれども。何はともあれ。百合と鳩。

こういうピカソだから、あのハトの傑作ができたのである。それに、ファッシズムに対する頑強なレジスタンス、戦争に対し平和をかたく守りぬこうとする熱烈な闘志が加わってであることは、いうまでもないところだが。そしてまた、こういうピカソだからこそ、フクロウの連作もできたのであろう。そこが私にはかぎりなくおもしろい。

ハトと白秋とピカソ

木下謙次郎氏の『美味求真』によれば、ハトは、「その発情するにあたりては、雌ハトは、まず一分間ぐらい頭を左翼の下にさし入れ、雄もまたこれにならい、同じことをくりかえしたのち、雄は嘴をひらき、雌の嘴を、自己の嘴の中に入れ、ながき接吻ののち、交尾をとぐるのであるが」、詩人北原白秋の『白秋寸金抄』には、このことを次のような言葉で表現している。「鳩交接せんとして、先ず、必ず互に敬礼す。」

ヨーロッパの現代画家では、ハトにもっとも熱情を傾けているのは、ピカソであるように思われる。平和の象徴としてのハトを熱心に描いている。ピカソのハトへの根強い関心は、「ハトと百合」の画家であった彼の父親へのなつかしい思い出にも、ふかい関連があるらしい。サバルテの『親友ピカソ』という書物のうちに、そのことがくわしく物語られている。

さきほどの高島屋でのピカソ展にも、ハトの傑作があり、またハトの交接を描いた線画もあった。白秋は雀の詩人ではあったが、フクロウの詩人ではなかった。しかるに、ピカソは、平和のハトの画家であるとともに、思索のフクロウの画家として、たぐいまれな存在である。私はその点にかぎりない感動をおぼえるのである。

陶器に描かれたフクロウ図

ピカソ展で買ってきた『親友ピカソ』という書物のカバーは、赤地の紙で、表にはいろんな顔の部分の線描が白で印刷され、裏にはピカソの文章かと思われるフランス文字がいっぱい白字で印刷されている。それに注意をひかれて、買うときには表紙を見なかったが、きのう（十一月十八日）ふと、カバーをはずして表紙を見ると、これはおどろいた。表から裏にかけて、いっぱいの円のなかに、フクロウが原色版でのっているではないか。

この装幀のフクロウは、おそらく、陶器に描いたピカソのフクロウをつかったのであろう。これはおもしろい。

濃い焦茶色の円の中に、フクロウが一羽。そのフクロウの周囲のいっぱいに、ちらばっている茶色と青紫色の点々――というより、かたまりといった方が適切であろうか――は、森の木の葉であろう。その木の葉の中に、頭と胴と腹とが一つにふくれた、丸い、ふとったフクロウが一羽、黄色の大きな眼をくるくるさせている。その眼がいい。そして、からだの輪廓は、右半分（すなわち腹部）の弧線が、うすみどりで、左半分（すなわち背部）の弧線が茶色。それに腹部のあらい斑点が、金茶で描かれている。両脚の指は、うすみどりに、茶色の点々が点ぜられている。腹部の右側の木の葉の間に、二すじの線がさっと上から下にながれているのは、森の中にさしこんだ光線であろうか。

これはいままで私が見たフクロウのうちで、もっとも楽しいものである。いままでの私の見た他の作家のフクロウは、剥製のフクロウを見る感じのものが少なくなかったが、これこそは、しんじつ森の中のフクロウである。生きたフクロウである。しいて不満の点をあげるならば、足指が前に三本ずつ出ているのは、デフォルメにしてもどうかと私にはおもわれる。これは正確に二本ずつにしておいてもらいたかった。

リトグラフのフクロウ

一九一九年から一九四七年までのピカソの石版画を集めた書物——Picasso Lithographe は上下二巻になっているが、きのう（十二月十五日）調べたところによると、その上巻に、フクロウの画が五種ある。

第一は、「白地色の椅子にとまったフクロウ」。画面の上方左端に、一九四七年一月二十日の制作年月日が明記されている。眼は二つ正面に並んでいて、突き出た嘴は、顔の左方に突き出て、すなわち側面から見たように描かれている。これは、日本でいろいろな雑誌に紹介されている。私がピカソにフクロウの画があることをはじめて知ったのは、これによってであった。からだの羽毛の斑紋の描写が、簡単な線条でよく表現されている。

第二は、「椅子にとまったフクロウ」という題で、一九四七年一月二十日の日附。

第三は、「オークル地色の椅子にとまったフクロウ」。日附は、一九四七年一月二十日。これは『芸術新潮』一九五一年十二月号に紹介された。茶褐色のフクロウで、眼二つは正面に並び、嘴は側面に突き出ている。

第四は、「黒のフクロウ」で、立体的に描かれている。木の箱のような形のフクロウである。眼がいい。これは年月日がしるされていないが、おそらく一九四七年一月二十日か二十一日の作であろう。

その五は、「クレーヨンのフクロウ」で、日附は、一九四七年一月二十一日と明記されている。

要するに、以上の五図は、いずれも、一九四七年一月の二十日から二十一日にかけて、同じ室内での作であることがわかる。私には、第一図と第四図とがもっとも興味ぶかい。第一図の妙味は、摺りの悪いのでは、よくわからぬが、摺りのいいのを見ると、眼が生きいきとしており、からだの斑紋もおもしろい。この五図のフクロウは、同じモデルによったものらしく、いずれも耳がなく、嘴の突き出た種類だから、おそらく青葉ヅクであろうとおもわれる。

油絵のフクロウ

フランスの美術雑誌『カイエ・ダアール』一九四八年のピカソ特集号には、フクロウの絵が十六図のっている。

まず油絵のフクロウが四点ある。第一は、椅子にとまったフクロウとウニ、一九四六年の作。第二は、椅子とフクロウ、一九四七年一月一日の作。第三は、フクロウ、一九四七年一月十九日の作。第四は、鳥籠のなかのフクロウ、一九四七年三月二十四日作。いずれもおもしろい。

第一図は、頭の丸く巨大なところがよく表現されている。顔盤に眼玉、それから嘴、なかなかたく

みに生きいきと描かれていて、下におかれてあるウニをじっと見つめているようである。

第二図、第三図ともに、眼は二つ正面で、嘴は側面であり、からだは木の箱のようである。この二図は、とくにリトグラフのフクロウによく似ている。

第四図の鳥籠のフクロウは、リトグラフにない画題で、いわゆる平面的キュービズムの構図法によっている。しかも眼は二つ正面に並んで、嘴は側面である点は、第二図、第三図およびリトグラフのものと同一である。

その他のフクロウ作品

壺の絵付が二つある。その一つは、壺の胴部に人間の顔を、上部にフクロウの顔——大きな二つの眼と嘴と、二つの鼻の穴とを描いたもので、もう一つは、同じ型の壺の胴部には、やはり人間の顔を、そして上部にフクロウの羽を広げた全身を描いたものである。前の足指は、三本ずつになっている。

また、フクロウ型の陶器が一つある。フクロウの全形が陶器でできている。いいかえれば、いわば陶器で彫刻された全身のフクロウである。これは容器ではなく、一種のおきものとしてつくられたものであろう。これに類するものに、牡牛型の陶器——いいかえれば、陶器の牡牛がある。これも壺ではなく、おきものであろう。これに反して、「鳥の形をした壺」や、「禿鷹の形をした壺」などは、頭部が切断されていて、壺の口になっているから、これは液体を入れることができるであろう。

フクロウの絵を描いた皿は九枚のっている。じつによくいろいろに、かつ熱心に描いたものだと感心させられる。このうちには、日本画みたいなフクロウも見られる。さながら天馬の空をゆくがごとく描きまくっているのは、心にくいほどである。この九枚のうちに、さきに私が「陶器に描かれたフクロウ図」のうちに紹介したのと、ほとんど同一とおもわれるものが一枚あるが、九枚のうちでは、この一枚がもっとも傑作のように、私はおもう。

しかしフクロウの絵としては、皿に描いたものより、油絵のフクロウ、リトグラフのフクロウの方が、はるかに生きいきと迫ってくるものがあるようにおもう。

アメリカで刊行されたピカソのフクロウ画集

画家の田村宗太郎氏も書芸術家の長谷川三郎氏も、アメリカで刊行されたピカソのフクロウばかり集めた小型の画集を、阿部展也氏のところで見せられたことがあるとのこと。それは、黒地に白い針金のような線であらわしたもので、フクロウの絵ばかり三十五、六図集めた珍しい本で、表紙も黒い色のものであったらしい。それにはきっとおもしろいものがあったにちがいない。大いにそれを期待していたわけだが、十二月なかばのある日、私のためにいよいよ田村氏が自ら出向いて、阿部氏に相談におよんだところ、阿部氏の話に、あの本はあののち、ある出版社（その名前はここにはしるさないでおく）にみせたところ、そこで紛失したとのことで、いまだに返してこない。そんなことなら自分もますます惜しくなったが、残念である。もともと注文して取り寄せたものではなく、アメリカにいる友人から、いろいろなものを送ってきたその包みのなかに、たまたま一緒に入っていたので、どこの発行であったか、発行書店名も記憶しない、というようなお話だったそうで、当分のところあきらめるよりほかいたし方ないようである。

それで、私の調べえたのは、第一に、「ピカソ、リトグラフ」のフクロウ五図と、第二に、「ピカソ、セラミーク」のフクロウの色刷一図と、第三に、「カイエダール」のピカソの陶器特集号にのっているフクロウ十数図とであることを、ことわっておく。

なお、第二の「ピカソ、セラミーク」は、ピカソの陶器、十六枚かの色刷で、訳本『親友ピカソ』の表紙のフクロウは、これからとったものであることがわかった。

フクロウを手のひらにのせているピカソの写真

いままでに私の見たピカソの描いたフクロウは、いずれも耳がない種類のものばかりで、しかも眼は黄色で、いわゆる黄眼で、嘴が突き出ているようだから、おそらく青葉ヅクであろう。そしていろいろに連作しているところからみれば、自分のアトリエに飼って、フクロウを仔細に観察しながら描いているのにちがいない、と想像していた。しかし、秘書サバルテのあらわした『親友ピカソ』の訳本を読んでみても、フクロウのことは少しも書いてない。

ところが、『芸術新潮』の一九五一年十二月号をきのう見ると、ピカソが手のひらにフクロウをのっけている写真がのっている。フクロウの二つのくるくるとまん丸い眼玉と、ピカソの大きく見開いた二つの眼玉とが同じ一点を見つめて、上下に相似形をなしているのもおもしろい。やわらかそうな布の襟巻をして、ピカソも着ぶくれて、フクロウのような恰好をしている。ただピカソの顔には、とぼけたようなおもむきが見えないのが、少しフクロウとちがうようだ。この写真によって、ピカソがフクロウをアトリエに飼って、観察しながら描いているにちがいないであろうとの私の想像は、的確であったようにおもわれる。

さてそのフクロウだが、やはり耳がない。だが、大きさの比例から見て、いわゆるフクロウとは思われぬ。普通のフクロウなら、ずっと大きいはずだ。黒ずんだ羽毛の斑紋といい、嘴の突き出ているところといい、これは青葉ヅクであることも、私の想像していたとおりのようである。

形や色彩の上では、私はいわゆるフクロウと、大コノハヅクとが一番いいとおもう。小林古径氏は、たしかに大コノハヅクをえらんでいる。ピカソの性格には、大コノハヅクよりもむしろ、いわゆるフクロウが似合う。それにどうして青葉ヅクをとくにえらんだのか、それが私には不可解である。

フクロウとピカソ

その後私は、フランス現代絵画の蒐集家福島繁太郎氏の『ピカソ』という小冊子を読んだ。それには、ピカソの父は、ハトが好きでハトを飼っていたが、ピカソ自身もまた動物が好きで、犬だの猫だの猿だのを飼っていた、と次のようにしるされていた。「ピカソの父は、マラガの町の美術館の館長をしていた。鳥を描くのがすきで、ハトがもっとも得意とするところであった。ハトをかわいがり、室内に飼育していたので、ハトは室中勝手にとびまわり、所かまわず糞をしても、父は平然としていた。勤めにゆくときでも、ハトを一羽つれてゆくという熱愛ぶり、この動物を室内に飼う癖を、パブロはすっかり相続している。」さらにまた曰く、「ピカソは動物がすきで、犬だの猫だの、しまいには猿まで部屋の中に飼っていた。動物好きは、親譲りで、親父も部屋の中にハトを飼って、ハトばかり描いていたのである」と。ピカソの動物好きが親譲りであることを、くわしく説明されているのであるが、なぜかピカソがフクロウまで——精確にいうならば、青葉ヅクまで部屋の中に飼って、それをモデルにしてさかんに、フクロウを描いていることには、いいおよんでおられない。しかし私は、上述の写真を見て、ピカソが青葉ヅクを飼っていることは、たしかにまちがいなしと見てよかろうと考えるのである。

ゴヤとピカソ

ピカソが一九五一年のサロン・ド・メイに出品したという「朝鮮の虐殺」の写真版を見たとき、私は、ピカソと同じく、かつてスペインが生んだ十八世紀の後半から十九世紀の前半にかけての大画家ゴヤが、一八〇八年五月、マドリッドにおこった反乱者に対する銃殺刑の場面を描いた油絵（「マドリード一八〇八年五月三日」）を、想いおこさずにはいられなかった。同年十月初めのことであった。

ゴヤとピカソの両図は、その主題、そのレジスタンス的精神のみならず、その構図もまた、ふしぎなほどよく似ている。

ピカソは、これよりさき一九三六―三七年に、版画「フランコの夢と嘘」および壁画「ゲルニカ」の制作によって、ファッシズムへの痛烈な抗議を世にうったえた。これに対しゴヤには、『ロス・デサストレス・ド・ラ・ゲルラ』（戦争の惨禍）と題する銅版画集がある。スペインに侵入したナポレオンの軍隊に反抗して、一八〇八年五月からスペイン各地におこったゲリラ戦に対し、フランス軍の加えた残虐きわまる蛮行のかずかずを、おどろくべきレアリスティックな筆致で描いている。

ゴヤは、監獄や瘋癲病院や、伝染病院を訪ずれ、また不幸な乞食のさまよっている寺院をたずね、そして最後にナポレオンの侵入軍に対して、ゲリラ戦の戦われた諸地方をたずねまわって、これらの版画を制作したのであって、なるほどゴヤはその八十年の生涯の大半を宮廷画家としてすごしたに相違なく、宮廷ならびに貴族階級と長いあいだ生活をともにはしたが、しかも彼は、彼らとともに堕落し頽廃してしまわなかったのみか、貴族支配に対する反逆的精神と人間生活の苦悩をともになやむの情念を、かえってますますふかめていった点で、世界にもまことにたぐいまれな画家であった。

沈鬱な青の一色で、人間の苦悩や貧困を描いたいわゆる青の時代におけるピカソの作品のあるものと、「フランコの夢と嘘」や「ゲルニカ」などに示されたピカソの強烈なレジスタンス的精神とを見るにつけても、われわれは『ロス・デサストレス・ド・ラ・ゲルラ』のゴヤを想いおこさずにはいられない。技法上の問題はべつだが、この意味においてピカソほど熱心に、かつ成功的にゴヤの伝統をうけついで発展せしめている画家は、他にその類を見ないといってよかろう。

そして、最近におけるピカソの熱心なフクロウの連作を、おそらくピカソにも劣らぬ熱心さをもって調べている私は、このごろ、スペイン版のゴヤ画集のうちに『ロス・カプリチョス』から抜いたもので、ミミヅクの飛んでいる銅版画を二図見出すことができた。それでやはりゴヤもまた、フクロウを描いていたことがわかった。ピカソほどに熱心とはいえぬが、ゴヤもフクロウに関心をよせていたことは、これでたしかである。この点でもまた、ピカソはゴヤと共通点をもっているようだ。

去る十一月の高島屋でのピカソ展で、私は前後両面に顔のついている婦人像を見たが、数日前長谷川三郎氏にあったときの同氏の話に、「あれと同様にやはり両面の婦人の顔を描いたものが、ゴヤにありますね」とのことで、ゴヤ画集をめくって示されたのを見ると、なるほどなるほどと、おどろかずにはいられなかった。

ゴヤとピカソ。スペインの生んだこの世界的二大画家の比較対照は、まことに興味ぶかい問題の一つだと私はおもう。

ピカソのフクロウ

ピカソは一九三九年にいわゆるダブル・フェース（二重顔）のニワトリを描いた。このとき彼は、次のように語った。——私はニワトリを発見した。もちろん、ニワトリは太古からいた。しかし、ニワトリをほんとうに描いたのは、自分が最初である。それゆえ、ニワトリは私によって発見されたのである。革命されたのである。それはちょうど、野の朝の風景がミレーによって発見され、少女がルノアールによって発見されたようなものだ。

これは、かつてセザンヌがクールベの仕事を批評して、

自然を発見するには、革命が必要である。クールベが、その森の下草と波濤を描くには、革命が必要であった。

といったのと、その精神においてまったく同じである。

ピカソがニワトリについていった言葉が、フクロウについても同様に、いな、おそらくはニワトリのばあいにもまして、より確実にいえるであろう。とくにヨーロッパでは、フクロウは古代ギリシャの時代の昔からよく描かれている。また大理石にきざまれ、さらに貨幣にさえ彫刻されていたこと、すでにわれわれのくわしく見てきたとおりである。

しかし、フクロウをほんとうに描いたもの、そしてその意味において、フクロウを発見したもの、フクロウを革命したもの、少なくともそうしようと大胆にこころみたものは、ピカソであった、といってもいいであろう。じっさい、ピカソほどあらゆる角度からフクロウを観察して、フクロウの連作をわれわれに示してくれた画家は、東西古今の画家列伝中にまだその類を見ないところといって差つかえあるまい。

最後に、ピカソのフクロウについて若干の要約をしておこう。

まず第一に、ピカソのモデルはただの一種に限られているようにみえる。フクロウにいかに種類が

多いかは、すでにくわしくわれわれの見てきたところだが、ピカソが自分で飼ってモデルに用いているフクロウは、耳はないがいわゆるフクロウではなくして、羽毛の斑紋に黒味が強く、眼は黄色で、また嘴が突き出ているようだから、おそらく青葉ヅクであろうと察せられる。

第二は、たいてい室内で、しかも椅子その他にとまっているところを描いている。森のなかの木の葉につつまれているように見えるフクロウは、わずかに一枚描いているだけである。両翼を広げているところは描いているが、ゴヤのように、飛んでいるフクロウは一つも描いていない。

第三に、概していうならば、皿に描いたフクロウより、リトグラフや油絵のフクロウの方に、すぐれたものがはるかに多いようである。

第四に、リトグラフ五図は、一九四七年一月二十日から二十一日にかけての作だが、油絵には一図、一九四六年の作があり、他の三図は一九四七年一月一日から三月下旬にかけての作だから、おそらく一九四六年頃にはじめて、一九四七年の一月から異常な熱意と速度をもって、描きつづけたもののように考えられる。

五　ホガースの白フクロウ図にめぐりあう

フクロウと東大総長

鳥類学を専攻したわけでもない私が、フクロウについて特殊の関心を寄せ、まとまった書物（『唯物論者の見た梟』）を出版したのは今から十五年前の一九五二年十二月のことであった。ついでさらに下巻（『梟と人生』）も書きあげた。下巻の梟は、まだ私の書斎にねむっていて飛びたたずにいるが、下巻の序文とあとがきの日付は、六三年十月とある。二巻の成就に十年を費やした勘定である。

一九六六年八月号の『文芸春秋』にもとめられて、私は、「私の梟研究」と題する六枚の短文を寄せた。これを寄稿することになったのは、『文芸春秋』編集部の堤堯氏から、六月一日付の次のような書簡を受取ったためであった。――「拝啓、突然のお願いで恐縮ですが、小誌文芸春秋の巻頭随筆欄に御寄稿いただけませんでしょうか。じつは、過日、東大の大河内総長にお会いしたおりのこと、総長のお話によれば、御著、『唯物論者の見たフクロウ』（たしか、そのような題、もしくは、内容だったと記憶します）が、近来稀にみる面白い本だった由、ためにこうしてお願いの手紙を差し上げるわけです。フクロウの御研究のエキスの一端でもお漏しいただければ、と思います。もし御寄稿いただけますなら、要領は、①四百字詰めで五枚前後、②締切りは六月十四日、以上です。云々。」とあって、堤氏の申出は主として、大河内総長のお話にもとづいたものであったことがたしかのようである。

前著の刊行直後、鳥類学の内田清之助博士から書評ではげまされたのはうれしかったが、それから十四年たって、こんどは最高学府と称せられる東大の総長で、社会科学、人文科学者の大河内氏に注目されたことは、私のフクロウにとって、日本のフクロウ、いや広く東洋のフクロウ族一般にとっても、まさに会心の至りであり、はじめて知己を得た思いを禁じえなかったにちがいあるまい、と察せられる。

しかし、そう喜ぶのは早計に失するかもしれない。文字に書きしるされたわけではなく、単に口頭での談話であったようだし、かたがた、一片のお世辞であったろうとも、考えられないことはないからである。

ところが、今年（一九六七）四月十二日、はからずも私は、大河内氏からのお手紙とともに、河出書房から月刊誌『文芸』の五月号を受取った。御手紙の要旨は、次のようであった。――「冠略、前に御恵贈いただきました『唯物論者の見た梟』、さいきん『文芸』（河出書房）という雑誌に寸評いたしました。これは、同誌に、『名著発掘』という欄があるので、それを利用いたしました。出版社からお送りするよう申しておきました。『発掘』されて御迷惑かと存じますが、なにとぞあしからず。大学も新学期を迎えて、また何かと忙がしくあります。御健祥を祈ってやみません。とりいそぎ御礼かたがた御挨拶まで。」

これに対し、四月十九日私は返書をおくり、その冒頭に、次のように感謝した。

「拝復、御懇書、殊の外ありがたく拝読いたしました。重ねがさね御厚情をたまわり、なんと御礼申上げてよいか、言葉もございません。雑誌『文芸』五月号も同じ日に到来、再度拝誦いたしました。卒業式やら入学式やらで、御多忙の折柄にも拘らず、よくもかくまで丹念に綿密の筆致をもって、おかきいただきましたものかなと、驚嘆を禁じえませんでした。心から感謝します。云々」

『文芸』五月号所載の大河内氏の文章は、一頁にギッシリ書きこまれている。その筆力の逞しさ。私には羨しい限りに思われた。そして再読三読、まことにあたたかい御理解を心からうれしく、しみじみとかみしめたのであった。

ついで五月二十四日にも、次のような御手紙をいただいた。

新緑の候になりましたが、小生緑を楽しむ閑暇もない位雑事に明け暮れています。お恥かしい次第です。過日は『日本ルネッサンス研究』第六号御送り下さって有り難く御礼申上げます。早速面白く拝読いたしました。ずい分細かいところまで眼をお通しになっておられるのに驚きました。（中略）いま小生の大学の部屋には、十八世紀のイギリスの銅版画家ウイリアム・ホガースのものをかけていますが、あまり知っている人がないのが、なさけない感じです。ところでこのホガースの作品の一つに、クルーエルティ・イン・パーフェクシャンというのがあり、その中に、フクロウの飛んでいるところが出ています。もちろんフクロウが主題ではなく陰惨な夜の風景の添物として添加したのだろうと、思うのですが、御尊著の中には、この点の記述がありませんでしたから、一寸付言いたします。昨年（一九六六年）夏、所用でロンドンに出かけましたおり、一画商に立寄ったさい、たまたまこの同じものが、もう一点ある旨、その店の主人が申しておりましたので、注文しておきましたが、最近それが船便で発送されたらしく、その旨通知がありました。間違いなしにとどきましたら、小生は同一物をたまたま二枚持つことになりますので、フクロウの著者に一枚を差し上げることにいたしましょう。とりいそぎ御礼かたがた近況御報告まで。不一氏が東大の総長室にかけて、鑑賞されている十八世紀のイギリスの銅版画家ウイリアム・ホガースの珍しい銅版画に、フクロウが一、二羽飛んでいるのがあり、それと同じものを、こんどわざわざ私のためにロンドンの画商から取り寄せて、『梟』の著者に、御恵与下さるというのである。なみなみならぬ御心づくしのほど、まったく感謝、感激のほかない。

私はかつて、一九二三、四年のころ、ロンドンからオックスフォードをたずねたことがあり、テート画廊にターナーやブレイクの画を見に行ったし、その後、印象派画家のホイスラーや挿絵画家のビアズレイを若干調べてみたことはあるが、お恥ずかしい次第だが、ホガースのことは今までまったく知らなかった。早速、藤沢図書館に電話して、司書の友人に調べてもらうと、東京堂の『世界人名辞典』の西洋編に、要旨次のようにしるされていることがわかった。

「ウイリアム・ホガース（一六九七―一七六四）版画家、ロンドンに生る。諷刺的な鋭さをもって、時代の批評と平民主義（圏点―福本）を、少々グロテスクではあるが、フランクな笑いをまぜた劇的な画面に表現した。当時のローマン派の空想的形態観念を捨て、繊細透徹した観察により対象をとらえ、明快単純な筆致で、実感を印象的に生かした。云々」とある由、はたしてこの辞典の記述のとおりだとすれば、今からちょうど二百年前に死んだ画家である。肉筆画ではなく、銅版画だから、枚数は少なくとも何枚か、それは明らかではないにしても複数ではあるはずだ。とはいえ、すでになにしろ二百年前の作であり、複製されているわけでもあるまいと考えられるので、初版刷にしろ、ないし二、三版刷にしろ、残存しているものは、ロンドンでもこんにちは容易にみられない稀有のものにちがいない、まして、日本に将来されている数においておやである。おそらく大河内氏の手にあるもの一枚だけかも知れない。もしそうだとすれば、日本でせいぜい二枚。一枚は東大の総長室に、一枚は『梟』の著者の書斎にと思っても、大きなまちがいはないであろう。そして、当の作者自身がもしこれを知りえたならば、不思議にも二百年にして、はからずも遠く日本に二人の知己を得た思いに天を仰いで大笑せずにはいられないだろう。

昨年の後半期、私は主として小楷を揮毫してみたが、そのうちで、これが一番美しく出来たろうかと自分で感じたのは、絵巻を巻いたりのべたりするように、半折《せつ》を横にのべて、ある問答二十項目に関して綴った九百六十字余の文章を、茶墨で小さく書きこんだ楷書のひとまきであった。それを大河内氏に贈呈して、笑納を請うことにした。それについて六月七日付の鄭重なご挨拶が寄せられた。

「謹啓、大変滋味豊かな茶墨の問答書軸物御恵送下され、御礼の申しようもありません。展げたりまいたりして楽しんでおります。御厚情の程、深く御礼申上げます。それからいつぞや申上げましたホガースのエッチング間もなく着くだろうと思っていますが、船便ゆえ四、五十日かかる様子、七月に這入るかも知れません。このエッチング梟の小さいのが一二羽飛んでいますが、もともと梟そのものが主目的ではなく、人間の残酷さを表わす画の中にたまたま書きこまれているのですから、お気に入るかどうか判りませんが、何れにせよ、到着しましたら御連絡申上げます。とり急ぎ御礼御挨拶まで。不一」

フクロウの絵は古今東西にわたって、いろいろと見てきたつもりだが、飛んでいるところを描いたのは、まったく珍しいとおもう。私のフクロウ研究、とくにまだ書斎にねむりつづけている下巻にとって、これこそは、まさにいわゆる画龍点睛の好資料を恵与されたものとして、感謝にたえない。はるばる海洋をいくつも超えて渡来するホガースとフクロウの無事安着を祈りつつ、首をのべて待ちのぞんでいる。

私がかつて東大に学んでいた三年間の総長は、山川健次郎博士であったが、この人は理学博士男爵というういかめしい肩書の所有者であり、会津武士の出で、兄は陸軍少将、姉は元帥大山巖の夫人。そういうわけでか、総長自身、凛として古武士のごとく見えた。といっても、私がその顔を眺めその演説を聞いたのは、入学式の日たった一度きりであった。それほど学生とは無縁で――というのは、極言に失しようが、縁遠いものではたしかにあった。とはいえ、一般の学生は、卒業式でもう一度接しえたかも知れぬが、元来アマノジャクのせいか、私は卒業式にはもう出る気がしないでサボってしまったからまちがいなく一度きりであった。

これを思うと、卒業式の告辞にソクラテスを語ったり、式後学生と親しく乾杯したり、あるいはまたロンドンで所用のかたわら画商を訪ね、二百年前の版画をあさったりする大河内総長と、なんという風格・嗜好の相違であろうか。隔世の感に打たれるもの、私一人ではないはずだ。

（一九六七・六・二十三）

ホガースの時代

十八世紀のイギリスが生んだ銅版画家で、風俗画・諷刺画の巨匠ホガースの作画を、まず年次的に追ってみると、諷刺小説で有名なジョナサン・スウィフトらとともに、スクリブラス倶楽部の一員であったジョン・ゲイ（一六八五―一七三二）の喜劇、『乞食のオペラ』を演ずる主要な役者を描いたのが一七二八―九年。モル・ハッカバウトという女性の一代を描く「娼婦の遍歴」と題する六枚ものを銅版画として売出して、予想外の好評を博したのが一七三二年。トム・レイクウェルという男を主人公とする「放蕩者の遍歴」八枚ものが一七三五年。「当世風の結婚」六枚ものが、一七四三から四五年にかけての作。ロンドンにおける二人の徒弟の「勤勉と怠惰」十二枚ものと「カレーの市門」とがともに一七四九年。「ビール街とジン小路」が一七五一年。「残酷（クルーエルティ）の四段階」が同じく一七五一年、「選挙」と題する三枚ものが一七五五年。そのほかになお、「ホワイト倶楽部の賭博」、「サザークの縁日」などの作品がある。

なお、油絵の作品として知られるものに、「ホガース家の召使たち」、「グレーアム家の子供たち」、「エビ売りの娘」、「ウォンスアッドの仮面舞踏会」などがあり、「カレーの市門」のように、同じ題材を油絵に描き、ほんの少し模様をかえて、それを銅版画にしている例も見られるが、これらの油絵についてはしばらく措くことにしたい。

さて、問題は、このような風俗画・諷刺画の巨匠がどうして、一七二〇年代から一七五〇ないし六〇年代にかけてのイギリスに出現しえたかである。いいかえれば、その経済的・政治的・社会的環境というか、背景というか、それを明らかにすることであろう。クロムウェルにより、王政が廃止されて共和制がしかれたのは、一六四九年であった。しかるに、逸楽奢侈の王チャールズ二世により、王政回復をみたのは一六六〇年であったが、チャールズ二世が死んでその弟ジェームス二世が即位するに及んで、僧侶も貴族も平民もこぞって離反し、議会は、オランダのオレンジ公ウイリアムに嫁していた王女を夫とともにイギリスに迎えたので、ジェームス二世は命からがらフランスに亡命せざるをえないハメとなった。これが一六八八年の「名誉革命」と呼ばれる無血の政変である。こうして、イギリス王位についたウイリアム三世は、人民の「権利擁護の法案」を裁可し、議会の権限を承認したので憲政の基礎はかためられたのであった。

こうして、この名誉革命の前後から、イギリスではすでに「トーリー党」と呼ばれる王党、すなわち保守党と、「ホイッグ党」と呼ばれる民党、すなわち進歩党とが、いわゆる二大政党として発生し、はげしい対立抗争をつづけ、そのため極度に腐敗堕落した選挙が公然とおこなわれるに至った。それが、やがて心ある人々の痛憤・慨嘆を刺激誘発し、そしてそれが、作家にあっては諷刺小説に、画家にあっては諷刺画に、そのはけ口を見出したのは、まことに当然のことであったといわねばならぬ。

ところで、ホガースの生まれたのは、一六九七年だから、一六八八年の名誉革命より九年ののちに当る。これに対し、諷刺作家のスウィフトのばあいはどうであったか。スウィフトは、一六六七年の生まれだから、チャールズ二世の王政回復よりは七年ののち、しかし名誉革命よりは二十一年の前に当る。そして、スウィフトの死んだのは一七四五年だから、死没の年からみれば、名誉革命より五十七年ののちに当る。いいかえれば、名誉革命後なお彼は五十七年間生きていた勘定になる。こういった年代関係にある。

つぎにスウィフトとホガースとの年代関係を見よう。スウィフトの生涯は一六六七―一七四五年なるに対し、ホガースのそれは一六九七―一七六四年だから、スウィフトより三十年ないし二十年後輩である。

ついでに、イギリスでエフレム・チェンバースによって、イギリスで最初の百科辞典がつくられたのは一七二八年であり、サミュエル・ジョンソンによって英語辞典の編纂が着手されたのは一七四七年で、完成されたのは一七五五年、ジョンソンの「文学倶楽部」が組織されて、会合に酒やビールでなく、茶を用いることに改めたのは、一七六三年である。一七六三年といえば、ホガースの没した前年のことである。ホガースの時代は、イギリスでまだ茶の普及をみるに至らない前の時代で、もっぱら飲酒の風習が支配的であった時代であることがわかる。

ホガースの諷刺画中に「ビール街とジン小路」の作品の見られるのも、けっして偶然ではなかった。このジンという酒は、十八世紀のはじめ外国から輸入されて、ロンドンの下層社会にたちまち愛飲され、彼らはついに、ジン狂ともいうべき一種の狂気状態におちいった、といわれるものである。

私は、大河内氏から恵与されるホガースの銅版画の一図、「クルーエルティ・イン・パーフェクシャン」が、ロンドンから船便で到来するまでに、できるだけくわしく知っておきたいとおもって、いろいろ調べてみることにした。まずイギリスの百科辞典としてよく知られる『ブリタニカ』を引いてみた。旧版の方が新版よりはるかに記述はくわしいが、挿絵はのっていない。つぎに平凡社の『世界名画全集』の「イギリス近代」篇で、かつてブレイクとターナーとを見たことを思い出し、これにあたってみた。「ホガース=諷刺画の先駆者」と題する一章もあり、画もかなりのせられているが、きわめて断片的な紹介というほかはなく、全貌を展望できないのが遺憾である。「クルーエルティ」の図は見られない。

そこで、画集はしばらく措いて、私は一転して、諷刺小説との関連を調べてみたいと考えた。前記の『ブリタニカ』も『世界名画全集』の「イギリス近代」篇もともに、スウィフトらとの関連にはほとんど触れていない、論じおよぼうとはしていない。私はそれでは満足できない。

漱石のホガース評

ここで私は、文豪夏目漱石が日本ではじめて、日露戦争の時代に、時代にさきがけて、英文学の科学的研究の方法論を展開して示した画期的な名著として私の高く評価している『文学評論』(一九〇九年)で、かつてスウィフト論を感銘深く読んだことを想いおこし再読してみることにしたのであった。ところがおどろいたことに、漱石は、この『文学評論』の第二編、「十八世紀の状況一般」の随処にホガース論を点綴して、『文学評論』にすこぶる生彩をそえることに成功しているではないか。

私がおどろいたのには、二つの理由がある。その第一は、『文学評論』のうちに「ホガース絵画」のことが随処にさしはさまれていたことを、私はすっかり忘れ切っていたこと。第二の理由はこのことが、他の「英文学史」などには見られないからである。漱石の『文学評論』を再読したすぐあとで、最近私は、日大教授大和資雄氏の『英国文学史』（一九四八年）を一読してみた。これはまことによく書けたおもしろい好著だとおもうが、ホガースについては次の一行半の記述が見られるにとどまる。「絵画は、ホガースに諷刺的な風俗画から、重厚な肖像画や優美な風景画が盛んになってきた」とあるっきりである。

これに比して、漱石は、第二編の参考書目のうちに『ホガース画集』の二巻物をあげているだけあってどうしてなかなかよく画家を論じている。世の美術史家など眼中にないかのごとき見識である。すなわち、

此ホーガースと云ふ人は疑いもなく一種の天才である。天才ではあるが余程片寄つた方である。彼の絵を見ると色が非常に好いと云ふ訳でもない。又今の人のやかましく云ふデッサン抔も（余の如き素人の眼から見ても）調つて居らん。然しながら彼は当時の風俗画家として優に同時代の人を圧倒するのみならず、一種の意味から云へば、恐らく古今独歩の作家かも知れない。彼は他の画家の如く希臘の諸神や古代の勇者抔を題目とする事を屑《いさぎよ》しとしなかつた。彼は気取つた上品振つた高尚がつた画風を唾棄したのである。……彼の見付る所は普通の画家の注意する画らしい処ではない、普通に詩的と認められたる処ではない。彼は特に汚苦しい貧乏町や、俗塵の充満して居る市街を択んだ。さうして其の内に活動して居る人間は、決して真面目な態度の人間ではない、必ず或る滑稽的の態度を見はして居る、或は諷刺的意義を寓して居る。

と評し、要するに、「一代の奇傑」であったとの断案を下している。

そして、漱石は、次の如き諸作品を取り上げて、精細な解説を加えているのである。その第一は、「選挙」の図三枚物。第二は、「当世風の結婚」六枚物。第三は、「放蕩者の遍歴」八枚物。第四は、「娼婦の遍歴」六枚物。第五は、「ビール街とジン小路」、第六は、「ホワイト倶楽部の賭博」、第七は、「舞台」の図、第八は、「サザークの縁日」などがこれである。

漱石は、ホガースの風俗画、諷刺画の描法における仮借なさを指摘して、次のようにも評している。「ホーガースの画は疑もなく卑猥である。或る点に至れば殆んど残忍に近い感を起す。臆面もない斟酌もない画である。のみならず、故意に、もしくは無理無体に、露骨を衒ひ過ぎるから、一種の意味の理想画で、又一種の意味の写実画及び風俗画である。」このように、「或る点に至れば殆んど残忍に近い感を起す」とまでつっこんだ見方をしている漱石でありながら「クルーエルティの四段階」の作品に至っては、これを見落としてすましているのは、あるいは取り上げていないでしまっているのは、なぜであろうか。「百尺竿頭に一歩を進める」という語があるが、その一歩がじつは容易のことではないらしい。

この作品の題名と、制作の年時とが、『ブリタニカ』には見られる。それはさきに一言しておいたとおりだが、『ブリタニカ』もなんら解説はしていない。

しかしたとえば、「ホワイト倶楽部の賭博」図についての漱石の解説などは精細をきわめたものである。

其画を見ると〔賭博の体たらくは〕乱暴でもあり、狼藉でもあり、又笑止でもある。真中に狂気の如く拳を握つて、憤悶の極鬘を振り落した男がゐると、其隣りは之とは反対で、帽子で顔を蔵した後悔の体である。解題者の言葉によると、相続したての現金を懐に、運命を一挙に決しやうとして、からりと目算が外れたのださうだ。其傍に貴公子と見える程な立派な人物が、悉く財布の尻をはたき尽して、高利貸を眼の前に、借金の證文を書いて居る。奥の方には負け腹を立てゝ抜刀の上相手を刺し殺さうと息捲いてる奴がある。夫れに外の者が仲裁を入れて居る。みんな一六で夢中になつて居る内に、何かの過失で、洋燈でも引繰り返したものと見えて、火が天井へ燃え移つて既に大事に至らんとして居る。消防夫が一人戸を排して飛び込んで来る。ざつと斯んな図である。

この漱石の解説を読んで、私がすぐに想いおこしたのは諸岡存医学博士の好著『茶とその文化』（一九三七年刊行）の挿絵銅版画の一つで、それがこの本では、「英国における飲茶以前の風俗」と題されているが、じつはホガースの「ホワイト倶楽部の賭博」図であること一目瞭然なのにおどろかされた。ホガースの風俗画の一特色を、私は手の運動というか手の表情というか、それをたくみに描き出している点にあるとおもうのだが、この図はまさにその典型的な一例といってよかろう。

（一九六七・七・二十四）

ホガース落掌

六、七月ごろから首を長くして、待ちわびていたホガースの銅版画。それが九月十六日に、東大総長からおくり出されて、いよいよ私の手に届いたのは九月二十日であった。卒業証書を入れる堅い紙の筒が配達されてきたので、私は二度卒業ということになるのか、あるいはこれではじめて卒業というわけかと、おかしくおもわずにはいられなかった。

普通の浮世絵木版画より大判の竪絵で、暗雲の下に三日月が白く、黒いコウモリと白いフクロウが羽を一ぱいに広げて飛んでおり、建物の外壁にかかった大きな時計の針は、午前一時を指している。画面前景の右側に女が殺されて横たわっており、それを殺したらしい男を、取りまく六人の男が、責め立てている後方に、一人の女がランターンをかかげておどろいている。殺された女の手前には、二個の時計その他が散乱しているといった陰惨な情景である。「クルーエルティ・イン・パーフェクシャン」（完成された残酷）とこの一図に題名しているゆえんであろう。

絵の下に、次のような意味の言葉が、詩の形で書きそえられている。

盲目の愛が、一たび裏切られると、
犯罪につぐ犯罪があとを追う。
女中はあざむかれて、
ついにはぬすみをおかし、
誘惑者によって血を流す。（殺される）

しかし知れ、誘惑者よ夜のとばりも
その黒き雲も、罪の行為はおおいえぬ。
こうかつな殺人は沈黙してはいない、
口をあけた傷口と、
血ぬられた刃物は、
今やかれのふるえる魂をゆ
さぶる。
しかし、さらに弔いの鐘が
死を告げて鳴り渡る時、
かれの胸はいかに痛むであ
ろうことか。

これによって、散乱しているピストル一挺、時計二個、口をあけている箱、大きな包みからはみ出しているもの等々の品は、盲目の愛を裏切られた女中が、盗み出したものであることがわかる。画面

ホガース「残酷の四段階」の第三段階「完成された残酷」

の中央に立って右手をうしろにまわされ、おさえられている人物が、この女中の誘惑者で、殺害者であろう。

画面の男七人といったが、よく見ると、なおほかに数人いる。画面の最左端に、右手だけが描かれている男がおり、今一人、向うの右側の建物から、銃を肩に飛び出して走ってくる男がいる。さらに男たちの背後に農具や銃が見え、人のいる気配である。

この絵の題名は、「完成された残酷」とあって、一七五一年の作のようである。すなわち四枚つづきの「残酷の四段階」のうち、右の一図は、その第三段階を描いたものである。ところで、私のいただいた一図には、「一七九九年八月一日発行」とあるから、初版ではないであろう。初版よりは四十八年後にあたる。それにしてもなお今日よりは百六十八年前のものである。初版についていうならば、今から二百十六年前の作品である。イギリスでも今日では、もはや容易に手に入れがたいであろう。それを、はからずも今回私は、大河内総長から卒業証書用の筒に入れて、御恵贈いただいたのである。

日本の学者で、おそらくもっとも早くホガースの風俗画・諷刺画に眼を着け『文学評論』にこれを大いに活用したのが、明治の文豪夏目漱石であったことは、すでに指摘したとおりである。『文学評論』は、日本ではじめて展開された英文学研究の方法論として、まことに特筆され注目されるべきエポック・メイキングな著作だが、これが東大で講義されたのは、明治三十八年九月〜四十年三月で、ついで単行本として刊行されたのは、明治四十二（一九〇九）年のことであった。

これより先明治三十八年三月漱石は、明治大学に招かれて、「倫敦のアミューズメスト」と題する講演をおこなったが、ここで彼は、『文学評論』では触れなかった一図をさらに取り上げている。「コックピット」（闘鶏、すなわちニワトリを蹴合わせる）の図がこれである。漱石はこういっている。

「ドイツ人がイギリスへきて、このコックピットを見て、非常におどろきまして、その盛んなこと皆が熱中していることにおどろいて、故郷へ手紙をやったという話がある。イギリスで、イギリス人が狂気のようにさわぐのは、国会議員の選挙と、それから鶏の蹴合いだと書いてある。云々」

しかし、この漱石にして「残酷の四段階」に至っては、これを一度も、どこにも取り上げていないのである。それはなぜか。われわれの考えてみるべき問題であろう。もちろんそれには、いろいろな理由があげられようが、少なくともその一つは、漱石には、フクロウについて余り関心がなかった、あるいは深い興味が欠けていたからではなかったか。漱石の小説『三四郎』の扉絵に、小さなミミヅクが描かれている。しかし、これは画家の

ホガース「ドン・キホーテを介抱する宿屋の妻と娘」（上の梁の上にフクロウがとまっている）

橋口五葉が描いたもので、漱石自身が描いたわけではない。

『吾輩は猫である』のうちに、「蛙の眼球の電動作用に対する紫外線の影響」を、寒月君が実験する話があるが、この話の出所・由来について、中谷宇吉郎博士著の『寺田寅彦の追憶』はこうのべている。

これは全く私の（中谷の）憶測であるが、『蛙の眼球と紫外線』の出所も、寺田先生の話からヒントを得られたものではないかとおもわれる節がある。それは、その頃やはり大学でN先生が、梟がなぜ夜眼がみえるかということを、研究されたことがあって、梟の眼球の水晶体の赤外線透過度を調べられたことがあった。その話が漱石先生の耳にはいって、梟が蛙に赤外線が紫外線に変形したことは有りそうにおもわれるのである。寺田先生は、そのころ、大学での実験の話をいろいろ、漱石先生にされたらしいことは、いろいろな点から察せられる。云々。（中略）

以上の話は、漱石先生がいかに、いろいろな材料をみごとに処理されたかという一例にもなり、また、どのような話でも、特に文学者の方に、比較的不得手でありそうな科学的な話でもよくその本質を理解されていたということを示す例としてもみることができるとおもわれる。云々。

それはまさに、中谷博士のいわれるとおりにちがいないと私も思う。しかし、この話は、それと同時にまた蛙の眼球の話をフクロウの眼球の話にとりかえたのではなくまったく、その逆だから、これこそ漱石がフクロウにはむしろ関心を持たなかったことを、いわゆる問うにおちず、語るにおちて、物語るものではないか。

漱石についでは、やはり英文学者の石川林四郎氏が昭和十（一九三五）年から十三年にかけて「ホガース版画解説」をやっている。ここで取り上げられているのは、「当世風の結婚」「乞食のオペラ」の一場面、「放蕩者の遍歴（一代記）」「一日の四つの時」「勤勉と怠惰」「ビール街とジン小路」などで、やはり「残酷の四段階」には触れていない。

私は、こんど大河内博士に教えられて、ホガースの熱心な研究者に、なお、英文学者の桜庭信之氏と、その著書『絵と文学＝ホガース論考』（一九六四年）のあることを、うかつながらはじめて知り、早速、『論考』を買い求めて読んでみた。ところがこれはすこぶる精細な研究で、挿入図版七十図にも及ぶという生彩に富む本だが、それにもかかわらず、ここでもやはり「残酷の四段階」からは、一図さえも収録されていない。「残酷図」については、同書第四十頁に「ビール街」（一七五一年）、「残酷の四段階」（一七五一年）を経て、彼の技術と審美観の結晶ともいうべき「美の分析」（一七五三年）を出版し、云々、といって、わずかに一度きりその題名と制作の年とのみをほんの一言されているにとどまる。

漱石がこれを取り上げなかった、あるいは、不問に附して、かえりみようとしなかったその影響ないし、惰性であろうか。これを世上一般学者の通弊とみるのは私のひが目であろうか。

それはとにかく、大河内博士は、この「残酷の四段階」四枚つづきを、四枚ともそろえてお持ちだそうで、近く私に見せて下さるとのこと。その眼福を得られる日の到来を、たのしみにして期待している。

コウモリとフクロウについていうと、ゴヤの銅版画集『カプリチョス』と『戦争の惨禍』にはコウモリ数匹、ミミヅク数羽が描かれており、『カプリチョス』の一図には猫とミミヅクとコウモリの組み合わせも見られる。

それをおもうと、ホガースの銅版画が、「残酷の四段階」の一図のうちに、コウモリとフクロウとが飛んでいるところを描いているのも、そうおどろくには足らないだろう。というより、ゴヤはホガースの大きな影響を受けているものとおもわれる。

ただ、ゴヤの場合は、ミミヅクで、普通のフクロウは少ない。しかるに、ホガースの描いているのは、ミミヅクでなくていわゆるフクロウである。さらにそのフクロウも普通のフクロウではなくて、イギリスに多い白フクロウと呼ばれる種類ではないかと思われる点に、私は特に興味をひかれる。日本では、北海道でしか見られないフクロウである。動物学の図解でなく、純粋の絵画として、しかもその羽を一杯に広げて飛んでいる白フクロウは、私は、これ以外に見たことがない。

なお、ミミヅクとコウモリとは、ともに耳が目立つ点でちょっと似ているが、羽に大きな相違がある。それで一目瞭然に区別できる。

私は浮世絵画家とその作品について、少々調査研究したことがある。そのおり自分で感じたことだが、既成の著書・論文に余りたよったり、美術館・博物館の見物で、事足りると考えたりしていてはいけない。骨の折れることではあるが、良心的画商に親しく足をはこんだり、すぐれた蒐集家の門を叩いたりする必要がある。桜庭氏の『ホガース論考』は、すこぶる丹念綿密な考証の上に築かれた力作で、しかもきわめて平明暢達の文章で綴られているので、大いに参考になるばかりでなく、すらすらとおもしろく読める点でも高く評価さるべき好著だと思うが、右に私の述べた点では、いささか欠けているうらみはないか。それが私には惜しまれる。

ひとり英文学の観点からのみにとどまらず、これからはさらに広く、社会科学、ことに経済学、政治学の観点からも、研究される必要があるのではないか。そして、ホガースの人物と画業とこそは、十分それに値するのではあるまいか。ホガースの自画像は、ロンドンのテート画廊に今も展示されているというのに、これを全然見すごしてきた私に、改めてホガースを知り、さらに親しくその作品の一つに、じかに接する機縁を与えられた大河内博士に、重ねて心からの謝意を表して、この一文のむすびとしたい。

（一九六七・九・二十五）

あとがき

おもえばフクロウとは永いつきあいである。モノとのつきあいは人とのつきあいを呼ぶ。おもわぬところにフクロウ・ファンがいて、知識や資料や玩具等、じつにいろんな物を提供してもらったものである。このたびも、校正の過程でいろいろ言ってくれる人がいて、調べ直したりもした。大体は本文中に生かしたが、そうするには技術的に無理で、しかもぜひ記しておかねばならぬ点をいくつか以下にのべておく。

1 文学作品や絵画の中のフクロウは、調べればまだまだ出てこよう。今回、シェイクスピアやマザー・グース等若干の作品例を追加した。ところが、総じて西欧のフクロウ・イメージは芳しいものではない。凶鳥、不吉な鳥、地獄の声等々。キリスト教の国々では、やはりオフィーリアのいう「パン屋の娘」の原罪というキリスト教伝説が根を張っているせいかもしれない。そこで、聖書では、フクロウはどう扱われているかをみるに、一つは、廃墟の住人、その象徴として登場する。

「わたしは荒野のはげたかのごとく、荒れた跡のふくろうのようです。」(詩篇102―6)、「わたしは山犬の兄弟となり、ふくろう〔だちょう〕の友となった。」(ヨブ記30―29)、「ただ、野の獣がそこに伏し、ほえる獣がその家に満ち、ふくろう〔だちょう〕がそこに住み、鬼神がそこに踊る。」(イザヤ書13―21)、「たかと、やまあらしとがそこをすみかとし、ふくろうと、からすがそこに住む。主はその上に荒廃をきたらせる測りなわを張り、尊い人々の上に混乱を起す下げ振りをさげられる。」(同34―11)、「野の獣と山犬とは共にバビロンにおり、ふくろう〔だちょう〕もそこに住む。」(エレミヤ書50―39)、この他、イザヤ書34―15、43―20にも同様の叙述がみられる。現在の口語訳聖書(RSV)では「ふくろう」が「だちょう」になっている箇所が多い。

もう一つは、哀悼の意味をこめた場合である。「わたしは竜のように泣き叫び、ふくろうのように嘆き悲しむ。」(ミカ書1―8)日本聖書協会の口語訳では「山犬のように嘆き、だちょうのように悲しみ鳴く」とある(「鳴く」は「泣く」の誤植か?)。

廃墟と哀悼のシンボルとは、まことに不幸な烙印を押されてしまったものである。(以上については、関東学院大学の柳生直行教授のご教示をいただいた。御礼申し上げる。)

ところで、一方のギリシャ神話が「ミネルバのフクロウ」という、フクロウにとっては光栄な役回りで貫かれているかといえば、それが必ずしもそうではない。ヘカテ女神にフクロウを配したブレイクの絵については本文中でふれたが、一説にこの絵は『マクベス』第三幕第五場(ヘカテが登場する)を想定したものとの見方もあり、この場合のフクロウはやはり凶なる存在に近い。

それどころか、こんな話がある。冥界のニンフの子であるアスカラポスなる少年は、冥界におくられ断食をしていたペルセポネーがざくろの実をたべたと冥界の女王デーメーテールに告げ口をして、ミミヅクに変えられてしまう。オウィディウス『変身物語』からその一節を引くと——『火の河』の水を彼の頭にふりかけると、そこに、嘴と、羽毛と、大きな目の玉が生じたのです。もとの姿を完全になくして、黄褐色の翼につつまれ、頭が肥えふとって、長い爪が曲がっています。不精な腕に生えた翼を動かすことも、ほとんどありません。こうして、来たるべき不幸を先触れする、忌まわしい鳥となったのです。人間にとって凶兆となる、あのものぐさなみみずくがそれです。」（中村善也訳）——同書には、「不吉なふくろうが屋根にとまって、閨の棟にすわった」という言い方もある。

このほかには、インドの『ヴェーダ』にも「不吉な鳥に対する呪文」というのがある。この場合の「不吉な鳥」というのは、ハトとフクロウのようである。

また、マヤ神話にもフクロウは出てくる。マヤの神官チラム・バラムは、スペイン人との戦いによって、「この地方《くに》の中心部に火は燃え、大地にも大空にも火は燃えるだろう。……その時、人びとは天に嘆願するだろう。パンは失われ、食物は失われるだろう。四つ辻で、地のあらゆるところで、天のあらゆるところで、梟は泣き、みみずくは泣くだろう。」「屍の大きな山が築かれるだろう。四つ辻、四つの道の野営地の上には蠅の群れが唸るだろう。……梟、みみずく、かっこうは泣くだろう」と予言した（望月芳郎訳、『マヤ神話』）。このフクロウやミミヅクは、聖書の第二のフクロウ・シンボルに近い。

バラムの予言中には、「七つの梟の神、アー・ウウクテ・クィ」という神が出てくる。「アー・ウウクテ・クィ」とは、彼の地で聞くフクロウの鳴声に由来する呼称であろうか。

2　私は本書の中で、しばしばイギリスの「白フクロウ」について言及した。たとえば、ブレイクの「地獄の格言」における「フクロウは万物の白からんことを欲した」、テニソンの「白いフクロウは鐘楼に」の詩句、ホガースの「残酷の四段階」中の白いフクロウ等々について触れたところで、藤沢衛彦氏らの説を引いて、「白フクロウ」＝「納屋フクロウ」とする一方、わが国では北海道以北にしか住まない白フクロウも緯度の上でそれより北に位置するイギリスならごくふつうに住み、かの国の詩人たちにもっとも親しまれているのはこの白フクロウであろう、とした。

しかし、この言い方は少し不用意であった。鳥類学上のシロフクロウは snowy owl といい、全身真白で、ユーラシア・アメリカ大陸の極寒地帯に棲息し、冬には南ロシアや中国、北海道にも現われる。これに対して、white owl といわれる字義どおりの白フクロウは、別名 barn owl、つまり納屋フクロウ、鳥類学上はメンフクロウといわれる。顔盤がお面をかぶったように白いメンフクロウは、「その不気味な姿や、物さびた生息地、そして怪鳥のような声を出し、夜の闇を羽音もたてずに飛び廻る習性などから、ヨーロッパでは亡霊物語の主人公になっている」(『野鳥と文学』)といわれるように、トゥフィット・トゥフーのモリフクロウ tawny owl ともちがい、納屋や鐘楼に住むことなどないシロフクロウとは同じ「シロ」でも明らかに区別さるべき種類なのである。

日本にはいないが、世界中に広く分布するメンフクロウはネズミやモグラとりの名人で、農夫たちにとっては家でも畑でも「忠実な味方」であることを忘れてはならない。

したがって、二四五―六ページの叙述は、white owl (barn owl) と snowy owl とを混同しており、ここでの白いフクロウはメンフクロウである、と訂正しておく。なお、一般にツンドラ地帯に分布する snowy owl がイギリスにいるものかどうかは、まだ確かめていない。

聖書からシェイクスピアを経て、ルイス・キャロルに至る西欧的フクロウ観、それを育む主役となったのは、このメンフクロウなのではあるまいか。彼らは、人間たちの偏見、無知、迷信、そして残酷の犠牲であったにも拘わらず、モリフクロウ、コキンメフクロウ等とともにヨーロッパの精神史と民俗誌に少なからず奥行きをもたらした、といえないであろうか。

3 元来、フクロウは森の住人である。エリアス・カネッティによれば、森は人間にとって「畏敬の原初的イメージ」であった。その奥深い森の闇の中から鳴声を発し、人の手に触れる飼鳥にはなりにくいフクロウもまた畏怖の対象となったもののようである。

ところが、周知のように、地上から樹木が消えてゆき、森が人の視界から次第に後退して行きつつある。多くの動物たちとともにフクロウもまたそのすみかを奪われつつある。フクロウに凶鳥の烙印を押してきた人間どもが、逆に自ら「廃墟のフクロウ」と化してしまう日が近い将来来ないと、今日誰が確信をもっていいえるだろうか。

この意味において、H・D・ソーローが、「自然のうちで最も憂鬱なる音」であるとしたフクロウの鳴声をウォールデン池のほとりで聞きながら、「それらは霊である――かつて人間の形で夜毎に地上をあるき闇の行ないをなし、今ではかれらの過ちの場所でかれらのなげきの聖歌、あるいは哀歌をうたってかれらの罪障の消滅をねがっている堕ちた人間たちの霊であり陰鬱な予言である。かれらはわれわれの日常の住まいであるこの『自然』の変化と可能性とについてわたしに新しい観念をあたえる」といい、さらに「わたしは梟がいるのをよろこぶ。それをして人間のために白痴的な気狂いじみたホーホー声で啼かせるがよい。それは昼の影のささない湿地やたそがれの森にこのうえなくふさわしい音で、人間がまだ認めえない広大な未開拓の自然を暗示するものである。それはすべての者がいだく濃い夕闇と満たされない想いとを表わす」(『森の生活』、神吉三郎訳、傍点引用者)とのべているのは、まことに示唆深い(伝統的なフクロウ観を払拭しているわけではないけれども)。

フクロウよ、思いきり無気味な声で鳴きつづけてくれ、と私もいいたい。

4 私の年来の夢の一つは、「フクロウ美術館」を紙上にでもよいから造り上げることなのだが、今回もまた果たせず、絵画作品の紹介がいささか貧しくて気がひける。どうか読者諸賢がご自分の眼で、さまざまなフクロウ図を訪ねてみてほしい。そこにまた、新たな発見があるだろうことを、私は信ずる。

なお、円山応挙は、「深山大沢図屛風」(仁和寺蔵)にフクロウを描いており、これは先年、国際文通週間の記念切手に採用された。

5 一八〇ページに引いた上田秋成『胆大小心録』の一節の「ヅッパンニ、ヅッパンニ」の写音は、岩波日本古典文学大系本では、「ブッパン〱」となっており、他も大体このようになっている。したがって同ページ四行目からの考察は必要なくなる。

6 最後に、文献のことについてふれておこう。本文中にも引いた奥田夏子他著『野鳥と文学』のほかに、平岩紀夫著『シェイクスピアの比喩研究』(松柏社、一九七七年)などから、ヨーロッパのフクロウとフクロウ観について教えられるところが多かった。

イギリスの博物学者W・H・ハドソンの『鳥と人間』『鳥たちをめぐる冒険』『はるかな国・遠い昔』等には、フクロウに関する興味ぶかい叙述がある。イギリスはフクロウの「本場」のようであって、昨年クレア・ロームという女流画家の『森と私とフクロウたち』と題する大変楽しいフクロウ飼育記録も邦訳された(蛭川久康訳、大修館書店)。

『ティル・オイレンシュピーゲル』も昨今歴史家によって再評価され、新しい訳本が出版されている(藤代幸一訳、法政大学出版局)。

また、つい先日刊行された、鈴木棠三著『日本俗信辞典』(角川書店)は、日本各地のフクロウにかかわる俗信・民俗を丹念に集めている。

バルザックの『ふくろう党』という小説を教えてくれた人もあった。「ふくろう党」というのは、大革命期の一七九三年に結成され、西部地方を中心に、フクロウの鳴声をお互いの合図にして神出鬼没のゲリラ活動を展開した、フランスの反革命王党派の一セクトである。

ともあれ、柳田国男氏の『野鳥雑記』は、藤沢衛彦氏の『鳥の生活と談叢』とともに、この分野の先達である。「昔話の主人公となった梟や時鳥、東北の野山ではカッコウや馬追い鳥が、いずれも暮れかかってから鳴きしきる鳥であったことは、私にはすこしも偶然とは思われぬ。」——暮れかかってから鳴きしきる鳥」に耳をすました氏の炯眼(耳?)に、今さらのように想いを致さずにはいられない。

福本和夫（ふくもと　かずお）

1894年鳥取県に生まれる．1920年東京帝国大学法学部卒業．22年欧米に留学してマルクス主義の研究に没頭，24年に帰国．その後，多数の論文を執筆するかたわら，日本共産党の再建に尽力して理論的指導者となり，いわゆる〈福本イズム〉で大きな影響を与えた．コミンテルンの批判により失脚し，翌28年検挙され42年までの14年間釧路の獄にあったが，非転向を貫く．戦後は，主に獄中で着想した多方面の著作の執筆を続けた．83年死去．戦前の著作は『福本和夫初期著作集』全4巻（71-72，こぶし書房）にまとめられているほか，『北斎と近代絵画』（68，フジ出版社）『日本ルネッサンス史論から見た幸田露伴』（72，法政大学出版局）『毛沢東思想の原点』（73，三一書房）『毛沢東思想と路線闘争』（74，同）『私の辞書論』（77，河出書房新社）『日本捕鯨史話』（78，法政大学出版局）『日本工業先覚者史話』（81，論創社）『カラクリ技術史話』（82，フジ出版社）『日本ルネッサンス史論』（85，法政大学出版局）などがある．

フクロウ　私の探梟記

1982年12月30日　　初版第１刷発行
2006年９月１日　新装版第２刷発行

著　者　福 本 和 夫
発行所　財団法人法政大学出版局
〒102-0073　東京都千代田区九段北3-2-7
電話 03(5214)5540　振替 00160-6-95814
製版・印刷／三和印刷　鈴木製本所

ISBN4-588-76205-2